鸭场盈利八招

YACHANG YINGLI BAZHAO

魏刚才 陈奎 王鋆 主编

化学工业出版社
·北京·

图书在版编目（CIP）数据

鸭场盈利八招/魏刚才，陈奎，王鋆主编. —北京：化学工业出版社，2018.8

ISBN 978-7-122-32327-9

Ⅰ.①鸭… Ⅱ.①魏…②陈…③王… Ⅲ.①鸭-饲养管理 Ⅳ.①S834.4

中国版本图书馆CIP数据核字（2018）第123704号

责任编辑：邵桂林　　文字编辑：陈　雨
责任校对：边　涛　　装帧设计：张　辉

出版发行：化学工业出版社（北京市东城区青年湖南街13号　邮政编码100011）
印　　刷：北京京华铭诚工贸有限公司
装　　订：三河市瞰发装订厂
850mm×1168mm　1/32　印张$10^1/_4$　字数307千字
2018年10月北京第1版第1次印刷

购书咨询：010-64518888（传真：010-64519686）　售后服务：010-64518899
网　　址：http：//www.cip.com.cn
凡购买本书，如有缺损质量问题，本社销售中心负责调换。

定　　价：39.80元

编写人员名单

主　　编　魏刚才　陈　奎　王　鋆

副 主 编　罗志忠　郭华伟　姜　杰　张占涛

编写人员（按姓氏笔画排列）：

王　鋆（叶县动物疫病预防控制中心）

李艳菊（鲁山动物疫病预防控制中心）

吴　巍（驿城区动物卫生监督所）

张占涛（洛龙区动物疫病预防控制中心）

陈　奎（驻马店市动物疫病预防控制中心）

陈汝瀛（舞钢市畜产品质量检测中心）

罗志忠（驻马店市动物疫病预防控制中心）

姜　杰（河南省黄泛区欣鑫牧业股份有限公司）

郭华伟（濮阳市华龙区农业畜牧局）

黄卫红（郏县动物疫病预防控制中心）

魏刚才（河南科技学院）

前　言

近年来，我国养鸭业快速发展，鸭存栏量和出栏量以及鸭蛋产量处于世界前列，在畜牧业所占的比重越来越大。养鸭业以其投资少、见效快、效益好等特点深受养殖者青睐，成为人们创业致富的一个好途径。但随着养鸭数量的增加，鸭产品的市场竞争不断增加，养鸭业的效益也受到影响。

影响养鸭效益的因素可以归纳为三大因素，即市场、养殖技术、经营管理。其中，市场变化虽不能为鸭场能够完全掌控，但如果鸭场能够掌握市场变化规律，根据市场情况对生产计划进行必要调整，可以缓解市场变化对鸭场的巨大冲击。对于一个鸭场来说，关键是要“练好内功”，即通过不断学习和应用新技术，加强经营管理，提高鸭的生产性能，降低生产消耗，生产出更多更优质的产品，只有这样鸭场才能在剧烈的市场变化中处于不败之地。为此，我们组织有关人员编写了《鸭场盈利八招》一书，本书结合生产实际，详细介绍了鸭场盈利的关键养殖技术和经营管理知识，有利于鸭场提高盈利能力。

本书从生产更多优质雏鸭、让蛋鸭多产蛋、让肉鸭长得更快、使鸭群更健康、尽量降低生产消耗、增加产品价值、注意细节管理、注重常见问题处理八个方面进行了系统介绍。本书注重科学性、实用性、先进性且通俗易懂，适合鸭场（专业户）、养殖技术人员、兽医工作者等阅读。

由于笔者水平所限，书中定有不妥之处，恳请同行专家和读者不吝指正。

编　者

2018 年 8 月

目　　录

第一招 ▸ 生产更多优质雏鸭

第二招 ▸ 让蛋鸭多产蛋

第三招 ▸ 让肉鸭长得更快

第七招 ▶ 注意细节管理

第八招 ▶ 注重常见问题处理

附录 ▶ 常用的化学消毒剂及其特性

参考文献 ▶

第一招 生产更多优质雏鸭

【提示】

雏鸭是生产鸭产品的基础，通过选择优良品种、加强种鸭的饲养管理和繁殖管理，生产出量多质优的雏鸭才能获得较好的效益。

一、选择优良的品种

（一）常见的鸭品种

1. 肉用型鸭品种

（1）北京鸭　原产地为北京市郊区，是世界最优良的肉鸭标准品种，现在国际上许多有名的肉鸭品种都含有北京鸭的基因，如樱桃谷肉鸭、丽佳鸭、枫叶鸭、奥白星鸭等均是以北京鸭为主要素材选育而成的。目前中国农业科学院畜牧研究所下设北京鸭原种场。

北京鸭体型硕大丰满，挺拔健壮，羽毛丰满，羽毛色纯白而带有

奶油色光泽。头较大，颈粗，中等长度，体躯长方形；前躯昂起，背宽平，前胸突出，胸骨长而直；两翅较小，紧附于体躯两侧；尾短而上翘。母鸭腹部丰满，腿粗短，蹼宽厚。喙、胫、蹼橘黄色或橘红色。眼的虹彩呈蓝灰色。

经选育的鸭群年产蛋量可达200～240枚，核心群产蛋量可达296枚；强制换羽后，第二个产蛋期可产蛋100枚以上。平均蛋重90～95克，蛋壳白色。北京鸭母鸭开产日龄为150～180天。公、母鸭配种比例1∶5，种蛋受精率90%以上，受精蛋孵化率80%～90%。一般生产场一只母鸭可年产80只左右的肉鸭或填鸭。

北京鸭初生雏鸭体重58～62克，3周龄体重1.75～2千克；肉用仔鸭49日龄体重3.6千克，料肉比3∶1；56日龄体重4千克，料肉比为2.75∶1。成年公鸭全净膛率77%～78%，母鸭76%～77%。公鸭填鸭全净膛率73.8%，母鸭74.1%；胸腿肌占胴体的比例，公鸭为18%，母鸭为18.5%。此外，北京鸭及其与番鸭杂交产生的半番鸭均生长快、肉质好、饲料利用率高，而且具有肥、肝性能良好的特点，填饲2～3周每只可产肥肝300～400克。

（2）樱桃谷肉鸭　是由英国樱桃谷公司以引进我国北京鸭和埃里斯伯里鸭为亲本经杂交选育而成的配套系肉鸭，先后有L_2型、SM型、SM_{zi}型、SM_3型等几个品系推向市场。樱桃谷肉鸭具有适应性广、抗病力强、增重快、饲料转化率高、屠宰率高、瘦肉率高等特点。在河南省华英祖代种鸭有限公司、四川绵英种鸭有限公司和南京宁英祖代种鸭有限公司现有樱桃SM_3型肉鸭。

樱桃谷肉鸭的外形与北京鸭大致相同。雏鸭绒毛淡黄色，成鸭羽毛洁白；头大，额宽，鼻背较高，喙橙黄色，少数呈肉红色；颈平而粗短。体躯呈长方形，体躯倾斜度小，几乎与地面平行，体型硕大，属大型肉鸭；翅膀强健，紧贴躯干；背宽而长，从肩到尾部稍倾斜，胸部较宽深；肌肉发达，脚粗短，胫、蹼橘红色。

樱桃谷肉鸭父母代种鸭SM_{zi}24周龄开产，每只母鸭饲养42周产蛋235枚，年产蛋210～220枚，蛋重75克。近年来，英国樱桃谷公司培育出CVSuper-M（SM系超级肉鸭），其父母代每只母鸭66周龄产蛋220枚，每羽母鸭年提供初生雏155只。父母代SM_{zi}种鸭每只母鸭年提供初生雏184只；父母代SM_3种鸭每只母鸭年提供初生雏241只。

父母代成年公鸭体重 4 ～ 4.5 千克，母鸭 3.5 ～ 4 千克，开产体重为 3.1 千克。L_2 型商品代 49 日龄活重 3.09 千克，全净膛率 72.55%，半净膛率 85.55%，瘦肉率 26% ～ 30%，皮脂率 28%，料肉比 2.81 ∶ 1；CVSupe-M 商品代肉鸭 53 日龄活重 3.3 千克，料肉比（2.6 ～ 2.8）∶ 1；SM_{zi} 肉鸭 42 天和 53 天的活重分别为 3.1 千克和 3.6 千克，饲料转化率分别为 2.06 ∶ 1 和 2.66 ∶ 1，胸肉率分别为 19.8% 和 23.3%；SM_3 肉鸭 42 天和 53 天的活重分别为 3.2 千克和 3.72 千克，饲料转化率分别为 2 ∶ 1 和 2.6 ∶ 1。

（3）狄高鸭　是由澳大利亚狄高公司以中国北京鸭为素材，采用品系配套方法选育而成的大型优良肉用型鸭种。该鸭具有生长快、早熟易肥、体型硕大、屠宰率高等特点。尤其该品种喜干爽，抗寒耐热能力较强，能在陆地上交配，适于旱地圈养或网养。

狄高鸭外形近似北京鸭，雏鸭绒羽黄色，脱换羽后，羽毛乳白色；喙、胫、蹼橘红色；体躯稍长，前昂，头大而扁长，颈粗，胸宽挺，胸肌丰满，背长阔，腿粗而短，尾梢翘起。

狄高鸭父母代种鸭 26 周龄开产，33 周龄进入产蛋高峰，产蛋率达 90%，年产蛋 200 ～ 230 枚，平均蛋重 88 克。公母配种比例 1 ∶ 5，种蛋受精率 90% 以上，受精蛋孵化率 85% 以上，父母代种鸭每只母鸭年提供商品代鸭苗 160 只左右。

狄高鸭初生雏鸭重 55 克，30 日龄体重 1.114 千克，60 日龄体重 3 千克，料肉比（2.9 ～ 3）∶ 1。半净膛率 92.86% ～ 94.04%，全净膛率 79.76% ～ 82.34%；胸肌重 273 克，腿肌重 352 克，腹脂重 45 克。

（4）丽佳鸭　由丹麦丽佳公司育种中心育成的新型肉用配套系，为著名肉用型鸭。目前有 3 个配套系，其 L_1、L_2 配套系种鸭为新型优良肉用配套系，我国福建省泉州市丽佳良畜有限公司已建丽佳鸭父母代鸭场。L_B 系为瘦肉型鸭配套系。丽佳鸭耐热、抗寒、适应性强，适于舍饲与半放牧。

体型外貌近似北京鸭，体型大小因品系而异。雏鸭绒羽嫩黄色。成年鸭体长而宽，体羽白色，带有奶油色光泽。头大颈粗，背宽翅小，胸部丰满而突出，胸骨长而直。母鸭腹部丰满，腿短粗，蹼宽厚。喙、胫、蹼橘黄色或橘红色。

丽佳鸭 L_1、L_2、L_B 系入舍母鸭产蛋量（40 周龄）分别为 200 枚、

220枚、220枚，每只入舍母鸭可以提供雏鸭分别为142只、170只、186只，开产时体重分别为2.9千克、2.7千克和2.15千克，公鸭和母鸭交配时体重分别为3.8千克、3.2千克和3.2千克，产蛋期每月死亡率为1%。

商品代7周龄和8周龄，L_B系体重分别为2.9千克和3.1千克，料肉比分别为2.41∶1和2.85∶1，全净膛重分别为2.04千克和2.35千克；L_1系体重分别为3.7千克和3.8千克，料肉比分别为2.75∶1和2.85∶1，全净膛重分别为2.63千克和2.7千克；L_2系体重分别为3.3千克和3.4千克，料肉比分别为2.6∶1和2.75∶1，全净膛重分别为2.35千克和2.4千克。

（5）芙蓉鸭　由上海市农业科学院畜牧兽医研究所培育而成，是我国新型瘦肉型鸭配套系，因制种过程中引入了野鸭血统，所以肉质鲜嫩，带有野鸭风味，颇受消费者青睐，现有SR_1、SR_2、SR_7 3个系。

芙蓉鸭体型较大，体羽白色，头颈粗短，胸宽厚，肌肉丰满。

芙蓉鸭父母代SR_1、SR_2、SR_7 3个系26～65周龄入舍母鸭产蛋数分别为188.1枚、209.7枚和193.8枚，受精率分别为90.3%、88.5%和92.2%；孵化率分别为73.3%、70.5%和74.1%。

芙蓉鸭商品代早期生长快，肌肉含脂率低，是目前国内肉鸭品种中含脂率最低的。商品代生产性能：SR_{102}、SR_{712} 8周龄活重分别为2.97千克和2.83千克；料肉比分别为2.85∶1和2.89∶1；胴体胸肌率分别为15.33%和15.45%。

（6）奥白星肉鸭　是法国克里莫公司培育的。1996年四川成都克里莫雄峰育种有限公司首次从法国引进四系配套的奥白星63型祖代种鸭，因此奥白星肉鸭在国内又称为雄峰肉鸭。奥白星肉鸭体型大，早期增重快，饲料转化率高，屠宰率高。

奥白星63型肉鸭雏鸭绒羽金黄色，4周龄前后逐渐变成白色羽毛，成年鸭全身羽毛白色，喙橙黄色。奥白星63型肉鸭体型硕大，挺拔健壮，体躯长方形，倾斜度小，几乎与地面平行；前胸突出，肌肉丰满，背宽平；双翅较小，尾羽短而翘；公鸭尾部有2～4根向背部卷曲的性指羽；母鸭腹部丰满，腿短粗，蹼宽厚。

父母代种鸭性成熟期为24周龄，开产体重3千克，饲养42～44周，产蛋期内产蛋量220～240个，种蛋受精率92%～95%。公母配种比例

1 ：（5 ～ 6）。

商品代 45 ～ 49 日龄，体重 3300 ～ 3700 克，料肉比（2.4 ～ 2.6）：1，胴体屠宰率（去头、颈、爪及内脏）67.8%，胸肉率（带皮）13.57%。

（7）枫叶鸭　由美国美宝公司培育，又名美宝鸭。目前已有广东省三水市畜牧科学研究所、珠海市广海种鸭场、湛江市畜牧局种鸭场等单位引进饲养。枫叶鸭具有早期生长快、瘦肉率高、繁殖力强、抗热性能好、毛密而洁白等特点。

枫叶鸭雏鸭绒羽淡黄色，成年鸭全身羽毛白色。枫叶鸭体型较大，体躯前宽后窄，呈倒三角形，体躯倾斜度小，几乎与地面平行，背部宽平。公鸭头大颈粗，脚粗长，母鸭颈细长，脚细短。喙大部分为橙黄色，小部分为肉色，胫和蹼为橘红色。

种鸭 25 ～ 26 周龄开产，平均每只母鸭 40 周产蛋 210 枚，平均蛋重 88 克，蛋壳白色。公母配比 1 ：6，种蛋受精率 93%，受精蛋孵化率 90%。每只母鸭年提供商品代鸭苗 160 只以上。

商品代肉鸭 7 周龄活重 3.25 千克，料肉比为 2.8 ：1，半净膛屠宰率 84%，全净膛屠宰率 65.9%，腿肌率 15.1%，胸肌率 9.1%，腹脂率 1.95%。

（8）天府肉鸭　是由四川农业大学培育成功的二系配套大型肉鸭新品系，采用建昌鸭与四川麻鸭杂交配套选育而成。天府肉鸭具有生长速度快，饲料报酬高，胸、腿肉比率较高，饲养周期短，适于集约化饲养，经济效益高等优点。父母代的繁殖性能和商品代的肉用性能分别达到或超过樱桃谷肉鸭和狄高肉鸭的生产水平。天府肉鸭是制作烤鸭、板鸭的上等原料。

天府肉鸭体格大，体质坚实紧凑，羽毛紧密，头秀颈长，胸部发达、突出。公鸭体型狭长，性指羽 2 ～ 4 根，向背弯曲。母鸭腹部丰满，羽色较杂，以褐麻雀色居多，在颈下部 2/3 处有一白色颈圈，胫、蹼呈橘红色。

父母代种鸭 26 周龄开产，年产合格种蛋 230 ～ 250 枚，蛋重 85 ～ 90 克，受精率达 90% 以上。

天府肉鸭生长整齐度好。35 日龄和 49 日龄体重分别达到 2.31 千克和 2.84 千克，料肉比分别为 2.31 ：1 与 2.84 ：1。在 35 ～ 49 日龄体重与料肉比呈显著正相关。随着体重的增长，维持需要增加，因而料肉比增加。从屠体品质的角度推荐，以水盆鸭出售，可在 4 周龄左右上市；以烤鸭和板鸭为目的，大约在6周龄上市为宜；用于生产分割肉，则应以7～8周龄较为理想。

（9）仙湖3号　是由佛山科学技术学院以仙湖2号鸭、樱桃谷肉鸭及狄高鸭商品肉鸭为素材，采用家系选系选育与个体选择相结合的育种方法培育而成的二系配套瘦肉型鸭新品系。该鸭具有生长快、饲料报酬高、繁殖率高、适应性广、抗病力强等优点，适合水边圈养、陆地旱养以及舍内网上饲养等。

仙湖3号肉鸭体型大，外形与北京鸭、樱桃谷肉鸭相似。雏鸭绒羽浅黄色，成鸭全身羽毛白色，少数鸭兼有黑色杂羽。鸭喙橙黄色，少数呈肉色。胫、蹼均为橘红色。体躯长方形，体躯倾斜度较小，几乎与地面平行；颈短而粗，胸部宽阔，肌肉丰满，背长阔，腿短粗。

父母代母鸭175～182日龄开产。种鸭40周龄的产蛋量为210～220枚，公母配比1∶（5～7），种蛋受精率90%以上，受精蛋孵化率93%。每只母鸭年平均可提供商品鸭苗170只左右。

配套杂交生产的商品肉鸭49日龄活重3.3千克，料肉比2.57∶1，49日龄胸腿肌率28.3%。

（10）克里莫瘤头鸭　由法国克里莫公司培育而成。该鸭体质健壮，适应性强，容易饲养，而且肉质好，瘦肉多，脂肪少，肉味鲜而香，在法国境内占养鸭总数的80%。目前，四川省成都克里莫有限公司下设全番鸭、100%全白羽骡鸭父母代种鸭场。

克里莫瘤头鸭有白色（R_{51}）、灰色（R_{31}）和黑色（R_{41}）3种羽色，均为杂交种，外形与克里莫瘤头鸭相似。

克里莫瘤头鸭年平均产蛋量160枚；种母鸭196日龄开产，种蛋受精率90%以上，受精蛋孵化率72%以上。

成年公鸭体重4.9～5.3千克，母鸭2.7～3.1千克；仔母鸭70日龄体重2.2～2.3千克，仔公鸭4.0～4.2千克，料肉比2.7∶1；半净膛率82%，全净膛率64%；肉用仔鸭成活率95%以上。13周龄时强制填饲玉米，经3周左右平均肥肝重可达400～500克。

（11）瘤头鸭　我国俗称番鸭、洋鸭或火鸭，国外称火鸭、蛮鸭或巴西鸭，学名麝香鸭、疣鼻栖鸭。原产于南美洲和中美洲热带地区，分布于气候温暖多雨的南美洲和中美洲亚热带地区，属鸭科栖鸭属，是驯养鸭中唯一保留就巢性的鸭种。瘤头鸭胴体瘦肉多，肉质细嫩，

味道鲜美，蛋白质含量高达32%～34%，被群众视为强力滋补的佳品。目前，福建省福州市福建农林大学下设番鸭种鸭场。

瘤头鸭体型前后窄，中间宽，呈纺锤状，站立时体躯与地面呈水平状态。自眼至喙的周围无羽毛，喙基部和头部两侧有红色或黑色皮瘤，不生羽毛，雄鸭的皮瘤肥厚延展较宽，比雌鸭发达，故称瘤头鸭。头大，颈粗且稍短，头顶部有一排纵向长羽，受刺激时竖起呈刷状。胸宽而平，腿短而粗壮（脚爪硬而尖），步态平稳，胸腿肌肉很发达。翅膀发达，长达尾部，能做短距离飞翔。腹部不如家鸭发达，尾狭长。

我国瘤头鸭的羽色主要有黑白两种，此外，有少量黑白夹杂的花羽。黑羽瘤头鸭的羽毛带有墨绿色光泽，喙肉红色有黑斑，皮瘤黑红色，胫、蹼多为黑色，眼的虹彩浅黄色。白羽瘤头鸭的喙呈粉红色，皮瘤鲜红色，胫、蹼橘黄色，眼的虹彩浅灰色。黑白花的瘤头鸭喙为肉红色带有黑斑，皮瘤红色，胫、蹼黑色。

瘤头鸭公鸭叫声低哑，呈“滋滋”声，母鸭在抱孵时常发出“唧唧”声，公鸭在繁殖季节可散发出麝香气味，因而被称为“麝香鸭”。

瘤头鸭的母鸭开产日龄180～210天，一般年产蛋量为80～120枚，高产可达150～160枚，蛋重70～80克。蛋壳玉白色，蛋形指数1.38～1.42。公、母鸭配种比例1∶（6～7），种蛋受精率85%～94%，孵化期35天，受精蛋孵化率80%～85%。母鸭有就巢性，种公鸭利用年限1～1.5年。

瘤头鸭初生雏重40～42克，早期生长速度较快，3～10周龄时增重最快，10周龄后增重开始减慢。公、母增重差异较大，8周龄时公鸭、母鸭体重分别为1.31千克和1.05千克，10周龄时公鸭、母鸭体重分别为2.78千克和1.84千克。成年公鸭体重3.5～4.0千克，母鸭2.0～2.5千克。公鸭全净膛率76.3%，半净膛率81.4%；母鸭全净膛率75%，半净膛率84.9%。肌肉蛋白质含量达33%～34%，肉质细嫩，味道鲜美。10～12周龄的瘤头鸭经填饲2～3周，平均产肝可达300～350克，公鸭肝重高于母鸭，料肝比（30～32）∶1。瘤头鸭较其他鸭耐填，肝大质好，等级高，在产肝的同时，体重比填饲前增加50%～70%。瘤头鸭行动迟钝，可水养，也可旱养，能飞翔，胆大不怕人，一般家庭零星饲养，并可用作杂交亲本。

（12）野鸭品种　野鸭是多种野生鸭的通俗名称，泛指鸭科鸭亚科

的多种鸟类，其中有产业价值的重要狩猎禽种类有绿舞野鸭（对鸭）、针尾鸭（中鸭）、绿翅鸭（八鸭）、花脸鸭（元鸭，也叫王鸭）、罗纹鸭（三鸭）、斑嘴鸭、赤膊鸭、赤颈鸭、白眉鸭、琵嘴鸭以及赤嘴潜鸭、白眼潜鸭、青头潜鸭、风头潜鸭等。

2. 蛋用鸭品种

我国优良蛋鸭品种甚多，以麻鸭类为蛋鸭的主体，主要优良品种有以下几种。

（1）绍兴麻鸭　又称绍鸭、山种鸭、浙江麻鸭，是我国优良的高产蛋用型麻鸭品种，产于浙江省绍兴、萧山、诸暨、上虞等县，属小型麻鸭，体型似琵琶，蛇头暴眼，喙长颈细，臀部丰满，腹略下垂，站立时前躯高抬，躯干与地面呈45°，体躯狭长，结构紧凑，具有理想的蛋用鸭体型。根据外貌特征，可以分为WH系和RE系两种品系（见表1-1）。

表1-1　WH系和RE系的外貌特征及生产性能

品系	外貌特征	产蛋量	蛋质量	蛋料比
WH系（又称带圈白翼梢）	母鸭的全身羽毛以浅棕黄色麻雀羽毛为主，杂有粗细不等的黑色斑点，颈中部有4厘米宽的白色颈圈，主翼羽白色，腹部为白色，称为“三白”。喙灰黄色，胫、蹼均呈橘黄色，虹彩灰蓝色，喙豆黑色，爪白色，皮肤淡橘黄色。性情躁动，可放牧，也可圈养	入舍母鸭500日龄产蛋量为309个，平均重量63克；第二年的平均蛋重71克	蛋壳厚度0.33毫米；蛋形指数1.41；哈氏单位83.21	500日龄产蛋总重18～19千克；产蛋期蛋料比1：（2.8～3.0）
RE系（又称红毛绿翼梢）	母鸭全身以棕红色麻雀羽毛为主，杂有黑斑，没有“三白”特征。主翼羽和副翼羽内侧均呈墨绿色，具有光泽，喙灰黄色，腹部浅褐色，胫、蹼橘黄色，爪黑色，虹彩赫石色，皮肤淡棕黄色。性情温顺，适宜于圈养。两种类型的公鸭羽毛比母鸭的深，头、颈、尾部及性羽均为墨绿色，并具有光泽	500日龄入舍母鸭的产蛋量为311.5个，平均蛋重59克；第二年平均蛋重为63克	蛋壳厚度0.33毫米；蛋形指数1.44；哈氏单位82.87	

成年母鸭体重1.35～1.5千克，公、母鸭无明显差别。绍鸭成熟较早，一般在3个月以后即开始产蛋。至150天时产蛋率可达50%，至170天左右即可达到产蛋高峰期，产蛋率达95%以上，并能保持持续高产。

绍兴麻鸭的公、母配种比例，早春为1∶20，夏、秋为1∶30。种蛋受精率90%以上，受精蛋孵化率80%以上，雏鸭成活率（0～4周龄）可达98%，产蛋期（150～500日龄）存活率为96%～98%。公鸭的性成熟较母鸭迟20～30天，需达6月龄以上方可利用。种母鸭一般利用两年，种公鸭利用一年。绍鸭的初生重为37～40克，1月龄体重450克，1～2月龄生长最快，70日龄以后生长减慢，90日龄时体重可达成年体重的90%左右。产地群众一般将公鸭养到60日龄左右就作为菜鸭供应市场。

由于绍鸭具有产蛋多、成熟早、体型小、适应性强、耗料省等优良性状，且既能在稻田、江河、湖泊放牧，又适于进行集约化圈养，因而近年来绍兴麻鸭已被10多个省市引种，分布遍及浙江、上海、江苏、山东等省、直辖市。

（2）金定鸭　是我国培育的优良蛋鸭品种，原产地在福建省龙海县紫泥乡金定村，属麻鸭的一种，又称绿头鸭、华南鸭。金定鸭的性情聪颖，体格强健，走动敏捷，觅食力强，尾脂腺较发达，羽毛防湿性强，适宜海滩放牧和在河流、池塘、稻田及平原放牧，也可舍内饲养。金定鸭具有产蛋多、蛋大、蛋壳青色、觅食力强、饲料转化率高和耐热抗寒等特点。与其他品种鸭进行生产性杂交，所获得的商品鸭不仅生命力强，成活率高，而且产蛋、产肉、饲料报酬较高。

金定鸭公鸭体躯较长，胸宽背阔，头部和颈上部羽毛具有墨绿色光泽，无明显的白色颈圈；前胸红褐色，背部灰褐色，有镜羽，具黑褐色性羽；喙黄绿色，虹彩褐色，胫、蹼橘红色，爪黑色。母鸭身体细小，头较小、秀长，胸稍窄而深，结构紧凑匀称，站立时和行走时躯干与地面呈45°以上；喙古铜色，虹彩褐色，胫、蹼橘红色，通体纯麻褐色；背面体羽的羽色呈褐黄色，羽片中央具有长椭圆形褐斑，羽斑由体前向后逐渐增大，颜色加深，腹羽则变浅；颈部羽毛纤细，无羽斑，翼羽黄褐色，有镜羽。

金定鸭初生体重公雏47.6克，母雏47.4克；1月龄体重，公鸭560

克，母鸭550克；3月龄体重，公鸭1465克，母鸭1466克；成年体重，公鸭1.76千克，母鸭1.78千克。开产日龄100～120天，产蛋期长，高产鸭在换羽期和冬季也持续产蛋。产蛋量平均每年260～300个，蛋重平均72.26克。95%以上为青壳蛋，蛋形指数1.45。公鸭性成熟日龄100天左右。公、母配种比例1∶25，受精率89%～93%，孵化率85.3%～92.3%，60日龄成活率96.4%。利用年限一般公鸭1年，母鸭3年。

我国北方蛋鸭产蛋能力一般较低，可引入金定鸭进行经济杂交或扩大纯种繁殖，金定鸭母鸭与瘤头鸭公鸭杂交生产的半番鸭产肉性能较佳，90天体重可达3千克。

（3）卡基·康贝尔鸭　是著名的蛋用型鸭种。由英国的康贝尔用当地鸭与印度跑鸭杂交，其杂种再与鲁昂鸭及野鸭杂交，于1901年育成于英国。1979年由上海市禽蛋公司从荷兰琼生鸭场引进。绍兴鸭配套系中含有该鸭的血统。

卡基·康贝尔鸭体型较大，体躯宽而深，背平直而宽，颈略粗，眼较小，胸腹部饱满，近于兼用种体型。但产蛋性能好，且性清温顺，不易应激，适于圈养，是国际上优秀的蛋鸭品种。其肉质鲜美，有野鸭肉的香味。雏鸭绒毛深褐色，喙、脚黑色，长大后羽色逐渐变浅。成年公鸭羽毛以深褐色为基色，头部、颈部、翼、肩和尾部均为青铜色（带黑色），喙绿蓝色，胫、蹼橘红色。成年母鸭全身羽毛褐色，没有明显的黑色斑点，头部和颈部羽色较深，主翼羽也是褐色，无镜羽，喙灰黑色或黄褐色，胫、蹼灰黑色或黄褐色。

成年鸭体重，母鸭为2～2.25千克，公鸭为2.25～2.5千克。开产日龄110～130天，据观察，113天开产，140日龄的产蛋率为59.8%，150日龄的产蛋率为88.7%。500日龄的产蛋量260～300个，平均蛋重为70克以上，总产蛋重为18～20千克。300日龄蛋重71～73克，蛋壳白色。公母比例1∶（15～20），种蛋受精率85%左右。利用年限，公鸭1年，母鸭第一年产蛋较好，第二年的生产性能明显下降。

卡基·康贝尔鸭60日龄的体重可达1.7千克，骨细，瘦肉多，脂肪少，肉质细嫩多汁，并具有野鸭肉香味，供为食用，很受消费者欢迎。

（4）攸县麻鸭　属小型蛋鸭品种，主产于湖南省攸县境内的攸水

和沙河流域一带。攸县麻鸭是湖南著名的蛋鸭型地方品种。攸县麻鸭具有体型小、生长快、成熟早、产蛋多的优点，是一个适应于稻田放牧饲养的蛋鸭品种。

体型狭长，呈船形，羽毛紧密，喙豆黑色。公鸭的头部和颈上部羽毛墨绿色，有光泽，颈中部有宽1厘米左右的白色羽圈，颈下部和胸部的羽毛红褐色，腹部灰褐色，尾羽墨绿色；喙青绿色，虹彩黄褐色，胫、蹼橘黄色，爪黑色。母鸭全身羽毛为褐色带黑斑的麻雀羽，群中深麻羽色者占70%，浅麻羽色者占30%；喙黄褐色，胫、蹼橘黄色，爪黑色。

攸县麻鸭初生重39克；2月龄公鸭体重850克，母鸭体重852克；成年体重1.2～1.3千克，公母相似。90日龄公鸭半净膛率为84.85%，全净膛率为70.66%；85日龄母鸭半净膛率为82.8%，全净膛率为71.6%。在大群放牧饲养的条件下，年产蛋量为200个左右，平均蛋重为62克，年产蛋重为10～12千克；在较好的饲养条件下，年产蛋量可达230～250个，总蛋重为14～15千克。每年3～5月份为产蛋盛期，占全年产蛋量的51.5%；秋季为产蛋次盛期，占全年产蛋量的22%。在放牧和适当补料的饲养条件下，60日龄时每千克增重耗料约2千克，每千克蛋耗料2.3千克，每只产蛋鸭全年需补料25千克左右。

攸县麻鸭性成熟较早，母鸭开产日龄为100～110天，公鸭性成熟日龄为100天左右。公母配种比例为1∶25。据新市乡孵化坊于1974～1980年统计，种蛋受精率为94.8%，受精蛋的孵化率为82.66%，30日龄的育雏成活率在95%以上。

（5）荆江麻鸭　是我国长江中游地区广泛分布的蛋用鸭种，因盛产于荆江两岸而得名。荆江麻鸭头较小，眼大而突，颈细长而灵活，肩褊狭，背平，体躯稍长而向上抬起。喙石青色，胫、蹼橙黄色。全身羽毛紧密，眼上方长有眉状白毛。母鸭头颈部为泥黄色，背腰部羽毛以泥黄色为基色，杂有黑色条斑或浅褐色底色上缀黑色条斑，群体中以浅麻雀色居多。公鸭头、颈部羽毛具翠绿色光泽，前胸、背腰部羽毛褐色，尾部浅灰色。

荆江鸭成年体重公鸭1.4～1.6千克，母鸭稍轻。初生重39.33克，1月龄体重167.8克；3月龄公鸭体重1123克，母鸭体重1041克；6月龄公鸭体重1679克，母鸭体重1504克。开产日龄100天左右。2～3

年达产蛋高峰，可持续5年。平均年产蛋量214.4个，年平均产蛋率58%，春、秋季产蛋率在90%左右，冬季则较低。蛋以白壳者居多，占76%，平均蛋重63.5克；青壳蛋约24%，蛋重平均62.0克。蛋壳厚0.33毫米，蛋形指数1.40，公、母配比1∶（20～25），受精率93.10%，入孵蛋孵化率98.24%。公、母鸭半净膛屠宰率分别为72.22%和79.93%，全净膛屠宰率分别为72.22%和72.25%。

（6）江南Ⅰ号和江南Ⅱ号　是由浙江省农科院培育成功的高产蛋鸭配套系，是在绍兴鸭的基础上，采用正反反复选择法，经3个世代和两轮重复杂交试验后选育而成的。这两种蛋鸭都具有产蛋率高、持续期长、饲料利用率高、成熟较早、生命力强等特点，在相似条件下饲养，比绍鸭高产（两个品系平均每年每只可比绍鸭增产2～3千克蛋，而比一般蛋鸭增产5千克蛋）。公鸭的肉用性能提高，如60日龄、70日龄的体重比绍鸭提高了16%～22%。饲料报酬和肉的品质都有明显的改进。两系的外貌特征和生产性能见表1-2。

表1-2　江南Ⅰ号和江南Ⅱ号的外貌特征和生产性能

名称	体型外貌	生产性能
江南Ⅰ号	母鸭体羽呈浅褐色，杂有不明显的黑斑	母鸭成熟时体重平均1.67千克，开产日龄平均118天。500日龄产蛋量平均310.2个，蛋总重平均21.18千克。300日龄平均蛋重71.85克，产蛋期料蛋比2.85∶1，产蛋期存活率97.05%
江南Ⅱ号	母鸭羽色深褐，黑斑大而明显	母鸭成熟时平均体重1.66千克，开产日龄平均为117天。500日龄产蛋量平均324.3个，蛋总重平均21.75千克；300日龄平均蛋重为70.17克，产蛋期料蛋比2.76∶1，产蛋期存活率为98.94%

（7）连城白鸭　是中国麻鸭中独具特色的小型白色变种，主产于福建省连城县。体躯狭长，头小、颈细长，前胸浅，腹部下垂，觅食力强，行动灵活，富于神经质。体羽洁白，喙黑色，胫、蹼灰黑色，雄性具性羽2～4根。

初生体重40～44克，1月龄体重250～300克，3月龄1300～1500克，成年体重公鸭1．4～1.54千克，母鸭1.3～1.4千克。开产日龄120～130天，第一个产蛋年产蛋220～230个，第二个产蛋年产蛋250～280个，第三个产蛋年产蛋230个左右，蛋重58克。蛋壳

以白色居多，也有少数青壳蛋，蛋形指数1.46。公鸭180天配种，公、母配比1∶（20～25）。公鸭利用年限为1年，母鸭3年，受精率90%以上。

（8）莆田黑鸭　是中国麻鸭的黑色变种，主要分布于福建省晋江和莆田两个地区的沿海各县及福州市的琅岐、亭江、连江县的浦口等地。体型轻巧、紧凑，骨骼坚实，行走迅速。全身羽毛浅黑色，着生紧密，喙墨绿色，胫、蹼、爪黑色。公鸭具性羽，头、颈部羽毛具有光泽，雄性特征明显。

公鸭成年体重1340克，母鸭成年体重1680克。开产日龄120天左右，年产蛋量为270～290个，蛋重70克，料蛋比1∶3.84，白壳蛋占多数。公、母配比1∶25，种蛋受精率95%。

另外蛋用鸭品种还有中山麻鸭、三穗鸭、龙岩山麻鸭（山麻鸭）、利川麻鸭（恩施麻鸭）等。

3. 肉蛋兼用型鸭品种

（1）高邮鸭　是我国较大型的麻鸭品种，为蛋肉兼用型，以产双黄蛋著称。原产于江苏省高邮、宝应、兴化等县。高邮鸭肉质好，觅食能力强，耐粗杂食，善潜水，生长快，产蛋大，且产较多的双黄蛋，饲料报酬高，适于放牧饲养。

高邮鸭体躯呈长方形，胸深背阔肩宽，发育匀称。喙豆黑色，虹彩深褐色，爪黑色。公鸭体型较大，头、颈上部的羽毛深绿色，有光泽，背、腰、胸部均为褐色芦花羽，腹羽黑色，喙青绿色，胫、蹼橘红色，有“乌头白裆青嘴雄”之称。母鸭颈细长，羽毛紧密，后躯发达，体羽褐色，杂有黑色细斑，呈麻雀色，胫、蹼灰褐色。雏鸭羽色为黑斗星，青喙，喙豆、线背、尾巴、胫、蹼、爪黑色。

高邮鸭年平均产蛋量140～160枚，高产群可达180枚。平均蛋重75.9克，其中70克以下者占15.3%，78克以上者占4%，双黄蛋约占0.3%。蛋壳白色者居多，约占82.9%，青壳蛋占17.1%左右，蛋形指数1.43。

高邮鸭成年体重，公鸭2.3～2.4千克，母鸭2.6～2.7千克。生长速度较快，一般在放牧条件下，70日龄体重可达1.5千克，在较好的饲养条件下可达1.8～2千克，以40～70日龄期生长最快。采用配合饲料饲喂，50 日龄平均体重可达 1.78 千克。屠宰半净膛率为 80% 左右，全净膛率为 70% 左右，料肉比 3.5 ∶ 1 。

繁殖力较强，公鸭 70 日龄后即有性行为，母鸭开产日龄 110 ～ 140 天。公母配比 1 ∶（25 ～ 33），受精率 92% ～ 94%，受精蛋孵化率 85% 以上。

（2）建昌鸭　是以生产“大肥肝”著称的肉蛋兼用型麻鸭，素有“大肝鸭”的美称。原产于四川省的西昌（古称建昌）、德昌、冕宁、米易和会理等县，体型中等大小，体躯宽阔，头大颈粗。公鸭头、颈上部羽毛墨绿色，具光泽，颈下部 1/3 处有一白色颈圈，喙墨绿色，前胸及鞍羽红褐色，腹羽银灰色，故有“绿头、红胸、银肚、青嘴公”之称，尾羽、性羽黑色。母鸭羽毛褐色，有深浅之分，以浅褐色麻雀羽居多，喙橘黄色。建昌鸭中还有约 15% 的白胸黑鸭，前胸白色，体羽乌黑，喙、胫、蹼黑色。

建昌鸭年均产蛋量 150 枚左右，平均蛋重 72.98，以青壳者居多，占 60% ～ 70%，壳厚 0.35 厘米，蛋形指数 1.37。

建昌鸭成年公鸭体重 2.2 ～ 2.5 千克，母鸭 2 ～ 2.3 千克。生长较快，初生体重 37.4 克，1 月龄体重 302.5 克，2 月龄体重达 962.5 克，3 月龄体重 1.656 千克，4 月龄公鸭重 1.844 千克，母鸭 1.695 千克。其相对增重高峰期出现在 8 周龄前，13 周龄后则增重急剧下降，28 周龄时接近成年体重。肉用仔鸭 8 周龄活重 1.3 ～ 1.6 千克。6 月龄半净膛屠宰率公鸭为 78.9%，母鸭为 81.84%；全净膛屠宰率公鸭为 72.3%，母鸭为 74.08%。6 月龄胸、腿肌总重公鸭为 327.38 克，母鸭为 318.60 克。胸、腿肌占屠体重的比例，公鸭为 25.84%，母鸭为 24.27%。56 日龄肉料比为 1 ∶ 3.07，7 月龄填肥 21 天的料肉比为 11.07 ∶ 1。7 月龄建昌鸭填肥 14 天平均肝重 229.24 克，最大者达 455 克，肝料比为 1 ∶ 23.81；填肥 21 天平均肝重 324.36 克，最重达 545 克。

公鸭性成熟日龄 120 天左右，母鸭开产日龄 150 ～ 180 天，公母配比 1 ∶ 28，受精率 90% 左右，受精蛋孵化率 85% 左右。

（3）巢湖鸭　主产区在安徽省中部的巢湖附近。巢湖鸭体质健壮，行动敏捷，抗逆性强，采食性能好，是制作无为熏鸭和南京板鸭的良好材料。

巢湖鸭体型中等大小，呈长方形，结构紧凑。公鸭的头、颈上部

羽毛呈墨绿色，有光泽，前胸、背和腰部羽毛褐色，镶有黑色条斑，腹部白色，尾羽黑色，喙黄绿色；虹彩褐色，胫、蹼橘红色，爪黑色。母鸭体羽浅褐色，缀黑色细条纹，呈浅麻细花形，翼部有蓝绿色镜羽，眼上方有白色或浅黄色眉纹。

巢湖鸭母鸭开产日龄 140 ～ 160 天，母鸭年产蛋量 160 ～ 180 枚，平均蛋重 70 克，蛋壳以白色居多，占 87%，青壳蛋占 13%。

巢湖鸭成年公鸭体重 2.1 ～ 2.7 千克，母鸭 1.9 ～ 2.4 千克。肉用仔鸭 70 日龄活重 1.5 千克，90 日龄活重 2 千克。全净膛屠宰率 72.6% ～ 73.4%，半净膛屠宰率 83% ～ 84.5%。巢湖鸭公、母配比早春为 1 ∶ 25，清明后为 1 ∶ 33。种蛋受精率 90% 以上，受精蛋孵化率 89% ～ 94%。公鸭利用年限为 1 年，母鸭为 3 ～ 4 年。

（4）大余鸭　大余鸭主产区在江西省南部的大余县。其特色是皮薄肉嫩，骨脆可嚼，腊味香浓。

大余鸭体型中等大小，不具白色颈圈。翼部有墨绿色镜羽，喙青色，胫、蹼青黄色。公鸭头、颈、背部羽毛红褐色，少数个体头部有墨绿色羽。母鸭体羽褐色，杂有较大的黑色雀斑，故有“大粒麻”之称。

大余鸭年产蛋量 180 ～ 220 枚，平均蛋重 70 克左右，蛋壳白色。大余鸭成年体重 2 ～ 2.2 千克。在放牧条件下，90 日龄仔鸭活重 1.4 ～ 1.5 千克，再经 1 个月的育肥饲养，体重达 1.9 ～ 2 千克，即可屠宰加工板鸭。半净膛屠宰率公鸭为 84.1%，母鸭为 84.5%；全净膛屠宰率公鸭为 74.9%，母鸭为 75.3%。母鸭开产日龄 180 ～ 200 天，公母配比 1 ∶ 10，种蛋受精率 81% ～ 91%，受精蛋孵化率 90% 以上。

（5）临武鸭　产于湖南省临武县。临武鸭食性广，易肥育，加工成板鸭味髓鲜美。体型中等偏小，体躯较长，结构匀称，胸部发达，后躯挨地。头大眼突，喙扁而宽，呈黄褐色或黄红色，上宽于下，尖端微向下钩，中段微微上拱（被称为“拱嘴鸭”“钩嘴鸭”和“挖嘴鸭”），采食有力。颈较细长，翅膀收缩有力，翅尖交叉，尾羽呈三角形，尾尖上翘。母鸭毛色以黄褐色为主，杂有白、绿色斑，具白色颈圈；公鸭头、颈上部羽毛绿色发亮，颈圈明显，腹部多为棕黄色或灰白色。

成年公鸭体重 1.770 千克，母鸭 1.813 千克。开产日龄 140 ～ 160 天，年产蛋 160 ～ 180 枚，蛋重 67.4 克。

（6）昆山鸭　又称昆山大麻鸭，是江苏省苏州地区培育的品种，采用北京鸭与当地娄门鸭杂交，经 14 年的选育和推广，于 1978 年通过鉴定。昆山鸭体型大，似父本北京鸭，头大，颈粗，体躯呈长方形，宽而且深。羽毛似母本娄门鸭。公鸭头、颈上部羽毛墨绿色，有光泽，体背部和尾羽墨褐色。体侧灰褐色有芦花纹，腹部白色，翼部镜羽墨绿色。母鸭全身羽毛深褐色，缀黑色麻雀斑纹，眼上方有白眉，翼部有墨绿色镜羽。昆山鸭的喙呈青绿色，胫、蹼橘红色。

昆山鸭成年公鸭体重 3.5 千克，母鸭 3 千克。开产日龄 180 天左右，年产蛋 140 ～ 160 枚，平均蛋重 80 克左右。蛋壳浅褐色，少数青色。60 日龄仔鸭体重 2.4 千克左右。

（7）沔阳鸭　系湖北省沔阳县畜禽良种场经 20 年选育而成的肉蛋兼用型鸭种，先以高邮鸭作父本，荆江鸭作母本杂交，杂种鸭自群繁殖 3 年后，再次用高邮鸭级进杂交，最终培育而成。

沔阳鸭体型中等大小，体躯长方形，背宽胸深。胫、蹼橘黄色。公鸭头、颈上部的羽毛绿色，有光泽，体背部羽毛深褐色，臀部羽毛黑色，胸、腹和副主翼羽白色，喙黄绿色，虹彩浅褐色。母鸭羽毛以褐色为主，分浅麻色和深麻色两种，主翼羽均为黑色，喙青灰，眼上左右一道白眉。

沔阳鸭成年体重 2.2 ～ 2.3 千克，开产日龄 140 ～ 150 天，年产蛋量 160 ～ 180 枚，第一年平均蛋重 74.5 克，第二年 79.6 克。蛋壳以白色居多，占 93%，青壳蛋仅 7%。公母配比 1 ：（20 ～ 25）。种蛋受精率 90% 以上，受精蛋孵化率 85% 以上。公鸭利用年限 1 年，母鸭 4 ～ 5 年。

另外还有桂西鸭、四川麻鸭、云南鸭、松香黄鸭、白沙鸭等蛋肉兼用型鸭。

（二）鸭的品种选择和引进

1. 品种的选择

（1）根据市场需求进行选择　不同地区对鸭产品的需求不一样，只有选择适销对路的产品，才能取得较好的经济效益。如当地有消费烤鸭的习惯，且需求量较大，则要选择饲养大型肉鸭，如北京鸭、

天府肉鸭等；在一些鸭肉出口基地，则应饲养配套品系杂交鸭，才能达到出口屠体品质的要求，如樱桃谷鸭、奥白星肉鸭、天府肉鸭等；制作传统的卤鸭、板鸭、熏鸭，则宜选择中型杂交肉鸭及本地麻鸭。而在一些有鸭蛋消费习惯且鸭蛋加工方式多样的地区，则宜选择饲养蛋鸭，如绍鸭、金定鸭、江南Ⅰ号、江南Ⅱ号等。

（2）根据生产性能进行选择　优良的生产性能是取得良好经济效益的基础。因此，在同一类型的品种中，要选择生产性能好的品种。首先，肉鸭要看其生长速度、料肉比；蛋鸭要看其产蛋量、蛋重、料蛋比；其次，要看鸭的适应性和生活力，看哪个鸭种抗病性强，发病少。

（3）根据当地的自然环境和经济条件进行选择　大型肉鸭具有饲养周期短、生长速度快、饲料报酬高、宜规模饲养的特点，但饲养大型肉鸭需要一定的技术设备和相应的资金。因而，大中城市近郊的农户可选择饲养大型肉鸭，而在边远丘陵山区，则宜选择饲养中型杂交肉鸭和蛋鸭。

2. 品种引进注意事项

（1）不要盲目引种　引种应根据生产的需要，确定品种类型，同时要考察所引品种的经济价值。尽量引进国内已扩大繁殖的优良品种，可避免从国外引种的某些弊端。引种前必须先了解引入品种的技术资料，对引入品种的生产性能、饲料营养要求要有足够的了解，如是纯种，应有外貌特征、育成历史、遗传稳定性以及饲养管理特点和抗病力等资料，以便引种后参考。

（2）注意引进品种的适应性　选定的引进品种要能适应当地的气候及环境条件。每个品种都是在特定的环境条件下形成的，对原产地有特殊的适应能力。当被引进到新的地区后，如果新地区的环境条件与原产地差异过大时，引种就不易成功。所以引种时首先要考虑当地条件与原产地条件的差异状况，其次要考虑本地养殖场能否为引入品种提供适宜的环境条件。

（3）引种渠道要正规　到适度规模、信誉度高、有《种畜禽生产经营许可证》和足够供种能力且技术服务好的种鸭场引种。种鸭的系谱要清楚；种鸭要健康，必要时在购种前进行采血化验。

（4）严格检疫　绝不可以从发病区域引种，以防止引种时带进疾

病。直接引进成鸭时，进场前应严格隔离饲养，经观察确认无病后才能入场。

（5）做好引种准备　引种前做好准备工作，如准备好圈舍、饲养设备、饲料及用具等，还要做好饲养人员的技术培训。

（6）加强引种管理　引种时，首次引入品种数量不宜过多，引入后要先进行1～2个生产周期的性能观察，确认引种效果良好时，再适当增加引种数量，扩大繁殖。引种时应引进体质健康、发育正常、无遗传疾病、未成年的幼禽，因为这样的个体可塑性强，容易适应环境。引种最好选择在两地气候差别不大的季节进行，以便使引入个体逐渐适应气候的变化。从寒冷地带向热带地区引种，以秋季引种最好，而从热带地区向寒冷地区引种则以春末夏初引种最适宜。做好运输组织工作安排，避开疫区，尽量缩短运输时间。如运输时间过长，就要做好途中饮水、喂食的准备，以减少途中损失。

二、加强种鸭的饲养管理

（一）蛋用种鸭的饲养管理

种用蛋鸭饲养管理的主要目的是获得尽可能多的合格种蛋，使能孵化出品质优良的雏鸭。因此，对种用蛋鸭除了要求产蛋率高以外，还要求有较高的受精率和孵化率，并且孵出的雏鸭质量要好。这就要求饲养管理过程中，除了要养好母鸭，还要养好公鸭。

1. 营养需要

种用蛋鸭饲料中的蛋白质要比商品蛋鸭高，同时要保证蛋氨酸、赖氨酸和色氨酸等必需氨基酸的供给，保持饲料中氨基酸的平衡。色氨酸对提高受精率、孵化率有帮助，日粮中的含量应占0.25%～0.30%。鱼粉和饼粕类饲料中的氨基酸含量高，而且平衡，是种用蛋鸭较好的饲料原料。此外，要补充维生素，特别是维生素E，因为维生素E对提高产蛋率、受精率有较大作用，日粮中维生素E的含量为每千克饲料含25毫克，不得低于20毫克，可用复合维生素来补充。蛋用种鸭的营养标准见附录中附表。

2. 种公鸭的管理

公鸭的好坏对提高受精率的作用比较大。公鸭必须体质健壮，性器官发育健全，性欲旺盛，精子活力好。公鸭到 150 天左右才能达到性成熟。因此，选留公鸭要比母鸭早 1 ～ 2 个月龄，到母鸭开产时公鸭正好达到性成熟。

在采食过程中公鸭争食凶，十分好斗，导致公母鸭采食不均匀，体重不齐。所以公母鸭在育成阶段要分开饲养，但要注意防止公鸭间相互争斗，形成恶癖。一般到配种前 20 天公母才可混合饲养。但如果育成后期公鸭有明显的性行为，就可以提早混养时间，防止公鸭间形成同性恋的恶癖。

保持适宜的性比例。我国蛋用型鸭，种公鸭的配种性能好，公母比例可达 1 ：（20 ～ 25），全年受精率达 90% 以上。

在育成阶段，公鸭要多养一些，以供配种时选择。公母鸭刚开始混养时比例要低一点，每 100 只母鸭多配 1 ～ 2 只公鸭。发现有性行为不明显或有恶癖的公鸭要及时进行淘汰。到母鸭产蛋时保持 1 ： 25 左右的公母比例为宜。

3. 种母鸭的管理

种用蛋鸭的管理重点是提供干燥、清洁、安静的环境，注意通风换气。进入产蛋高峰期后，如果出现脱肛、阴茎外垂等，应采取措施进行治疗，可用刺激性小的消毒药轻轻擦洗鸭的肛门或阴茎，人工帮助其复位，并喂少量抗生素。种蛋要及时收集，贮放在阴凉处，及时入孵，不能久贮，一般贮存时间不超过 7 天，否则会影响孵化率。

（二）肉用种鸭的饲养管理

1. 育雏期的饲养管理

现代肉鸭的父母代种鸭育雏期为 0 ～ 4 周龄。育雏期饲养管理的水平，直接影响到成活率和种用价值。因此须采取科学的饲养管理技术，才能培育出优良的种雏。

（1）饲养方式　雏鸭采用舍饲的饲养方式，一般采用网上平养或地面平养。

（2）育雏准备　在进雏前1周，做好房舍及用具的消毒，进雏前48小时，打开经消毒的鸭舍门窗，提前12～24小时将育雏温度升上去，并加满料槽、水槽。

（3）饲养要点　肉用种雏鸭开水、开食方法同肉用仔鸭。

① 饮水　不能缺少饮水，应充分饮水。前3天，还可以在水中加维生素C、葡萄糖、矿物质等，以减少环境改变引起的应激。

② 饲喂　种雏鸭的喂料量可以按规定的日粮标准分次饲喂，也可以按照规定次数每次喂饱。1～7日龄，自由采食，白昼、夜晚皆喂料。1日龄可以1个小时喂一次，每次量不宜多，以饱而不浪费为原则。8～14日龄，逐渐减少夜间喂料时间，到14日龄时夜晚不喂料。15～21日龄日喂3次，22～28日龄日喂2次。27～28日龄的喂料内分别加25%和50%的育成期饲粮。

饲以全价配合颗粒料（用于2周龄前）或粉料均可。作种用的雏鸭营养要求不同于商品代肉鸭，只要达到其最低营养需要量即可。

（4）管理要点

① 分群　按育种公司的比例一套/群或二套/群，一般一套鸭数量为140只（110只母雏，30只公雏），公母混养。

② 温度　育雏伞四周围护雏圈。1日龄伞下温度34～36℃，圈内29～31℃，室温24℃。加温视鸭舍和气温而定，夏、秋两季白天温度超过27℃时可以不加温，温度偏低或夜间，尤其在特别寒冷时，应该加温满足雏鸭对温度的要求。降温要逐步进行，前期可每日降温1℃，后期每日降2℃或隔日降1℃。总之，在21日龄前能适应自然温度，若到时温度低于5℃，应加温使室内达到15～18℃。

③ 光照　1～3日龄用白炽灯5瓦/米^2，每日23小时光照，1小时黑暗。4日龄逐渐减少夜间的补充光照，直至4周龄结束时与自然光照时间相同。也可以2～3周龄即过渡到自然光照。如到4周龄结束的自然光照是9小时，则4～6日龄可每天减少1小时光照，以后隔日减少1小时或每4日减少2小时光照。

④ 密度　1周龄至少25只雏鸭/米^2，2周龄10只/米^2，3周龄5只/米^2，4周龄2只/米^2。

⑤ 称重　28日龄早上空腹称重，每群按公母鸭比例10%称重。若一群少于140只鸭，则公鸭要按50%以上比例称重。种雏鸭以育雏

结束时体重与规定标准相差不超过 ±2% 为最好。

2. 育成期的饲养管理

肉用种鸭的育成期为 5 ～ 24 周龄。此期的体重和光照时间是保持产蛋期的产蛋量和孵化率的关键，实践证明，只有鸭群体重与体型一致性良好时，才能有好的生产表现。体型发育不好或体重偏轻的鸭群，产蛋早期蛋重小，畸形蛋多，孵化率低；体型发育不好，体重超标的鸭群会发生严重的脱肛现象。因此在育雏期间饲喂全价配合饲料，保证营养充足，在育成期要限制饲养，使其协调发展。实施科学的光照制度，控制性成熟，使其性成熟与体成熟的发育保持一致性，适时开产。

（1）饲养

① 饲料　育成期完全改用育成期日粮（全价饲粮），可以用粉料，也可以用颗粒料。因为粉状饲料容易产生饱感，而育成期又要采取限制饲喂，所以拌成湿粉料喂较好。颗粒料的直径为 5 ～ 7 毫米。

② 饲喂量　第四周末，鸭群随机抽样 10% 个，空腹称重，计算平均体重，与标准体重或推荐的体重相比，确定下周的喂料量。以后直到 23 周龄，每周第一天早上空腹称重，比例为 10%（公鸭可按 20% ～ 50%）。若低于标准体重，则增加 10 克 /（只 • 日）或 5 克 /（只 • 日）；若高于标准体重，则减少 5 克 /（只 • 日）。若增加（或减少）饲料还没有达到标准，则再增加 10 克 /（只 • 日）或 5 克 /（只 • 日）[或减少 5 克 /（只 • 日）]。当达到标准体重时，下周参考标准饲喂。确保公母鸭接近标准体重。另外，也把每周的称重结果绘成曲线与标准曲线相比，通过调整饲喂量，使实际曲线与标准生长曲线基本相符。如果实际曲线低于标准曲线，则每日饲喂量在所推荐的喂料量基础上增加 2 ～ 4 克；如果高于标准曲线，则喂料量可以维持本周末的喂料量。

③ 饲喂方法　一种是按限饲量将 1 天的全部饲料一次投入，或早上投料 70%，下午投料 30%；另一种是把 2 天应喂的饲料 1 天 1 次投入，第二天不喂料，称为隔日限饲。实践证明隔日限饲的效果更佳。无论哪种限饲法，在喂料当天的第一件事都是早上 4 时开灯，按每群分别称料，然后定时投料。限饲时注意：一是饲粮营养要全面，一般不供应杂粒谷物；二是称重必须空腹；三是一般正常鸭群在 4 ～ 6 小

时吃完饲料，喂料不改变的情况下，应注意观察吃完饲料所需时间的改变；四是从开始限饲就应整群，将体重轻、弱小的鸭单独饲养，不限制饲养或少限制饲养，直到恢复标准体重后再混群；五是限饲过程中可能会出现死亡，更应照顾好弱小个体；六是限饲要与光照控制相结合；七是喂料在早上一次投入，加好料后再放鸭吃料，以保证每只鸭都吃到饲料，若每日分 2 次或 3 次投料，则抢食能力强的个体几乎每次都吃饱，而弱小个体则过度限饲，影响群体的整齐度。

④ 适量喂沙　从第 6 周龄开始，应该提供给鸭不溶的、颗粒大小适当的沙砾。沙砾应稍粗但直径不应大于 0.5 厘米，用量为每 6 周每 100 只鸭加 500 克，盛于盆中，放在地面上供鸭采食。沙砾不宜与饲料混合饲喂。有运动场的鸭舍养鸭时不需要喂沙砾，因为鸭能采食到运动场里的沙砾来满足自身的需要。可溶性的颗粒如贝壳粉、石粉等，只有在产蛋期间，当饲料中的钙、磷不能充分满足生产需要时，才适当饲喂。若供给育成鸭，可能因采食太多而引起营养不均衡和相互拮抗，甚至导致钙中毒。

（2）日常管理

① 转群　肉鸭育成期一般采用半舍饲的管理方式，鸭舍外设运动场，面积比鸭舍大 1/3，即为鸭舍的 4/3 倍。若育雏期网上平养转为育成期地面垫料平养，应在转群前 1 周准备好育成鸭舍，并在转群前将饲料及水装满容器。由于后备公母鸭的采食速度、喂料量及目标体重均有所不同，因而公母鸭要分群饲养。但在公鸭群中应配备少量的母鸭，即“盖印母鸭”，以促使后备公鸭的生殖系统发育。

② 密度　一般来说，育成期地面平养每平方米不超过 5 只，网养不超过 10 只，半地半网养不超过 7 只，具体饲养密度需视房舍设计、天气情况、饲料和饮水设备以及通风状况等决定。在运动场和户外饲养的种用育成鸭应保证每平方米不超过 1 只，而且场地地面应排水良好，有遮阳设施，最好为水泥地面或沙地。

③ 通风　必须保持通风良好，以排除污浊空气，使鸭得到新鲜的空气和足够的氧气，感觉舒适，以维持健康和正常新陈代谢，促使其生长良好均衡。要避免贼风入侵和温度突然大幅度变化。

④ 垫料管理　育成种鸭最好采用离地网养或半地半网平养。地面平养时需用水泥地面，大部分地面应干燥，垫料应厚薄均匀，最好用

抛撒的方式撒铺垫料，且每日保持垫料干燥清洁，供鸭休息睡眠。良好的通风、排水及饮水器的放置位置等都可保持垫料和地面干燥。运动场最好为沙地，而且有一定的坡度，使多余的水能排除出去，保持场地干燥。种鸭不一定需要游泳，但水面对种鸭的防暑散热和提高蛋的受精率有一定的帮助，而且可节省陆地，综合利用水面，因此可充分利用水面饲养种用育成鸭。

（3）光照管理　在 5 ～ 20 周龄这个阶段，光照的原则是光照时间宜短不宜长，光照强度宜弱不宜强，以防过早性成熟，通常每日固定 9 ～ 10 个小时的光照，实际生产中多采用自然光照。如果育成期处在日照时间逐渐增加的季节，解决的方法是将光照时间固定在 19 周龄时的光照时间范围内，不够的则人工补充光照，但总的光照时间不能超过 11 小时。如果自然光照日渐减少，就利用自然光照，到 21 周龄时则增加光照，26 周时光照达到 17 小时。每天从早晨 4 时开始光照，直至 21 时，其余的时间为黑暗。光照时间要逐渐增加，以周为单位，而且每周增加的光照时间相等。例如：20 周的自然光照时间为 8 小时，要再增加 9 小时的人工光照才满足 17 小时的光照时间，因此将 9 小时平均分配给 6 周，每周配给 1.5 小时，结果为从 21 周开始每周增加 1.5 小时的光照。

（4）体重控制　通过限制饲喂的手段来实现控制体重的目的，但绝不是体重控制的越小越好，而是要求达到标准体重。而限制饲喂的体重标准因品种的不同而不同（表 1-3），因此限饲的结果必须通过抽样，进行体重测定来和标准相对照。

称重必须在同一时间进行，而且必须是空腹，因为品种标准表列出的是空腹体重。体重测定应该从第 4 周开始，并且每周定期进行称重，直到开产。具体抽样称重方法是：先随机抽取所有雌鸭的 5% 和所有公鸭的 5%，分别称量其公、母鸭的总重，算出平均数；再将这部分鸭的体重逐只称出，如果平均数特别高或特别低，则需称重和增加抽样数量的 10%，并且再测量其个体重。将公、母鸭体重平均数分别与其品种标准比较，如果相同或很接近，则饲喂量正常。若两者不同，就要相应改变饲喂量，如体重比标准轻，则需适当增加饲喂量；如体重比标准重，则需适当减少饲喂量。如果样本鸭的体重个体差异大，则要改善饲喂方法，例如，增加饲喂设备、改变饲喂时间、避免贼风

表 1-3　几种肉用种鸭的体重参考标准

周龄 / 周	北京鸭肉种鸭 / 千克		樱桃谷肉种鸭 / 千克		狄高鸭肉种鸭 / 千克	
	母	公	母	公	母	公
4	1.60	1.65	0.97	1.11	1.70	1.75
5	1.80	1.85	1.34	1.53	1.80	1.85
6	1.90	2.00	1.76	2.01	1.90	2.00
7	2.00	2.10	1.95	2.22	2.00	2.10
8	2.10	2.20	2.13	2.44	2.10	2.20
9	2.20	2.30	2.21	2.52	2.20	2.30
10	2.30	2.40	2.29	2.61	2.30	2.40
11	—	—	2.37	2.69	2.35	2.45
12	2.40	2.50	2.44	2.77	2.40	2.55
13	—	—	2.52	2.86	2.45	2.60
14	2.50	2.60	2.60	2.94	2.50	2.65
15	—	—	2.68	3.03	2.50	2.70
16	2.55	2.65	2.76	3.11	2.55	2.75
17	—	—	2.79	3.14	2.60	2.80
18	2.60	2.75	2.81	3.16	2.65	2.80
19	—	—	2.85	3.20	2.70	2.85
20	2.68	2.80	2.89	3.24	2.70	2.85
21	—	—	2.92	3.27	2.70	2.85
22	2.75	2.85	2.96	3.31	2.75	2.90
23	—	—	3.00	3.36	2.75	2.90
24	2.75	2.95	3.04	3.39	2.80	2.90
25	—	—	3.07	3.42	2.80	2.95
26	2.85	3.00			2.85	2.95
27	—	—			2.85	2.95
28	2.90	3.10			2.90	3.00

等，同时将弱残鸭淘汰。

抽样必须完全随机，使样本具有代表性，绝对不能有意选择鸭来称重。称重后要做好记录。个体称重时所使用的秤可以有多种，但以漏斗形弹簧秤为佳。

（5）肉鸭育成后期的管理

① 公鸭的饲养及选择　在整个育成期，公、母鸭都混合饲养，限制饲喂初期，公鸭一般较瘦，但到育成后期 18 周龄左右后，随着饲喂量的逐渐增加，公鸭的体重将逐渐增加，到母鸭开始产蛋时，公鸭的体重会达到品种标准。如果在限饲初期让公鸭超重，那么它们将在母

鸭开始产蛋时超重，从而使蛋的受精率降低。在公、母鸭混养时，会因公鸭强壮而抢食较多，或行动不如母鸭那么轻便而采食较少，因而引起体重过重或过轻，这时必须采取措施加以纠正。将体重较轻的公鸭挑出来另养，额外补加饲料，改隔天饲喂为隔 1 天喂 2 天，然后再与鸭群混养；而对体重过重的肥胖公鸭则挑出来减 2 次料量。此种方法只能在 10 ～ 20 周龄期间使用，而在其他阶段使用时容易出问题。

在限制饲喂开始时，即第 4 周龄，应将一些公鸭挑出来另养，不留作种用。挑选后的公、母比例应为每 100 只母鸭配 22 只公鸭，此为第 1 次公鸭选择。留作种用的公鸭必须是体重、形态、健康状况均符合品种标准的，而将体重过轻或过重、形态不正常、健康状况不良、有变异的公鸭淘汰出种群。

第 2 次公鸭选择应在母鸭开始产蛋前 2 ～ 4 周进行，再次将种鸭群中公鸭的数量减少，使种鸭群中每 100 只母鸭配 16 ～ 18 只公鸭。选择标准和方法与第 1 次挑选相同。

② 就巢训练　肉用种鸭经过长期的选育和驯化，已失去就巢的本能，所以在母鸭开始产蛋前，需要很好地练会就巢并养成习惯，使母鸭习惯于在巢箱中产蛋，从而减少破蛋率、脏蛋率并简化集蛋工作。

巢箱主要用来让母鸭在其中产蛋，所以也称产蛋箱，通常 6 ～ 8 个巢箱连成一个整体。巢箱不要太重，在搞清洁卫生时一个人要能够搬动，而且要与外面有一定程度的隔离，使母鸭在产蛋时不受外界干扰。箱底应柔软，保持清洁干燥，使蛋保持完好，不弄脏种蛋。

箱下的垫料需常更换，将旧垫料移出铺在鸭舍其他地方，再将新鲜垫料铺入箱下。每 4 只母鸭应有 1 个产蛋巢窝。巢窝必须放置在鸭舍或栏的边上靠墙，不能靠近饮水器（距离 1 米以上）和湿的区域，也不能放置在鸭通往运动场的路上和门口。

另外，要详细记录好育成鸭的只数、雌雄比例、饲喂量、体重、死亡淘汰数及天气变化等，做好防暑降温、免疫接种、防止啄羽、卫生与环境管理等工作。

3. 肉用种鸭的饲养管理

种鸭经训练后，能适应一定的饲养规程，而且一经形成习惯就不轻易改变，产蛋种鸭更是如此。所以，要严格执行正常的饲养管理规

程，如定期饲喂、定期集蛋、合理光照、准时赶鸭运动和就巢等，让种鸭发挥最大的生产潜力。

（1）一般饲养管理

① 从育成舍到种舍的适应　种鸭在开始产蛋前至少 2 周，应从后备舍迁移至产蛋种鸭舍，使种鸭有一个适应新环境及其管理规程的过程，并且由限制饲喂逐渐到增加饲喂，并慢慢转为自由采食，所有的饲料和饮水必须新鲜、清洁，杜绝霉变和脏污现象。

② 划分生活区　要训练种鸭习惯于将饲喂和饮水活动区域与就巢和产蛋活动区域分开，饲料和饮水位置应离巢箱 10 米以上，或者将鸭棚分为"日区"和"夜区。所设计的"日区"，设置饲料桶和饮水器，饮水器的下面要设计有排水沟，上面要有铁丝网围住，以防止溅出更多的水，并能将溅出的水排除掉，"日区"还设计有一个小的干燥垫料区。"夜区"全部铺有垫料，沿墙壁边缘放置产蛋巢箱，始终保持干爽清洁。"日区"和"夜区"最好隔离开，只设小门让鸭通过。"日区"可以是在户外运动场、围栏内，也可以是在鸭舍内，但面积需符合密度要求；"夜区"应在棚舍内，所有地面应平整，坡度不得大于 25°。每日早上在固定时间（通常在早上 7 时）将鸭从"夜区"赶到"日区"，在黄昏固定时间再将鸭从"日区"赶回"夜区"。经过一段时间的训练后，种鸭会养成习惯，白天在"日区"活动，不留在巢窝，晚上则在"夜区"休息和产蛋。

③ 防止鸭啄羽和吃蛋　为了防止鸭啄羽和吃蛋，除保持地面和垫料干燥外，还需注意饲养密度，尽快集蛋（特别是运动场上的蛋），以及注意营养的均衡性。种鸭每群不能超过 250 只母鸭，每只母鸭至少需供给 0.5 米^2 的"夜区"和 1 米^2 的"日区"（即运动采食场）。运动场最好宽为 40 ～ 50 米，长同鸭棚一样。运动场四周的围墙应不低于 2 米高，以隔离外来动物的入侵和干扰。棚舍内或运动场内的间墙应为 0.75 米高左右。做好灭蚊、灭鼠等卫生工作，避免犬、猫等动物对鸭的捕食和惊吓，防止产蛋量急剧下降。

④ 管理好巢箱和垫料　产蛋巢箱必须数量配足，质量良好，方便母鸭出入，在产蛋时可避免外界的干扰。每 4 只母鸭应有 1 个巢箱（产蛋箱的尺寸为长 40 厘米，宽 30 厘米，高 40 厘米），其内的垫料必须柔软、清洁、干燥，比其他地方的垫料好，使鸭感到巢箱内最舒适，

只喜欢在巢箱里产蛋。若见巢箱里有粪便和破蛋等脏物，应立即除去。巢箱内的垫料最好是刨花，其次是谷壳，木屑和干稻草最好不用。垫料每周至少更换 2 次，将旧垫料取出铺在鸭舍其他地面，再将最新鲜、柔软的垫料铺进巢箱。下雨天若鸭在户外活动多而易弄湿地面和垫料时，则需每日更换全部巢箱垫料。垫料必须防霉。地面上的垫料也必须经常保持干燥、清洁、柔软，若其变脏变湿，不仅影响种鸭的产蛋性能，而且影响巢箱卫生，从而影响蛋的清洁和孵化结果。垫料潮湿不洁还会引起腿病和寄生虫病，从而影响公、母鸭交配及受精率，导致其他疾病流行。保持巢箱和垫料情况良好还需注意做好以下几点：一是通风必须良好，以排除产蛋棚内的湿气；二是饮水器必须放置在排水良好的地方，如没有排水沟的区域或运动场，应及时排除溢出的水而不要弄湿弄脏地面及垫料；三是在炎热季节喷水降温时，不要喷到巢箱区域，而且不能弄湿地面及垫料；四是湿的、硬的、差的垫料必须加以更换，或者用新鲜、干燥、柔软的垫料覆盖。

⑤ 适量喂沙补钙　像后备种鸭一样，要给种鸭提供不溶性的、颗粒适中的沙砾，使鸭的消化功能加强。这些沙砾应装在单独的盆或槽中，供鸭任意采食。如果鸭舍设有沙地运动场，鸭能在运动场上采食到足够的沙砾，可不必补喂。当饲料中的钙、磷满足不了产蛋生产需要时，必须补充钙、磷制剂，如贝壳粉、磷酸氢钙粉、石粉等，颗粒应稍粗，使鸭不至采食过多，而供其慢慢消化吸收利用。在鸭产蛋高峰期或饲料粗劣时，尤应特别注意补充钙、磷养料。

⑥ 淘汰病次鸭　鸭群中无生产力的或有病的鸭，应该尽快地予以淘汰，以免浪费饲料或使疾病蔓延。母鸭每个月的淘汰和死亡总数不应超过鸭群的 1%，超过此标准时，要彻底检查饲养管理方法和免疫程度等。公鸭的淘汰，则着眼于维持合理的公、母鸭比例。

⑦ 其他注意事项　舍内应通风良好而无贼风侵袭；夏天做好防暑降温工作，减少热应激；冬季注意防寒，控制好光照，即从增加光照时间开始至产蛋结束这段时间不可减少光照时间；严格执行接种计划，搞好卫生和隔离消毒工作；保持环境安静以及做好各项记录等，以确保种鸭处于完善、舒适的条件下，发挥最佳的生产性能。

（2）种母鸭的饲养管理

① 满足营养需要　种母鸭在接近性成熟时，要停止限制饲养，按

产蛋期的要求，提高日粮的营养水平，充分满足产蛋的营养要求。在配制饲料时，应按较高一级产蛋率的标准给予必需的营养物质，除蛋白质满足需要外，还要使各种必需氨基酸保持平衡，其中色氨酸对提高种蛋受精率和孵化率作用较大，这种氨基酸在豆饼和鱼粉中含量丰富。各种维生素也要合理添配，不可缺少，特别要适量增加维生素 E，以提高种蛋受精率和孵化率。有条件时，尽量补喂青绿饲料。总之，提供充足的营养是保证种鸭产蛋的关键，多年试验研究表明，种鸭冬季产蛋营养，要求粗蛋白质 17% ～ 19.5%，代谢能 48.95 ～ 50.63 兆焦 / 千克。

② 提高钙含量　种鸭产蛋期内，无机盐的需要量大，特别是钙，鸭体内代谢快，储藏不多，需要从饲料中不断吸收，应尽可能补充小颗粒的钙质，放在小盆里，摆在运动场或鸭舍的一角，任其自由采食。常用的是碎石或碎蛤蜊壳。应使种鸭肌胃内经常保持有钙质颗粒，以满足产蛋母鸭对钙需要量的要求。

③ 科学饲喂　鸭有夜食的习惯，而且在午夜后产蛋，所以晚间给料相当重要，一般喂给湿料。喂料方法有两种：一种是顿喂，每天 4 次，时间间隔相等，要求喂饱；另一种是昼夜饲喂，每次少喂勤添，保证槽内有料，也不使槽内有过多的剩料。昼夜饲喂的优点是每只鸭吃料的机会均等，不会发生抢料而踩踏或暴食致伤的现象，对肉种鸭来说比较合适。用颗粒饲料时，可用喂料机来喂，即省力又省时。无论采用哪一种饲喂方法，都应供给充足的饮水，并且每天刷洗水槽，保证饮水的清洁，水的深度要没过鸭的鼻孔，以便清洗鼻孔。

④ 保持适宜的环境条件　鸭虽然耐寒，但冬季舍内温度不应低于 0℃，夏季不应高于 25℃，温度低时可采取防寒保暖措施，温度高则放水洗浴、淋浴或增加通风量来降温。舍内保持垫料干燥。每天提供 17 小时的光照，光照强度为每平方米地面 2 瓦，灯高 2 米，并加灯罩盖，灯分布要均匀，时间固定，不可随意更改，否则会影响产蛋率。为应付突发事件，最好自备发电设备。加强通风换气，保持舍内空气新鲜，使有害气体排出舍外。饲养密度要适宜，密度太大则影响鸭的活动、采食及饮水，密度太小则浪费房舍，一般肉用种鸭每平方米 2 ～ 3 只为宜。

⑤ 种蛋的收集　母鸭的产蛋时间集中在后半夜 3 ～ 4 点钟，随着产蛋鸭日龄的增长，产蛋的时间会往后推迟。舍饲的鸭如不采取清晨

放出舍外的方法，到上午 8 点也产不完蛋。饲养管理正常，母鸭应在上午 7 点产蛋结束，到产蛋后期，则可能会集中在 6 ～ 8 点。夏季气温高应防止种蛋孵化，冬季气温低要防止种蛋受冻，对初产鸭要训练在产蛋箱中产蛋，减少窝外蛋，被污染的蛋不能作种蛋。饲养员可在临下班前再拾一次蛋。种蛋收好后消毒入库，不合格的种蛋要及时处理。生产中可以根据种蛋的破损率、畸形率、鸭的产蛋率的多少及变化来检验饲养管理是否得当，以便及时采取有效的措施。

⑥ 减少脏蛋　种鸭场的脏蛋率增高，意味着种蛋合格率降低，最终的结果便是种鸭饲养的经济效益降低。所以要保持产蛋窝干净，及时收集鸭蛋等，以减少脏蛋。

（3）种公鸭的饲养管理　种鸭的饲养不仅只是母鸭还有公鸭，不但要养好种母鸭，还要养好种公鸭，才能提高受精率。

① 适宜的公母比例　刚产蛋时，每 100 只母鸭配 18 只公鸭是适宜的，有利于保持较高的种蛋受精率，但不要超过 20 只公鸭，由于公鸭的生活力强，公鸭过多或新增进的公鸭会扰乱鸭群的秩序。如果公鸭健康和精力旺盛，每 100 只母鸭配 16 只公鸭就足够了，所以要剔除过剩的公鸭。

② 适当地控制体重　经过后备期的限制饲喂，公鸭的体重得到适当控制。到育成后期，鸭群饲喂量将迅速增加，母鸭产蛋时鸭群将改为自由采食。如果这个过程开始时间太早，公鸭的体重会超重，影响种蛋受精率。一般是母鸭已经产几枚蛋以后（即在预定的开产期，鸭群产蛋率达到 15% 时）的前 2 周时（此时鸭群产蛋率为 5%）开始将限制饲喂改为自由采食。这样可以防止公鸭体重超重而又不会妨碍母鸭开始产蛋。

③ 较高的受精率　公鸭要求体质强壮，性器官发育健全，性欲旺盛，精子活力好，才能有高的受精率。公鸭的出生月龄要比母鸭早 1 ～ 2 个月，使它在母鸭产蛋前已经性成熟。育成阶段，公、母鸭最好分群饲养。在有放牧条件的地区，尽可能采用放牧为主的饲养方法，使其能充分采食野生饲料。并且放牧也能使其骨骼、肌肉得到充分锻炼，从而增强体质。性成熟初期，尚未到配种期的公鸭尽量少下水，以减少公鸭之间互相嬉水，形成恶癖；配种前 20 天，将公鸭放入母鸭群中，此时应多下水活动，少关着饲养，创造条件，促使其性欲旺盛，

增加有效的配种次数。

管理良好的种鸭群中，蛋的受精率应超过人工人孵蛋的90%，孵化率应超过人工孵蛋的80%。在种鸭群中实行人工授精技术也是可行的，但目前种鸭场还很少实行。采用人工授精后可大大减少公鸭的饲养量，减少鸭群中的追逐应激，节省饲料成本，是有利可图的。

④ 合理的利用年限　种鸭的产蛋年限一般可达4～5年，母鸭开产后的第1年度内（相当于18月龄），产蛋量最高，2年以上的鸭子产蛋能力逐渐下降（比第1年度降低30%以上），3年以上的老鸭产蛋量则更少（比第2年度降低35%以上）。也就是说，母鸭越老，产蛋量越低，而且种蛋的受精率与孵化率也下降。因此，种鸭以利用一个产蛋年最为经济，即种鸭自出雏至养到17～18月龄淘汰最合算。育种鸭群的使用年限，可根据育种需要适当延长，不受上述条件限制。

（三）种鸭的人工强制换羽

母鸭开产后，在达到理想的产蛋高峰后逐渐回落，直到产蛋结束，历时8～9个月，为第1个产蛋年。到夏季天气炎热时，鸭群由于受热应激的影响，食欲减退，新陈代谢减慢，加上其他因素，产蛋量明显下降，很多母鸭出现换羽停产。自然换羽需4个月左右的时间，换羽期间产蛋率很低，甚至不产蛋，蛋小，品质不良，受精率低，换羽不一致，换羽后再次产蛋参差不齐，第2个产蛋年的产蛋率要比第1年低。为了使鸭群在秋季能尽早恢复产蛋，缩短休产期，常采用人工强制换羽的方法。

1. 人工强制换羽的作用和条件

人工强制换羽主要是通过对水、饲料与光照时间的控制，使鸭的生活条件和习惯突然改变，营养供应不济而实现的。当鸭群产蛋率下降至30%以下，蛋形变小，甚至有畸形蛋，受精率降低时，即可进行人工强制换羽。

人工强制换羽只需要2个月左右的时间，换羽一致，换羽后产蛋整齐，蛋的品质好，受精率高，蛋重会明显增加，能再次达到较高的产蛋高峰。而经人工强制换羽后，第2个产蛋年的产蛋率要比第1年高。

实行人工强制换羽的鸭群必须是健康的，第1年的产蛋成绩良好。

如果鸭群的健康状况差或第 1 年的产蛋成绩差，则不要进行人工强制换羽，让其自然换羽，以免引起鸭大量死亡和耗费不必要的人力。

2. 人工强制换羽的方法

第一步，关养限饲。目的是限食停产，制造应激环境。开始的第 10 天将鸭子紧逼驱赶到控制鸭舍（不回原圈），驱赶时有意惊扰，结合环境改变，使鸭群受到强烈的刺激，夜间控制照明，只给予较暗的光线。舍内不铲粪不垫草。同时限制饲料，第 1 ～ 2 天精料减半，一次投给，夜间不喂，到了第 3 ～ 4 天不喂料，只饮水；原来放牧的停止放牧以“关栏扎蛋”。

第二步，人工拔羽。经过以上十多天的种种措施的刺激，使鸭体重减轻，其体内脂肪消耗殆尽，翼肌收缩，此时可试拔主翼羽。拔时注意观察和感觉，若羽根干枯，羽轴与毛囊易脱离，就是所谓已经“脱壳”，即可开始人工拔羽，先拔主翼羽，后拔主尾羽，一次全部完成。如果试拔很费劲，拔出的羽根甚至带嫩尖或带血液，说明拔的时间太早，应延迟几天再拔。

第三步，恢复饲养。拔毛完毕后，要逐步改变饲养环境，提高饲料质量，增加饲喂量，使之尽快恢复体质，待小毛都脱完后，要及时供给营养水平较高的饲料，以满足种鸭所需，促使早开产。在拔毛后的 1 周，饲料中的粗蛋白质含量应提高 15% 以上，并在这个基础上逐步增加，直至达到种鸭产蛋高峰期的标准。此外，还要适量加喂多种维生素和微量元素以及钙、磷、硫等元素。进入恢复期以后，鸭群要放牧游泳，勤洗浴，增加运动，促进新羽生长，不使之过于肥胖，以免影响产蛋。在恢复期内，舍内要多垫柔软的垫草，并保持干燥，同时要有足够的水盆和食槽，加强饲养管理，一切按产蛋种鸭正常饲养管理方法进行。一般在拔毛后 25 天左右长出新羽，产蛋逐渐回升。

3. 人工强制换羽期间应注意的问题

（1）检查淘汰　人工强制换羽前，先要对鸭群进行个体检查，及早淘汰病、弱、瘦小的鸭，以免在人工强制换羽的过程中造成过多的死亡和不必要的经济损失。

（2）加强换羽后期的饲喂　人工强制换羽期间，除最初 8 ～ 10 天

部分或全部限制鸭群饮水和给料外，以后就应恢复正常的饲料和饮水供给，尤其是富含蛋氨酸、胱氨酸等含硫氨基酸的动物性蛋白质饲料，如鱼粉、羽毛粉等的供给。

（3）公、母鸭要分群饲养　人工强制换羽期间至恢复产蛋前，公、母鸭要分群饲养，以免公鸭搔忧母鸭，影响母鸭的正常换羽和饮食，同时也要保持公鸭精力，以利于母鸭换羽后的配种。

（4）加强疾病防治　换羽期间由于鸭体质下降，抵抗力降低，容易发生疾病，因此要特别注意做好饲养管理和防病工作。

三、做好种鸭的繁育繁殖

（一）注重鸭的选种、选配

1. 鸭的选种

（1）种鸭的选种标准

① 蛋用型鸭的选种标准　蛋用型鸭在选种时首先要考虑开产日龄、开产体重、产蛋量、产蛋率、产蛋期料蛋比、产蛋期存活率、产蛋总重和平均蛋重、生活力、蛋的品质等性状。表 1-4 所列为蛋用型鸭的选种时间和标准。

表 1-4　蛋用型鸭的选种时间和标准

时间	选种标准
初生雏鸭	初生雏鸭应体躯硕大，绒毛柔软，头大颈粗，眼大有神，反应灵敏，鸣声洪亮，食欲旺盛，胸深背阔，腹圆脐平，尾钝翅贴，脚粗而高，蹼油润，健康结实，活泼好动。选择的重点项目是初生体重大和毛色一致
后备鸭	雏鸭 60 日龄时进行选留。一要健康状况良好。羽毛、绒毛生长整齐洁净；眼亮有神，眼睛、肛门附近没有分泌物污染，颈项伸缩自如，腿脚干净；行动灵活，步态稳健。二是外貌体态符合品种特征。公母比例 1 ：（6 ～ 8）
种公鸭	要选头大颈粗，眼大、明亮而有神，喙宽而齐，身长体宽，羽毛紧密而有光泽，性羽分明，两翅紧贴，脚粗而高，健康结实，体不过肥，活泼好动的公鸭。这种公鸭性欲旺盛，配种力强。在交配季节，公鸭眼圈缩小，而且有分泌物，羽毛蓬松杂乱，这是优秀种公鸭表现的疲惫特征，过配种季节，这种特征会全部消失

续表

时间	选种标准
种母鸭	要选留颈细长，眼亮有神，羽毛致密，喙长而直，身长背阔，胸深腹圆，后躯宽大，耻骨扩张，两翅紧贴，脚稍粗短，蹼大而厚，健壮结实，体不过肥，活泼好动的母鸭。颈长而细，是高产蛋鸭的固有特征，选种时要充分注意。具有以上体型外貌的种母鸭，卵巢发育良好，输卵管发达，腹部容积大，而耻骨之间的距离在3指以上，即“三指裆”。不同季节、不同年龄的蛋用种母鸭，其外貌表现也不同。“春鸭一枝花，秋鸭丑喇叭”，因为春季鸭群开产不久，产蛋性能高的母鸭代谢旺盛，性腺机能活跃，羽毛细致有光泽，像鲜花一样。如果这时的鸭子羽毛零乱，没有光泽，大多是健康状况不佳、产量不多的个体。到了秋季，高产的鸭子由于连续产蛋，营养消耗量大，色素消退，羽毛零乱没有光泽，腹部也因下蹲的时间和次数多，羽毛沾污，甚至部分脱落，走起路来摇摇摆摆，像个“丑八怪”。而产蛋少的鸭子，由于较早停产换羽，此时新羽已长齐，看起来光洁整齐，且颈粗、体胖、腰身好，外观好看，实际上这些鸭子都是产蛋量较差的个体，应从种群中将其淘汰

② 肉用型鸭的选种标准　肉用型鸭在选种时首先要考虑早期（3～7周龄）体重，成年体重，仔鸭料肉比，羽毛生长速度，屠宰率、半净膛率、全净膛率，胸肌率，腿肌率，脂肪率，开产日龄，产蛋量，种蛋受精率、孵化率，7周龄仔鸭成活率，种鸭产蛋期存活率等性状。肉用种鸭必须具备生长发育快、肥育性能好、脂肪分布均匀、肉质优良、繁殖力和适应性强等特点。表1-5所列为肉用型鸭的选种时间和标准。

表1-5　肉用型鸭的选种时间和标准

时间	选种标准
初生雏鸭	初生雏鸭应体躯硕大，绒毛柔软，头大颈粗，眼大有神，反应灵敏，鸣声洪亮，食欲旺盛，胸深背阔，腹圆脐平，尾钝翅贴，脚粗而高，蹼油润，健康结实，活泼好动。选择的重点项目是初生体重大和毛色一致
后备鸭	一般在50～60日龄时选择，以便将淘汰的中雏鸭转为育肥鸭群。要求所选后备鸭羽毛、绒毛生长整齐洁净；眼亮有神，眼睛、肛门附近没有分泌物污染，颈项伸缩自如，腿脚干净；行动灵活，步态稳健。 后备种公鸭要求头颈粗短，身躯呈长方形，腰背平而宽，胸部宽厚，脚掌有力，体重在2.5千克左右；后备种母鸭躯体比公鸭稍短而宽，头颈稍小，体重在2.2千克左右

续表

时间	选种标准
种公鸭	体型呈长方形，头大、颈粗，背平直而宽，胸腹宽而略扁平，腿略高而粗、蹼大而厚，两翅不翻，羽毛光洁整齐，走路昂头挺胸，步态雄健有力，生长快，体重大，配种能力强。种公鸭的选择要比种母鸭的选择更加重要，俗话说“公鸭好，好一坡；母鸭好，好一窝”。并且公鸭的选择比母鸭难度大，母鸭可根据体型外貌进行选择，但公鸭仅根据体型外貌来选择，生殖能力就不一定理想，如有的公鸭体型虽然很大，外貌也好，但生殖器却存在着发育不良、畸形或者精液品质不好等问题，养这种公鸭，既白白消耗饲料，又干扰其他公鸭的正常配种行为。因此，选择种公鸭时必须进行生殖器官的检查。检查时要两个人协同进行，具体的做法是：助手将公鸭固定在一张高约 70 厘米的凳子上，使鸭头向后，鸭尾向前。检查人一只手掌放在公鸭的背腰上，拇指和其余 4 指分别按住鸭腰两边，然后向鸭的后方轻轻地按摩；同时另一只手的 5 个手指向相同的方向伸出，略呈圆筒样子，用指尖反复触动公鸭的肛门周围。经 8 ～ 10 秒的反复按摩后，阴茎便充血胀大，在肛门处突出成团。这时用按在鸭两边的手指适当用力，捏住公鸭肛门上部 1/3 的地方，手指头一齐用力压拢，使阴茎充分勃起向外伸出。正常的阴茎呈螺旋状，颜色肉红，长达 10 ～ 12 厘米。阴茎发育不良的、畸形的以及发炎的公鸭均应淘汰
种母鸭	体型呈梯形，背略短而宽，体长，腿稍短而粗，两翅下翻，羽毛光洁，头颈较细，腹部丰满下垂但不擦地，耻骨间距 3 指以上，繁殖力强，受精率和孵化率高

（2）选种方法　良种鸭的选择通常采用根据体型外貌及生理特性选择和根据系谱及生产记录的资料选择两种方法。

① 根据体型外貌进行选择　这种方法适合缺乏记录资料的养鸭场应用。外貌选择必须符合该品种的特征要求。外貌选择标准见表 1-6。

表 1-6　外貌选择标准

种公鸭的选择	根据种公鸭的选择标准进行选择。如蛋用型要求体型大、身子长、头大颈粗，雄性要求性欲旺盛、行动矫健灵活等。肉用型要求背直而宽，胸骨正直，体躯长方形，雄壮稳健等
种母鸭的选择	根据种母鸭的选种标准进行选择。如蛋用型要根据“一紧、二硬、三长”的特征进行选择。肉用型则要求头大而宽圆，胸部丰满向前突出，两脚间距宽等
种蛋的选择	种鸭选好后，应根据该品种固有的要求选择种蛋。如蛋壳颜色、蛋重、蛋形。此外，还要将蛋壳上有沙点的沙壳蛋、薄壳蛋和蛋壳特别坚硬、敲击时声音发脆的“钢皮蛋”剔除

续表

雏鸭的选择	选好的种蛋孵出小鸭后要再次进行选择。选择雏鸭，一看绒毛颜色，二看喙的颜色，三看蹼、趾的颜色，把不符合本品种特殊要求的变种淘汰。此外，还要将硬脐（脐带收缩不好，腹部有硬块）的弱雏淘汰
青年鸭的选择	可分两个阶段进行，第一阶段在育雏结束时，第二阶段在10周龄时（肉鸭可以稍晚几周）。此时骨架已经长成，除主翼羽外，全身羽毛基本长好。这两个阶段的选择标准，首先根据生长发育水平，将生长慢、体重轻的不符合本品种要求的次鸭淘汰。其次是看体型外貌，将羽毛颜色和喙、蹼、趾的颜色不符合本品种要求的个体淘汰
开产前期的选择	此项选择，蛋鸭在100日龄左右，肉鸭在150日龄左右，入舍时进行，将已经培育好的青年鸭，除根据本品种对体型外貌和体重的要求选择外，还要注意观察以下5个方面：一是羽毛着生紧密，毛片细致，有光泽；二是胸骨硬而突出，肋骨硬而圆，肌肉结实；三是喙长、颈长、体躯长；四是眼睛突出有神，虹彩符合本品种标准；五是腹部发育良好，宽大柔软，耻骨间和耻骨与龙骨之间的距离要大。将符合要求的个体选进种鸭舍饲养

② 根据记录成绩和系谱进行选择　有些性状的选择如产蛋性能单凭体型外貌选择，达不到预期的目的。产量相差不大的个体，有时还会发生错误的判断。只有依靠科学测定的记录资料，进行统计分析，才能做出比较正确的选择。一个正规的育种场必须对各项生产性能做好记录。通常在鸭的育种过程中，必须记录的项目有产蛋量、蛋重、蛋形指数、开产日龄、饲料消耗量、种蛋受精率、孵化率、雏鸭成活率、育成鸭成活率、初生体重、育雏结束时体重、育成期末体重、开产期体重、500日龄体重等。取得上述记录资料后，就可以从系谱资料、本身成绩、同胞姐妹的成绩和后裔的成绩四个方面进行选择。

2. 鸭的选配

优秀种鸭选出后，通过公、母的合理选配，使优良的性状遗传给后一代。所以选配是选择的继续。

（1）同质选配　将生产性能相似或特点相同的个体组成一群，这种方法可以使后代同胞之间增加相似性，也可使后代更相似于亲代。如根据系谱资料判断，使具有相同基因型的个体交配，叫基因型同质选配。如果不了解系谱资料，仅根据表现型相似的选配，叫表现型同质选配。

（2）异质选配　将生产性能不同或特点各异的个体组成一群，这种方法可增加后代的杂合性，降低亲代和后代的相似性。与亲代相比，后代将出现介于双亲之间的性状，也可能获得具有双亲不同优点的后代，如不同品种或品系之间的杂交就属于这一类。

（3）随机交配　随机组群，自由交配。这种方法是为了保持群体遗传结构不变，适于在保存品种资源方面应用。

（二）合理进行繁育

鸭的繁育方法，按照公母鸭的血缘关系，可简单分为纯种繁育和杂交繁育。

1. 纯种繁育

是指同一品种的公母鸭进行交配，可以保持该品种的优良特性。纯种繁育容易导致近交繁育，近亲繁殖弊病在鸭业生产上表现不明显。但一般需进行血液更新，即将无亲缘关系的同一品种公鸭引入做种用。当前我国许多地方品种鸭有较强的环境适应能力、耐粗饲、早熟、繁殖力强等特性，但体型、外貌、生产性能尚不够一致，也应进行纯种繁育，提纯复壮。外来优良鸭种，也要通过本品种选育，迅速增加数量，解决耐粗饲和环境适应等问题。

2. 杂交繁育

杂交繁育由两个或两个以上的不同品种公母鸭交配。杂交能动摇和改变公母鸭双方的某些遗传性，扩大后代遗传变异的范围，杂交可能将不同品种的不同性状结合在同一个体上，丰富后代的遗传性。在新的环境条件下加以培育，能改良老品种和创造新品种，提高生产性能，获得大量优质肉鸭产品。杂交繁育方法有下列几种。

（1）生产性杂交　生产性杂交是杂交优势的利用，目的是为了获得具有高度生产力的杂种鸭群。这些杂种后代要供商品生产用，不继续繁殖。一般可分为经济杂交和轮回杂交两种。

① 经济杂交　这是生产性杂交中最简单和广泛应用的一种杂交方法。所获得的杂种一代，无论公母都做商品生产用，而不做种用。目的是利用杂种一代的杂种优势，以获得一些生产性能高、生活力强的

杂种鸭群，杂交模式如图 1-1 所示。

甲品种♂ × 乙品种♀
↓
杂交一代(F_1)

图 1-1　杂交模式图

② 轮回杂交　用甲品种母鸭与乙品种公鸭杂交，产生杂种一代（F_1），又从 F_1 中选留优秀母鸭与甲品种公鸭杂交，产生杂种二代（F_2）母鸭再与乙品种公鸭杂交。依此逐代轮流杂交，从而不断保留子代杂种优势。采用这种杂交方式可在杂种中综合两个品种的有利性状，并增加杂合性（杂种优势的遗传基础）。杂交模式如图 1-2 所示。

甲品种♀ × 乙品种♂
↓
杂种母鸭(F_1)♀ × 乙品种♂
↓
杂种鸭(F_2)

图 1-2　两品种轮回杂交模式图

（2）改良性杂交　通过杂交来改良某一品种的缺陷叫改良性杂交。

① 引入杂交　在保持原有品种优良性状的基础上，引入与原品种类型、生产力基本相似的另一优良品种进行一代的杂交以纠正原品种的某些缺点。然后在杂种后代中选优良母鸭与原品种公鸭回交。一般至杂交二代（含引入品种血液 1/4）或杂交第三代（含引入品种血液 1/8）时就自交。

② 级进杂交　又叫改良杂交、改进杂交、吸收杂交。这种杂交是要吸收改良品种的某些优良特性，以改良原有品种中不能满足当前生产要求的一些性能，同时又保留其优点（如对当地的自然条件适应性强、耐劳、耐粗饲等）。级进的代数不宜过多，级进代数多了，含改良品种血液越多，越接近纯种改良品种，但往往失去被改良品种的优点。

（3）育种性杂交　又称育成杂交，是用两个以上的品种进行杂交，创造和培育新品种。首先，通过杂交方法扩大和丰富遗传基础，然后对杂种后代严格选种选配。同时着手建立 5 ～ 9 个品系，以便更好地巩固遗传性和避免以后长期亲缘交配。其次，增加鸭群数量和扩大品种的分布区，继续进行选育提高。

育成一个优良的新品种，应有稳定的高产性能，比较一致的体型外貌，并能将优良性状遗传给后代和适应当地的自然环境。

（4）远缘杂交　禽类不同种、属、科间的杂交。由于有较远的亲缘关系，体型外貌、生活习性、机能、遗传方面有较大的差异，所以不像品种内那样容易杂交，但在生产实践中具有重要的经济意义。在肉鸭业生产中常见的有公番鸭和母麻鸭杂交，得出的泥鸭就具有很好的经济性状。泥鸭毛色以黑麻色为主，头、颈、背、胸、尾有蓝色羽，放光泽。体型远比麻鸭大，超过番鸭，成年体重达 3.5 ～ 4 千克。行动迟缓，耐粗饲，常在屋前屋后的水域内啄食。生长迅速，4 ～ 5 个月性成熟。一般不会产蛋，偶有个别养到 1 年后开始产少量蛋的。泥公鸭与麻母鸭交配能受精，但孵化率极低，胚胎多中途死亡，孵出者也极难成活。

（三）加强繁殖管理

1. 鸭的配种方法

鸭的配种方法分自然配种和人工配种。自然配种又有单雄配种、大群配种以及同雌异雄轮配。

（1）自然交配　自然交配是让公、母鸭在适宜的环境中自行交配的配种方法。鸭的交配要在有水的环境中进行。自然交配一般从初春开始，到夏至结束。在配种前半个月，将选好的公、母鸭按适当比例合群饲养，配种结束后，将公、母鸭分开。

① 单雄配种　就是一只公鸭，按适当比例配一小群母鸭，每一小群养在单独小型鸭舍和运动场内，并用自封产卵箱，登记每天的产蛋数。这种方法是小间配种，所获得的种蛋，双亲系谱清楚，可以建立系谱。此法工作烦琐，要求高，只适于育种场使用。但要注意，选用的公鸭要先进行生殖器官和精液品质检查，或先进行配种预测，检查种蛋的受精率，将生殖器官有器质性缺陷、授精率低的公鸭淘汰。

② 大群配种　是在大群母鸭中放进多只公鸭。单只母鸭被多只公鸭配种后，使卵子在受精过程中有更多的选择，精卵子的生物学特征更丰富，因此受精率、孵化率提高，生长发育和产蛋率也增高。但是必须严格选择公鸭和母鸭。大群配种在大规模商品养鸭场、良种繁殖

场以及育种场（在不作品系繁育和后裔测定时）普遍采用。

（2）人工授精　人工授精的应用，能合理利用优秀种公鸭，减少公鸭饲养量，提高鸭的受精率和鸭场经济效益。

2. 人工授精技术

（1）采精

① 采精和输精用具　采精和输精常用的工具主要有鸭用假阴道、水禽集精杯、水禽输精器等。

采精前，应准备好集精杯和检查精液品质的显微镜、保温箱、载玻片、红细胞计数板、计算器、精液稀释液、剪刀、1 毫升大的无菌注射器等器具，以及 75% 酒精和脱脂棉。鸭的集精杯长 15 ～ 18 厘米，集精杯口直径 2.5 ～ 4 厘米。若无正式集精杯，可用 20 毫升的三角量筒代替。这些用具用前必须洗净消毒。

在配种的季节内，最好把公鸭肛门附近的羽毛剪去，便于采精和减少精液的污染。

② 采精方法　见表 1-7。

表 1-7　公鸭的采精方法及操作

名称	操作方法
假阴道法	用台鸭对公鸭诱情，当公鸭爬跨台鸭伸出阴茎时，迅速将阴茎导入假阴道内而取得精液。用于鸭的假阴道，它不需要在内外管道之间充以热水和涂润滑油
台鸭诱鸭法	将母鸭固定于诱情台上（离地 10 ～ 15 厘米），将试情公鸭放出，凡经过调教的公鸭会立即爬跨台鸭，当公鸭阴茎勃起伸出交尾时，采精人员即可迅速将阴茎导入集精杯而取得精液。有的公鸭爬跨台鸭而阴茎不伸出时，可迅速按摩公鸭泄殖腔周围，使阴茎勃起伸出而射精
按摩法	最为简便可行，成为最常采用的一种方法。鸭放于膝上，公鸭头伸向左臂下，助手位于采精员右侧保定公鸭双脚。采精员左手掌心向下紧贴公鸭背腰部，并向尾部方向按摩，同时用右手手指握住泄殖腔环按摩揉捏，一般 8 ～ 10 秒钟。当阴茎即将勃起的瞬间，正进行按摩着的左手拇指和食指稍向泄殖腔背部移动，在泄殖腔上部轻轻挤压，阴茎即会勃起伸出，射精沟闭锁完全，精液会沿着射精沟从阴茎顶端快速射出。助手使用集精管（杯）收集精液。熟练的采精员操作过程约需 30 秒钟，并可单人进行操作。

续表

名称	操作方法
按摩法	按摩法采精要特别注意公鸭的选择和调教。要选择那些性反应强烈的公鸭作采精之用，并采用合理的调教日程，使公鸭迅速建立起性反射。调教良好的公鸭只需背部按摩即可顺利取得精液，同时可减少由于对腹部的刺激而引起的粪尿污染精液

③ 采精注意事项　一是采精时防止粪便污染精液，故采精前 4 小时应停水停料，集精杯勿太靠近泄殖腔，采精宜在上午 6 ～ 9 时进行；二是采集的精液不能曝于强光之下，15 分钟内使用效果最好；三是采精前公鸭不能放水活动，防止相互爬跨而射精；四是采精处要保持安静，抓鸭的动作不能粗暴；五是集精杯每次使用后都要清洗消毒。寒冷季节采精时，集精杯夹层内应加 40 ～ 42℃暖水保温。

（2）输精　鸭的泄殖腔较深，阴道部不像母鸡那样容易外翻进行输精。所以常规输精以泄殖腔输精法最为简便易行。泄殖腔输精法是助手将母鸭仰卧保定，输精员用左手挤压泄殖腔下缘，迫使泄殖腔张开，再用右手将吸有精液的输精器从泄殖腔的左方徐徐插入，当感到推进无阻挡时，即输精器已准确进入阴道部，一般深入至 3 ～ 5 厘米时左手放松，右手即可将精液注入。实践证明效果良好。熟练的输精员可以单人操作。输精时注意几点：一是母鸭以 5 ～ 6 天输精一次为宜，而用瘤头鸭公鸭与家鸭输精则以 3 ～ 4 天一次为宜；二是鸭的每一次输精量可用新鲜精液 0.05 毫升，每次输精量中至少应有 4000 万～ 6000 万个精子，每一次的输精数量加大一倍可获良好效果；三是鸭在上午 9 ～ 11 时输精为好；四是初产 1 个月内的母鸭不宜进行人工授精；五是母鸭群在换毛期应停止人工授精。

3. 鸭的孵化技术

（1）胚胎发育特征　鸭的胚胎发育分为两个阶段。第一阶段在母体内进行，精子移动到喇叭口与卵子结合，在鸭体内较高的温度条件下开始发育，当受精蛋产出体外后，胚胎就处于相对静止的状态；第二阶段在母体外进行，若将受精蛋置于适宜的环境里孵化，胚胎就继续发育，经过 28 天（鸭的孵化期为 28 天），发育出壳成为雏鸭。孵化期内，胚胎每天都在变化，并且有一定的规律性。采取照蛋办法可以

检验胚胎的发育情况，见表 1-8。

表 1-8　鸭胚胎发育和照蛋特征

胚龄	胚蛋发育特征	照蛋特征
1 天	胚胎以渗透方式进行原始代谢，原线、脊索突和血管区等器官原基出现。胚盘暗区显著扩大。原线发生时，胚盘的直径达到 2.4 ～ 2.6 毫米，明区是 1.2 ～ 1.6 毫米，暗区环宽 0.5 ～ 0.61 毫米	见胚盘呈微明亮的圆点状，俗称“白光珠”
2 天	胚盘增大，脊索突扩展，形成 5 个脑泡，脑神经出现，脑部和脊索开始形成神经管。眼泡向外突出，心脏形成并开始搏动，卵黄血液循环开始，鸭的胚胎直径达 2.5 ～ 2.7 毫米，血管区长度为 4.5 ～ 7 毫米	可见圆点较前一天为大，俗称“鱼眼珠”
3 天	血管区变为圆形，头部明显向左侧方向弯曲，与身体垂直，羊膜发展到卵黄动脉的位置，具有眼杯泡状水晶体，有 3 对鳃裂出现，尾芽形成，胚胎直径为 5.0 ～ 6.0 毫米，血管区的横径为 20 ～ 22 毫米	可见鸭胚血管区似樱桃状，俗称“樱桃珠”
4 天	前脑泡向侧面突出，开始形成大脑半球。胚体呈更大弯曲，喙、四肢、内脏和尿囊原基出现。卵黄由于蛋白水分的渗入，明显扩大，羊膜腔形成。胚胎直径 5.0 ～ 6.5 毫米。血管区为 22 ～ 28 毫米	见胚胎和卵黄囊血管分叉似蚊子，俗称“蚊虫珠”
5 天	胚胎头部明显增大，并与卵黄分离，前脑开始分成两个半球，第 5 对三叉神经发达。口开始形成，额突生长，眼有明显的色素沉着。卵黄囊血管贴靠蛋壳，容易通过蛋壳的气孔进行代谢，从而有热能产生。尿囊迅速增大形成一个有柄的囊状，其直径达 5.5 ～ 6 毫米，血管区为 30 ～ 38 毫米	将蛋转动，卵黄不易跟着转，俗称“钉壳”，卵黄囊血管形似一只小蜘蛛，又称“小蜘蛛”
6 天	胚胎极度弯曲，中脑迅速发育，出现脑沟、视叶，眼睛明显沉着色素，眼皮原基形成，口腔部分形成，额突增大，四肢开始发育，性腺原基出现，各器官都已初具特征，羊水继续增长，胚胎自由地位于羊膜囊内。尿囊迅速生长，覆盖胚体后部，尿囊血液循环开始。胚胎长 6 ～ 6.5 毫米，血管区直径为 35 ～ 45 毫米，尿囊直径达 6.5 ～ 8 毫米	可见黑色的眼点，俗称“起珠”“单珠”
7 天	胚胎鳃裂愈合，喙原基增大，肢芽分成各部。胚胎开始活动。尿囊体积增大，直径达 12 ～ 17 毫米，并且完全覆盖胚胎，由喙的前端到尾端胚胎长度为 27 ～ 34 毫米	可见到头部和弯曲度增大的躯干部分，俗称“双珠”

续表

胚龄	胚蛋发育特征	照蛋特征
8天	喙原基已具一定形状，外听道和口部已完全形成，颈伸长，翅和脚明显分成几部，趾原基出现。雌雄性腺已可区分，卵黄增大至最高水平，蛋白重量下降，尿囊体积急剧增大，直径22～25毫米。胚胎由喙的前端至尾端长度为30～40毫米	可见半个蛋面布满血管，胚胎沉在羊水中不易看清楚，俗称“八沉”
9天	舌原基形成，腺胃有明显的组织学变化，肝具有叶状特征，肺已有发育好的支气管系统。尾部有一列，背部有几列原基绒出现。后肢出现蹼。尿囊继续增大，胚胎重0.69～1.28克	正面较易看到的羊水中浮游的胚胎俗称“九浮”；背面，将蛋转动时两边的卵黄不易晃动，俗称“边口发硬”
10天	除头、额、翼部外，全部覆盖绒羽原基。腹腔愈合，软骨开始骨化。眼睑已全部覆盖巩膜乳头。尿囊迅速向小端伸展，胚胎体重1.0～1.7克	背面两边卵黄容易晃动，俗称“晃得动”
11天	眼裂呈椭圆形，眼睑变小，达到巩膜。绒羽原基扩展到头部（睑侧无）、颈部及翅部。脚趾出现爪。胚长45～54毫米，重1.4～2.2克	背面可见到尿囊血管迅速伸展出卵黄，俗称“发边”
12天	喙具有鸭喙的形状，开始角质化，眼睑已达到瞳孔，但在狭窄的眼裂部尚未闭合，胚胎背部开始覆盖绒羽。胚胎仍自由浮动于水中，尿囊达到最大程度，并开始在蛋的小头结合，蛋白明显浓缩，数量减少。胚胎体重1.9～3.3克	在背面可见到尿囊血管接近合拢，但还没有完全接合
13天	胚胎头部偏向气室，胚体长轴由垂直蛋的横轴变成倾斜。尿囊完全闭合，包围胚体全部。眼裂缩小，爪角质化，脚上出现鳞片原基。胚重2.7～3.8克	尿囊血管在小端合拢，整个蛋气室外都有血管，俗称“合拢”
14天	眼裂进一步缩小，下眼睑把瞳孔的下半部遮住。肢的鳞原基继续发育，布满胫部、趾部。身体腹侧绒羽开始发育，全身除颈部以外皆覆以绒羽。胚胎体重3.5～5.5克	血管开始加粗，血管颜色开始加深
15天	胚胎完成90°的转动，身体长轴和蛋的长轴相一致。眼睑继续发育生长，眼裂缩小，下眼睑向上举达到瞳孔中部。绒羽已经达到胚体全部，并继续增长。胚重5～8克	背面可见尿囊血管加粗，颜色加深
16天	胚胎头部弯曲达到两足之间，眼裂的边缘缩窄，仅瞳孔的上部未覆盖，肢的鳞片明显。蛋白的尖端由一管道输入羊膜囊内。胚重6.6～12克	可见尿囊血管继续加粗，血管颜色继续加深，左右两边卵黄小头连接

续表

胚龄	胚蛋发育特征	照蛋特征
17 天	头部向下弯曲，位于两足之间，两足也急剧弯曲，眼裂继续减少，发育鳞片在足部增长。开始大量吞食蛋白，蛋白急剧减少，胚胎生长迅速，骨化作用加强。胚重 10 ～ 14 克	17 ～ 19 胚龄，在背面可见到大头黑影部分逐渐增大，小头透亮部分相应缩小
18 天	胚胎头部移于右翼之下，足部鳞片继续发育，胫及趾部被鳞片覆盖，蛋内水分大量蒸发，气室逐渐增大。胚重 15.4 ～ 18 克	
19 天	胚胎头位于右翼之下，足急剧弯曲，眼睛全部合上。未利用的蛋白量继续减少，变得浓稠。胚重 19.1 ～ 22.2 克	
20 天	胚胎已接近利用完蛋白，开始利用卵黄营养物质。胚重 22.7 ～ 25.4 克	20 胚龄，背面大头黑影部分接近小头，小头透亮区差不多消失
21 天	蛋白利用完全结束。羊膜和尿囊中液体减少。尿囊与蛋壳易于剥离。胚重 25.4 ～ 28.7 克	背面全被黑影遮盖，看不到透亮的部分，俗称“关门”
22 天	胚胎转身，气室显著增大，喙开始朝向气室一端。全身已无蛋白粘连，绒毛清楚，少量卵黄进入腹中。胚重 28.4 ～ 32 克	可见气室向一方倾斜，俗称“斜口”“转身”
23 天	胚胎继续“转身”，喙朝向气室端，卵黄利用显著增加	可见到气室倾斜增大
24 天	胚胎强烈地利用卵黄，卵黄囊开始被拉入体内，内容物浓缩。胚胎眼睛开启，翅和脚致密。胚重约 35.9 克	可在气室附近看到黑影闪动，俗称“闪毛”
25 天	胚胎大转身，喙、颈和翅部穿破内壳膜突入气室。卵黄囊大部分被吸入腹内，胚胎体积明显增大，胚重 35.9 克	可见气室内黑影明显闪动，俗称“大闪毛”
26 天	卵黄囊全部被拉入腹内，胚胎体积急剧增大，尿囊血管枯萎，胚膜完全退化，胚胎的喙穿破外壳膜，开始啄壳，肺呼吸开始，容易听到叫声。胚重 37 克	可见蛋壳上被啄开裂口，俗称“见嘴”
27 天	发育快的雏鸭破壳而出，胚重 37.9 ～ 39 克。绝大多数胚胎“见双嘴”，俗称“双嘴”，“齐嘴”	
28 天	出壳高峰日。出壳体重为一般蛋重的 65% 左右。胚胎腹中存有少量卵黄	

（2）种蛋的管理　种蛋必须来源于饲养环境良好、饲养管理严格、有种蛋种禽经营许可证的种鸭场；要求种鸭日粮的营养物质全面，鸭群生产性能优良，健康无病。种蛋管理注意如下方面。

① 种蛋选择　种蛋的大小和形状要符合不同品种各自的要求，蛋重一般在平均数 ±15% 范围内，蛋形以椭圆形为宜（鸭蛋的蛋形指数在 1.35 ～ 1.4 范围内）。过大或过小、过长或过圆的蛋，应予剔除。壳质致密均匀，厚薄适当，表面平整，没有一丝裂纹，敲击响声正常。有的蛋壳特别细密厚实，敲击时发出似金属的响声，俗称"钢皮蛋"，必须剔除，因为这种蛋孵化时受热缓慢，气体不易交换，水分蒸发也慢，雏鸭啄壳困难，孵化率极低。"沙壳蛋"的蛋壳表面钙沉积不均匀，壳薄而粗糙，水分蒸发快，容易破碎，这种蛋决不可作种蛋。蛋壳应清洁无污染，不清洁的蛋，蛋壳表面常被粪便污染，妨碍气体交换，微生物极易侵入蛋内，引起种蛋腐败变质，污染孵化器，使死胎增加，孵化率降低。已经污染的种蛋，必须经过清洗和消毒，才能入孵。不同品种的种蛋，都有固定的色泽，挑选时要符合该品种的标准要求。

对种蛋质量不了解，可使用照蛋器或验蛋台，通过光线观察蛋壳、气室、蛋黄等情况，看有无散黄、血丝、裂纹、霉点及气室不正、过大等，如有应予剔除。

② 种蛋的清毒　种蛋消毒方法有熏蒸法和溶液法。

a. 熏蒸法。一种是福尔马林（40% 甲醛溶液）熏蒸法。将蛋置于可以密封的容器内，按每立方米体积用福尔马林 30 毫升、高锰酸钾 15 克的药量，熏蒸 20 ～ 30 分钟，然后取出种蛋送贮蛋室贮存。蛋的表面沾有粪便或泥土时，必须先清洗。另一种是过氧乙酸熏蒸法。将蛋置于可以密封的容器内，按每立方米体积用含 16% 的过氧乙酸溶液 40 ～ 60 毫升，加高锰酸钾 4 ～ 6 克熏蒸 15 分钟。使用时应注意过氧乙酸遇热不稳定，如 40% 以上浓度加热至 50℃易引起爆炸，应在低温下保存。过氧乙酸无色透明，腐蚀性强，不能接触皮肤和衣服，消毒时应使用陶瓷或瓦制的容器，现用现配。

b. 溶液法。种蛋入孵前和孵化过程中可使用，保存前不能使用。方法有两种。一种是溶液浸泡法。将种蛋在 0.1% 的新洁尔灭溶液中浸泡 5 分钟，然后取出晾干，送入孵化器进行孵化。浸泡溶液的温度应略高于蛋温，这一点在夏季尤其重要。如果消毒液的温度低于蛋温，当种蛋浸入时由于受冷而使内容物收缩，形成负压，会使附着于表面的微生物通过气孔进入蛋内，影响孵化效果。另一种是溶液喷洒法。孵化前，使用喷雾器直接将稀释的化学消毒剂喷洒在种蛋的表面。应选择高效、无毒、广谱的消毒剂，如氯制剂、表面活性剂和碘伏消毒剂等。

③ 种蛋的保存　保存种蛋最适宜的温度为10～15℃，如保存时间短（5天左右），可用15℃；保存时间长（超过5天），可略降低些，以10～11℃为宜。保存种蛋的相对湿度以70%～75%为好，这种湿度与鸭蛋的含水率比较接近，蛋内水分不会大量蒸发。为防止胚盘与蛋壳粘连，影响种蛋孵化率，保存期间注意翻蛋。保存时间1周内可以不翻蛋，超过1周应每天翻蛋一次（使蛋位转动90°以上）。种蛋保存时位置平放的孵化率较高。种蛋保存期越长，孵化率越低。春季保存时间不超过7天，夏季不超过5天，冬季不超过10天。

④ 种蛋的装运

a. 种蛋的包装。引进种蛋时常常需要长途运输，如果保护不当，往往引起种蛋破损和系带松弛、气室破裂等，致使孵化率降低。包装种蛋的用具最好是专用的种蛋箱（长60厘米×宽30厘米×高40厘米，250个）或塑料蛋托盘。种蛋箱或蛋托盘必须结实，能经受一定的压力，并且要留有通气孔。装箱时必须装满，必须使用一些填充物以防震。如果没有专用种蛋箱，也可用木箱或竹筐装运，此时可用废纸将蛋逐个包好，装入箱（筐）内，各层之间填充锯木面、刨花或稻草等垫料，以防撞击和震动，尽量避免蛋与蛋的直接接触。不论使用什么工具装，尽量使大头向上或平放，排列整齐，以减少蛋的破损。

b. 种蛋的运输。在种蛋的运输过程中，不管使用什么交通工具，都应注意避免日晒雨淋，而影响种蛋的质量。因此，在夏季运输种蛋时，要有遮阴和防雨设备；冬季运输时注意保暖以防受冻。运输工具要求快速平稳；减少震动，装卸时轻装轻放，严防强烈震动，防止卵黄膜破裂、系带断裂等现象。运输种蛋最好的工具是飞机、火车、汽车等。种蛋运到后，应立即开箱检查，剔除破损蛋，进行消毒尽快入孵。

（3）孵化条件

① 温度　温度是鸭蛋孵化的首要条件。在胚胎发育的整个过程中，各种物质代谢，都是在一定的温度条件下进行的。鸭胚胎适宜的温度范围为37～38℃。温度过高过低都会影响胚胎的正常发育，严

重的会造成胚胎的死亡。温度偏低时，胚胎发育迟缓，孵化期延长，雏鸭质量较差。孵化参考温度见表 1-9。

表 1-9　不同胚龄适宜的孵化温度

品种	孵化室温度 /℃	孵化机内温度 /℃				
		1 ～ 5 天	6 ～ 11 天	12 ～ 16 天	17 ～ 23 天	24 ～ 28 天
绍鸭	23.9 ～ 29.5℃	38.3	38.1	37.8	37.5	37.2
	29.5 ～ 32.2℃以上	38.1	37.8	37.5	37.2	36.9
卡基・康贝尔	23.9 ～ 29.5℃	38.6	38.3	38.1	37.8	37.5
高邮鸭	29.5 ～ 32.2℃以上	38.3	38.1	37.8	37.5	37.2
北京鸭（樱桃谷鸭等）	23.9 ～ 29.5℃	38.1	37.8	37.5	37.2	36.9
	29.5 ～ 32.2℃以上	37.8	37.5	37.2	36.9	37.2

② 湿度　湿度与蛋内水分蒸发和胚胎物质代谢有密切关系，对胚胎的发育有较大影响。湿度偏高，蛋内水分不易蒸发，影响胚胎发育；湿度偏低，蛋内水分蒸发快，容易造成绒毛与蛋壳膜粘连现象。孵化前期，胚胎要形成大量羊水和尿囊液，机内温度又较高，所以相对湿度需要大一些。一般前 1 周的相对湿度控制在 75% ～ 80%；孵化中期，为了排出羊水和尿囊液，相对湿度可降至 60%。出雏前一周或出雏时，为了使水分和空气中的二氧化碳产生碳酸，使蛋壳中的主要成分碳酸钙变为碳酸氢钙而变脆，有利于雏鸭破壳，并防止蛋壳膜和蛋白膜过分干燥粘连以及雏鸭绒毛粘壳，相对湿度要提高到 75% ～ 80%。

③ 空气（通风换气）　胚胎在发育的过程中，不断吸入氧气，排出二氧化碳，进行气体交换。胚胎发育需要的空气环境应是氧气含量不能低于 20%，二氧化碳的含量在 0.3% ～ 0.6% 之间，最高允许量为 1.5%。如果孵化机内二氧化碳含量超过 1.5%，将会导致胚胎发育迟缓，死亡率增高，出现胎位不正和畸形等现象，降低孵化率和雏鸭质量。

孵化初期，胚胎的物质代谢能力较低，需要氧气较少，随胚龄增大，尿囊发育，呼吸量逐渐增加，孵至最后两天，胚胎开始用肺呼吸，吸入的氧气和呼出的二氧化碳比孵化初期增加 100 多倍。为保护胚胎的正常发育，孵化机必须有良好的通风条件，保证提供足够的新鲜空气。特别是孵化后期，通风量应逐渐增大，尤其是出雏期间。如果通

风换气不足，将导致出雏前死胚增多。现在设计的孵化器，都十分注意通风装置，开设了进气孔和出气孔，根据胚龄和孵化器内的温度开启进出气孔的大小。

④ 翻蛋　翻蛋的作用是使胚胎各部受热均匀，避免与蛋壳粘连，使蛋的不同部位受热相似，并促进气体代谢，有利于营养吸收，提高孵化率。机器孵化有自动或半自动翻蛋系统，可根据需要定时翻蛋。一般每昼夜可翻蛋 8 ～ 12 次。在整个孵化期中，前期和后期的翻蛋次数不同，前期翻蛋次数要多些，开始第一周特别重要，应适当增加翻蛋次数，而孵至最后 3 ～ 4 天，可停止翻蛋。翻蛋的角度以 90° 效果最好。

⑤ 凉蛋　凉蛋的目的是帮助胚胎散发热量，促进气体代谢，改善血液循环，增强胚胎调节体温的能力，从而提高孵化率和雏鸭的品质。凉蛋就是在短时间内使蛋温降低。机器孵化时，照蛋、喷水也属于凉蛋工作，但经常性的凉蛋要每天进行。孵化前期，凉蛋的时间短一些，孵至第十五天后，要逐渐增加凉蛋的时间。每天打开机门两次，关闭热源，只开动风扇，并把蛋盘从蛋盘架上抽出 1/3，再将温水喷洒在蛋上，随着胚龄增加，延长凉蛋时间，每天可凉蛋喷水 2 ～ 3 次，每天凉蛋的程度，以眼皮接触蛋壳感觉比较温和即可。凉蛋结束，将蛋盘推回机内，关闭机门，接通热源。凉蛋的时间因季节、室温、胚龄而异，通常为 20 ～ 30 分钟。摊床孵化时，凉蛋与翻蛋结合进行。

另外，孵化室较理想的条件是，室温 21 ～ 24℃，相对湿度 50% ～ 60%，室内空气新鲜，要避免阳光直射或冷风直吹孵化机，墙壁、地面和用具要清洁卫生，用具摆放整齐，并定期进行消毒。

⑥ 孵化卫生进　一是注意孵化场的场址选择和工艺流程（图 1-3）。

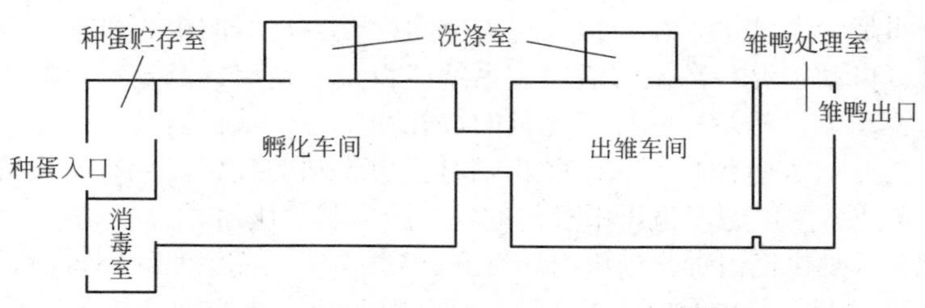

图 1-3　孵化场的场址选择工艺流程

二是工作人员的卫生。要求孵化场工作人员进场前，必须经过淋浴换衣，并定期消毒。

三是两批出雏间隔时间的消毒。在每批孵化结束之后，立刻对设备、用具和房间进行冲洗消毒。注意消毒不能代替冲洗，只有彻底冲洗后，消毒才有效。用高压水枪冲孵化室地面，用抹布擦抹孵化器的内壁，然后用熏蒸法消毒。

四是废弃物处理。孵化场的绒毛、蛋壳、死雏、雏鸭粪便等废弃物装入塑料袋内封闭，送到远离孵化场的地方进行处理。污水经消毒处理符合排放要求后排放。

（4）孵化操作技术　机械孵化管理简单，孵化效率高，目前多采用。

① 孵化前的准备工作　一是做好孵化室及孵化用具的检修和清洁消毒。孵化前要检查维修孵化室和孵化用具，保证能够正常运行。对孵化室和孵化用具进行彻底的清洁消毒，其步骤是：清扫—清洗—喷洒消毒药—密封熏蒸。

二是制订孵化计划。根据销售合同或本场需要雏鸭的数量、时间和种蛋供应情况制订孵化计划，合理安排入孵时间和入孵数量。计划如表 1-10 所示。

表 1-10　孵化计划表

品种	批次	入孵	入孵种蛋数	照蛋	出雏消毒	移盘	出雏	雏鸭鉴别	接种疫苗	接雏

三是准备好附属用品。照蛋灯、温度计、湿度计、消毒用品、防疫注射器、电动机转动皮带、记录表格以及一些易耗品等附属用品要在孵化一周前准备好。

四是验表试机。在开机入孵前全面检查孵化器的电力供温、仪表测温、自动控温、翻蛋与通风等系统能否正常使用，测定孵化器内温度是否均匀，熟悉和掌握孵化机的性能和状态。试机运转 1 ～ 2 天正常后再开始入蛋孵化。为了防止临时停电事故的发生，应有专用的发电设备或备用电源，电压不稳定的地方应安装稳压器。

五是孵化机消毒。当机内温度升高到 27℃、湿度达到 65% 时，进行入孵消毒。方法为甲醛熏蒸法，孵化器每立方米空间用福尔马林 30

毫升、高锰酸钾 15 克，熏蒸时间 20 分钟。然后打开排风扇，排除甲醛气体。

② 上蛋操作　入孵前先码盘，即把鸭蛋大头朝上码在孵化盘上。码盘后放入蛋架车的层架上，推进熏蒸间进行消毒或暂时存放。

鸭蛋有分批入孵和整批入孵两种方式。分批入孵一般每隔 3 天、5 天或 7 天入孵一批种蛋，出一批雏鸭；整批入孵是一次把孵化机装满，大型孵化厂多采用整批入孵。机器孵化多为 7 天入蛋一批，机内温度应保持恒温 37.8℃（室温 29 ～ 29.4℃），排气孔和进气孔全部打开。每 2 ～ 4 小时转蛋 1 次。冬季或早春时节，入孵前应将种蛋在孵化室停放数小时进行种蛋预温，使蛋逐渐达到室温后再入孵，这样可防止因种蛋直接从贮蛋室（15℃左右）进入孵化机中（37.8℃左右）而造成结露现象，影响孵化效果。另外，分批入孵时，各批次的蛋盘应交错放置，这样有利于各批蛋受热均匀。入孵的时间以下午 4 时以后为好，可使大批出雏的时间集中在白天，有利于工作的进行。

③ 温度、湿度调节　入孵前要根据不同的季节、前几次的孵化经验设定合理的孵化温度、湿度，设定好以后，旋钮不能随意扭动。刚入孵时，开门上蛋会引起热量散失，同时种蛋和孵化盘也要吸收热量，这样会造成孵化器温度暂时降低，经 3 ～ 6 小时即可恢复正常。孵化开始后，每隔半小时观察温度 1 次，每隔 2 小时记录 1 次，以便及时发现问题，得到尽快处理。孵化过程中要根据胚胎发育情况适当地调整温度，即“看胚施温”。

湿度可在孵化机内挂相对湿度计或干湿表测定，用增减水盘面积，或通过孵化室地面洒水或直接在蛋面喷洒温水来调节。

④ 通风换气　在不影响温度、湿度的情况下，通风换气越畅通越好。在恒温孵化时，孵化机的通气孔要打开一半以上，落盘后全部打开。变温孵化时，随胚胎日龄的增加，需要的氧气量逐渐增多，所以要逐渐开大排气孔，尤其是孵化第 14 ～ 15 天以后，更要注意换气、散热。

⑤ 转蛋　每 2 ～ 3 小时转蛋一次，手动转蛋要稳、轻、慢。自动转蛋应先按转动开关的按钮，待转到一侧 45° 自动停止后，再将转动开关扳至“自动”位置，以后每小时自动转蛋一次。遇到断电时，要重复上述操作，自动转蛋方能起作用。

⑥ 照蛋　在孵化过程中应对入孵种蛋进行 3 次照检，入孵后的第 7 天进行第一次照检，剔出无精蛋和死胚蛋，如发现种蛋受精率低，应及时调整公鸭和改善种鸭的饲养管理。入孵后的第 13 天进行第二次照检，将死胚蛋和漏检的无精蛋剔出，如果此时尿囊膜已在蛋的小头“合拢”，则表明胚胎发育是正常的，孵化条件的控制亦合适。第三次照检可结合落盘时进行。规模化孵化一般在孵化第 13 天进行一次照蛋。

⑦ 移盘　孵化到 25 ～ 26 天，把发育正常的蛋转入出雏器继续孵化，称之“落盘”。落盘时，如发现胚胎发育延缓，应推迟落盘时间。落盘后应停止翻蛋，增加水盘提高出雏机内的湿度，并增大通风量。

⑧ 拣雏和人工助产　出雏孵化到 27 天时，开始出雏。这时要保持机内温度、湿度的相对稳定，关闭出雏器内的照明灯，并要及时拣雏。有 30% 的雏鸭出壳后可进行第一次拣雏，70% 的雏鸭出壳后进行第二次拣雏，剩余的在最后一次拣雏。每次拣雏一定要将蛋壳拣出，第二次拣雏后将剩余的胚蛋集中放在温度稍高的地方，出雏期间保持出雏箱内黑暗。第二次和第三次拣雏时要注意帮助那些自行出壳困难的胚蛋（人工助产）。注意观察，若胚蛋已经啄破，壳下膜变成橘黄色时，说明尿囊膜血管已萎缩，出壳困难，可以人工助产。若壳下膜仍为白色，则尿囊血管未萎缩，这时人工破壳会造成出血死亡。人工破壳是从啄壳孔处剥离蛋壳 1 厘米左右，把雏鸭的头颈拉出并放回出雏箱中继续孵化至出雏。

⑨ 清理和消毒　雏鸭大批出壳以后，留下的胚蛋可进行一次照蛋，取出死胚，把剩下的活胚蛋合并盘子，尽可能地保温，并适当提高机内温度、湿度，以利于弱胚出雏。如不便照蛋，可用温水检验法，取一盆 40℃左右的温水，把没有出壳的蛋浸入水中，稍停片刻，看到在水中活动的为活胚，浮着不动的为死胚。为保持孵化器的清洁卫生，必须在每次出雏结束后，对孵化器进行彻底清扫和消毒。在消毒前，先将孵化用具用水浸润，用刷子除掉脏物，再用消毒液消毒，最后用清水洗干净，沥干后备用。孵化器的消毒，可用 3% 来苏儿喷洒或用福尔马林熏蒸法（同种蛋）消毒。

⑩ 停电时的应急措　规模较大的孵化场，应自备发电机。没有发电机的单位，在孵化前应先与供电单位联系，以便预先知道停电时间，早做准备。

停电后，应先把电闸提起切断电源，将炉火生旺，提高室内温度，尽可能保持在25℃以上。如机内只有一批蛋，而且胚龄还幼小的话，可将进出气口全部关闭，如机温下降较快，可在机内放几大瓶热水，以提高机温。

停电后，由于鼓风机不动，机内上部温度高，下部低，应每隔15～30分钟翻蛋1次，如有可能定时转动风扇。如有孵化后期的胚蛋，停电后每隔15～20分钟应翻蛋一次，每隔1小时打开半扇门拨风扇2～3分钟，驱除机内积热。要勤于检查，如用眼皮验温，感觉发烫，应将这些蛋放到下层。机内如有接近落盘的后期胚蛋，可提早落盘。

（5）孵化工作记录

① 孵化室日程表　记录孵化室日程表（表1-11）的目的是合理安排孵化室的工作日程。各批次之间，尽量把入孵、照蛋、移盘、出雏工作错开，一般每周入孵2批，工作效率较高。

表1-11　孵化室日程表

项目 批次	机号	入孵		头照		二照		移盘		出雏	
		月	日	月	日	月	日	月	日	月	日

② 孵化条件记录表　在孵化的过程中，值班人员每1小时通过孵化器观察窗观察温度、湿度1次，每2小时记录1次（表1-12）。对孵化室的温度、湿度也要做记录。

表1-12　孵化条件记录表

项目 时间/小时	孵化室		孵化器				值班人员	备注
	温度	湿度	温度	湿度	翻蛋	凉蛋		
0								
2								
4								
6								
8								

续表

项目 时间 / 小时	孵化室		孵化器				值班人员	备注
	温度	湿度	温度	湿度	翻蛋	凉蛋		
10								
12								

③ 孵化成绩统计表　每批孵化结束后，要对本批孵化情况进行统计和分析（表 1-13）。

表 1-13　孵化成绩统计表

批次	品种	种蛋来源	入孵日期	入孵蛋数	照蛋			出雏情况				受精蛋数	受精率	受精蛋孵化率	入孵蛋孵化率	健雏率	备注
					无精蛋	死精蛋	破蛋	移盘数	健雏数	弱雏数	死胚蛋						

（6）衡量孵化成绩的指标

① 受精率

受精率（%）=（受精蛋数 / 入孵蛋数）×100%

受精蛋包括活胚蛋、死胚蛋和散黄蛋；种蛋受精率要求在 90% 以上。

② 早期死胚率

早期死胚率（%）=（1 ～ 5 胚龄死胚数 / 受精蛋数）×100%

早期死胚是入孵后头 5 天内的死胚，正常情况下，早期死胚率在 1% ～ 2.5% 范围内。

③ 孵化率

受精蛋孵化率（%）=（出雏总数 / 受精蛋数）×100%

受精蛋孵化率是衡量孵化效果的主要指标，一般应在 90% 以上，高水平应达到 93% 以上。

入孵蛋孵化率（%）=（出雏总数 / 入孵蛋数）×100%

入孵蛋孵化率反映种鸭场及孵化场的综合水平，应达到85%以上。

④ 健雏率

健雏率（%）=（健雏数 / 出雏总数）×100%

健雏是指能够出售，用户认可的雏鸭。健雏率是反映种鸭质量、种蛋质量和孵化效果的一个综合指标。健雏率应达到97%以上。

（7）孵化效果检查分析

① 照蛋检查和异常情况分析

a. 照蛋检查。照蛋操作方便简单，是进行孵化效果检查最常用的方法。各类胚蛋的发育特征见表1-14。

表1-14　照蛋检查各类胚蛋的发育特征

时间	胚蛋类型	发育特征
6～7天	受精蛋	照蛋特征是“起珠”（正常发育胚胎的黑眼珠）。鲜红的卵黄血管网向外延伸。血管扩散范围占孵蛋一侧面的2/3宽。典型的受精蛋要占本批孵蛋的70%以上
	无精蛋	蛋内透明，看不到胚胎和血管，只能看到蛋内浅黄色的蛋黄朦胧地悬浮在蛋白中间，四周蛋白透明，隐约看见气室边缘；有时因散黄呈一片浊状，但没有任何血痕。正常的无精蛋只占入孵蛋的5%左右
	弱精蛋	在发育过程中到期而没有出现该期正常发育特征的蛋，叫弱精蛋。如7日龄胚胎看不到“起珠”，血管微细，胚胎活动微弱，血管分布不到一个蛋侧面的1/2
	死精蛋	受精蛋在孵化发育过程中死亡，出现血管破裂、胚胎粘连在蛋壳内膜上，蛋的颜色较淡。死精蛋的特征有血圈、血弧、血环、血点、血块，有时出现带血的扩散卵黄、血管变暗等。死精蛋一般占受精蛋的比例为3%～4%
13胚龄	活胚蛋	照蛋特征是“合拢”（鸭胚孵化至13天末，尿囊与尿囊血管正好从蛋的钝端两侧向小头端会合）。气室增大，边缘明显。由于血管布满整个蛋面，红润的血管网遮盖住蛋白，因此，照蛋时看不到透明的蛋白。发育正常的活胚应占整个孵蛋的70%以上
	弱胚蛋	胚胎发育慢，发育落后的胚胎主要表现为尿囊在小头不能合拢，用照蛋灯对准胚蛋小头观察，能看到一个透明的三角区，透明区的大小可判断胚胎发育落后程度
	死胎蛋	鸭胚在13天以前死亡，通过照蛋灯能看到蛋的两头呈灰白色，中间漂浮着灰暗阴霾状的死胎，或者沉落一边，血管不明显或破裂。胚蛋放到室内很快变凉，与活胚有明显的温差。正常孵化的死胎蛋占2%～3%

续表

时间	胚蛋类型	发育特征
24～25胚龄	活胚蛋	照蛋特征是“闪毛”（胚胎的右翅突入气室）。气室显著增大，边缘变成弯曲倾斜状，黑影呈小山丘状，胚占满蛋的全部容积，能在气室下方红润处看到一较粗的血管气室边缘有黑影闪动。正常发育的胚胎占活胎的75%以上
	弱胚蛋	发育落后的胚胎表现为气室边缘平齐，黑影边缘较远，可见明显的血管
	死胎蛋	胚胎变得灰暗，蛋表面发凉，看不清暗红色的血管或有时看到有血管，但周围不红润而暗淡，胚胎不动变成铁灰色，无蛋温。死胎蛋后期一般只占3%～4%

b. 异常情况分析。见表1-15。

表1-15　异常情况与可能的原因

照蛋时间	异常情况	原因分析
6～7胚龄	死精蛋不多，无精蛋多，或气室大，散黄多	可能是种蛋存放时间过长、受冻、运输中受震动，或种鸭群公母比例不协调，公鸭过多、过少等原因
	胚胎发育慢，但死精蛋没有超过规定标准	说明入孵后温度偏低
	胚胎发育正常，死精蛋过多	可能是种鸭群营养不良、鸭群内血缘有近亲现象，或者孵化机性能不好、局部孵蛋受热、靠近热源散热不匀、停电时间过多等原因
	胚胎发育过快，死精蛋多，血管末端有破裂现象	表明温度偏高
13胚龄	大部分没有“合拢”，但死胎不多	说明孵化温度偏低，从观察未合拢的部位大小可推测孵化温度偏低的幅度
	尿囊血管绝大多数早已合拢，大头端出现黑影，死胎多，少数不合拢的尿囊血管末端有不同程度的充血	说明孵化温度偏高
	孵化箱内同一批不同位置胚蛋发育不整齐，差异大，死胎正常或稍偏多，部分胚胎出现血管充血	说明孵化机温差大，翻蛋次数和角度不够，或停电频繁，造成局部超温
	胚胎发育快慢不一，血管微细	表明陈蛋多

续表

<table>
<tr><th>照蛋时间</th><th colspan="2">异常情况</th><th>原因分析</th></tr>
<tr><td rowspan="5">24～25
胚龄</td><td colspan="2">气室偏小，边缘整齐，无黑影闪毛现象</td><td>说明孵化温度偏低，湿度偏大</td></tr>
<tr><td colspan="2">啄壳早（如25天），死胎多</td><td>说明后期较长时间孵温偏高</td></tr>
<tr><td rowspan="3">胚胎发育正常，死胎蛋多</td><td>剖检发现心有充血、淤血、肝脏变形</td><td>多数是因局部受高温的影响</td></tr>
<tr><td>剖检软骨为营养不良症，肢短而弯曲，嘴短似鹦为鹉喙，羽毛曲，在颈、背、腰部和侧脸的皮下结缔组织多半呈水肿，肝呈黄色而发脆，肾肿大</td><td>如果残留有不少蛋白质，可能是种鸭饲喂不良、缺乏维生素 B_2 和全价蛋白质、氨基酸不平衡所致的</td></tr>
<tr><td>蛋白质被完全吸收，心脏肥大并有出血点，肝肿大、变性，胆囊大，胚胎多死于18天后</td><td>可能是种鸭因饲喂未经去毒的棉籽饼、菜籽饼，受饲料残毒的影响</td></tr>
</table>

② 胚蛋失重检查　在孵化过程中，由于胚蛋水分蒸发，蛋重有规律地减轻。检查胚蛋失重情况可以判断胚胎发育快慢和孵化的温度、湿度是否合适。孵化温度偏高或湿度偏低时，胚蛋减重比例高于正常。孵化温度偏低或湿度偏高时，胚蛋减重比例也会异常。胚蛋在孵化中减重不合乎常规反映了胚胎发育不正常，是胚胎病的症候之一。胚蛋称重应每隔6天进行一次，检查数量不少于100个胚蛋，按规定时间称重并求取平均值，并设对照。胚蛋失重情况可根据气室大小做出相应估测，见表1-16。

表1-16　孵化过程中鸭胚蛋失重与气室大小变化的关系

孵化日期	称重/克	累计失重		气室直径/毫米	气室直径扩大		气室高度/毫米	气室高度增大	
		数值/克	百分比/%		数值/毫米	百分比/%		数值/毫米	百分比/%
0	59.6	—	—	18.8	—	—	2.1	—	—
第7天	56.9	2.7	4.5	24.8	6.0	32	4.9	2.8	33.2
第11天	56	3.6	6.0	28.6	9.8	52	6.3	4.2	100.0
第18天	52.4	7.2	12.1	33.2	14.4	77	9.6	7.5	357.1

③ 出壳检查和分析　破壳位置应在蛋的中线和钝端之间。在蛋壳上出现小的裂缝，在喙的压力下裂缝逐渐加大。雏鸭出壳后的蛋壳应干燥，无黏液、无血迹。如破壳位置在蛋的中线部分或在蛋的锐端则不正常，这时雏鸭不能呼吸气室中的空气。如蛋壳上的裂缝细小，表明雏鸭虚弱无力。如裂缝处溢出黏液，蛋壳潮湿，这是一种病态，黏液干涸后会结成硬块，并把喙和头部的绒毛黏结在蛋壳上。在这种情况下，雏鸭出壳后蛋壳通常是潮湿的，带有未被利用的蛋白和黏液，内面呈棕褐色或红色，有时还带有血块。当胚胎发育速度参差不齐或孵化制度受破坏时，孵化时间通常拖长，有时虽能按时或稍提前出壳，但完成出壳的时间往往延长 1 ～ 1.5 天。

当发生啄壳和出壳时间延长、啄孔小、啄壳时堵啄、胚体贴在壳上等情况时，均提示胚胎发育不正常。雏鸭在啄壳后死亡，见于传染性或营养性胚胎病，霉菌毒素中毒，孵化时通风不良，CO_2 浓度过大，温度过高或湿度过低。

④ 胚胎异位检查和分析　胚胎的位置异常经常发生，是一种病理现象，是临近出壳时雏鸭死亡的主要原因之一，在孵化后期的死胚中，50% 因异产位所致。与异位有关的部分原因见表 1-17。

表 1-17　胚胎异位的原因分析

现象	原因分析
头部位于两大腿之间，喙向蛋中央	孵化温度偏高等
头部位于蛋的锐端，脚向气室	孵化温度偏低，种蛋锐端向上孵化等
头部虽朝向蛋的钝端，但位于左翼下	孵化温度不当，种蛋放置位置不当等
一脚或两脚盘置在头或喙上	遗传等因素
头在左翼或右翼之上	营养缺乏等

（8）鸭的雌雄鉴别

① 外形鉴别法　一般情况雄雏体格较大，身子较长，头大颈长，眼较圆，翼梢无绒毛，腹稍平，站立较直；母雏体格较小，身子短圆，头小颈短，眼椭圆形，翼梢有绒毛，腹下垂，站立时身体倾斜。雄雏受惊动叫声高、尖、清晰；雌雏叫声低、粗、沉浊。

② 肛门鉴别法　肛门鉴别法在几种方法中使用最普遍，准确率也较高，依操作手法不同，又可分为以下三种方法。

a. 翻肛鉴别法。翻缸鉴别法是最为常用的鉴别方法，操作时，左手的中指和无名指夹住颈口，使其腹部向上，右手的大拇指和食指放在泄殖腔两侧，轻轻翻开泄殖腔，如在泄殖腔下方见到约 0.2 ～ 0.4 毫米的细小突起为公雏，如是呈八字状的皱襞，则为母雏。

b. 捏肛鉴别法。也是经常采用的一种方法，操作时，左手抓握雏鸭，左手拇指紧贴雏鸭背部，其余四指拖住腹部，使其背向上腹向下，肛门朝向鉴别者，然后右手的拇指和食指在泄殖腔外部的两侧轻捏，如手指感觉有一细小突起，即为公雏，若没有，则为母雏。捏肛法熟练后比翻肛法速度快，要求操作者手指有较高的敏感性。

c. 顶肛鉴别法。与前两者相比，此法最难掌握，但熟练掌握后速度最快，抓握手法与捏肛相似，左手抓握雏鸭，右手中指在泄殖腔外部轻轻向上一顶。感觉有细小的突起者为公雏，反之，则为母雏。

③ 鸣管鉴别法　鸣管又称下喉，在气管分叉的顶部，是鸭的发声器官，公母雏鸭的鸣管在形态结构上有较大的差异。公雏鸭的鸣管膨大呈球形，直径约 3 ～ 4 毫米，在胸前就可摸到，而母雏鸭仅在气管的交叉处稍微粗大些。

（9）雏鸭的分级　雏鸭的分级见表 1-18。

表 1-18　健雏与弱雏的区别

项目	健雏	弱雏
出壳时间	正长时间	过早或推迟
绒毛	绒毛有光泽、长短适中	蓬乱污秽，缺乏光泽，有时绒毛短缺
精神	活泼，反应快，腿干结实	痴呆，闭目，反应迟钝，站立不稳
体重	体态匀称，大小均匀	大小不一，过重或过轻
感触	饱满，挣扎有力	瘦弱、松软，挣扎无力
脐部	愈合良好，干燥，上覆盖绒毛	愈合不好，脐孔不大，触摸有硬块，有黏液或血块或卵黄囊外露，脐部裸露
腹部	大小适中，柔软	特别膨大，手压有水样感

第二招 让蛋鸭多产蛋

【提示】

蛋鸭的生长阶段不同，对饲料、环境等条件要求不同，饲养管理方法也有较大差异。蛋用鸭的生长阶段一般可以分为育雏期（0 ~ 4 周龄）、育成期（5 ~ 18 周龄）和产蛋期（19 ~ 76 周龄），只有根据鸭的不同生长阶段的要求进行科学的饲养管理，提供适宜的环境条件，才能保证鸭群生产性能的充分发挥而获得较好的经营效果。

一、精心养育雏鸭

雏鸭是指 0 ～ 4 周龄的小鸭。雏鸭培育是蛋鸭高产养殖过程中一项艰巨而细致的工作，不但关系到雏鸭的成活率和生长速度，而且直接影响到以后的生产性能和养殖效益。因此，必须细心饲养，科学管理。

（一）掌握雏鸭的特点

1. 体温调节机能弱

雏鸭体温低，绒毛属于针形胎毛，不保温，神经和体液系统功能发育尚不健全，调节体温能力弱。因此，难以适应外界环境温度的急剧变化（变温状态）。当外界温度低于 25℃时，会冻得发抖，堆叠成堆，互靠体温取暖，俗称“烧堆”，易引起感冒或低层雏鸭窒息死亡。15 ～ 20 日龄后，雏鸭体内温度调节机能日趋完善（恒温状态）。所以，需要人为提供适宜的环境温度。

2. 消化机能差

刚出壳的雏鸭，其消化器官尚未经过饲料的刺激和锻炼，消化道容积很小，食道的膨大部很不明显，其储存食物的能力有限，消化机能尚未发育完全，消化能力弱。因此要求饲料营养浓度要高、营养全面易于消化吸收。另外雏鸭对饥渴比较敏感，贪食，调节采食能力差，出壳头几天喂得过饱易发生涨嗉、消化不良、便秘或拉稀等消化系统疾病。要勤喂料和频繁饮水，任何时候都不可少水，夏天更应注意。

3. 生长发育快

雏鸭 4 周龄体重为出生时的 24 倍，7 周龄体重为出生时的 60 倍。所以，必须供给营养全面充足的日粮，满足其生长发育的需要。刚出壳的雏鸭，在其肠道中段外侧有一个 5 ～ 7 克的卵黄囊。出壳后的雏鸭如果腹部得到适宜的温度及入舍后及早饮水和开食，可极大增强雏鸭的体质和抗病力，促进雏鸭的生长。

4. 敏感性强，抵抗力弱

饲料中的各种营养成分缺乏或有毒药物的过量都会导致雏鸭出现病理症状，要注意药物中毒。雏鸭娇嫩，对外界环境的抵抗力差，加以免疫器官发育尚不完善，易受到病原菌侵袭，因此，育雏时要特别重视防疫卫生工作。

（二）提供适宜的育雏条件

1. 温度

温度是培育鸭的首要条件，温度不仅影响雏鸭的体温调节、运动、采食、饮水及饲料营养消化吸收和休息等生理环节，还影响机体的代谢、抗体产生、体质状况等。只有适宜的温度才有利于雏鸭的生长发育和成活率的提高。育雏温度分为高温、低温和适温，见表 2-1。

表 2-1　育雏温度随日龄的变化

育雏天数 / 天	高温育雏 /℃	适温育雏 /℃	低温育雏 /℃
1 ～ 3	31 ～ 33	27 ～ 30	23 ～ 25
4 ～ 6	29 ～ 31	24 ～ 27	20 ～ 22
7 ～ 10	26 ～ 29	21 ～ 24	18 ～ 20
11 ～ 15	23 ～ 26	18 ～ 21	17 ～ 18
16 ～ 20	20 ～ 23	16 ～ 18	16 ～ 17
＞21	18℃左右	16℃左右	14℃以下

注：育雏室内温度为 23 ～ 24℃。以后，每周下降 2 ～ 3℃，直至室温，一般室温为 18 ～ 21℃。表中温度为地面 20 厘米处的温度。

高温育雏，雏鸭生长迅速，饲料报酬高，但体质较弱，而且房舍保温条件高，成本较大；低温育雏，雏鸭生长较慢，饲料报酬低，但体质强壮，对饲养管理条件要求不高，相对成本较少；适温育雏，介于高温和低温之间，从目前饲养效果看，以适温育雏最好。由于温度适宜，雏鸭感到舒服，发育良好且均匀，生长速度也较快，体质健壮。育雏温度是否适宜，应以雏鸭的表现为标准。如果表现三五成群静卧无声，有规律地吃食、饮水、排便、休息，说明温度正常。如表现缩颈耸翅，互相堆挤，或行走不稳并发出吱吱的尖叫声，说明温度过低，需及时调整。若雏鸭张口喘气，散离热源，烦躁不安，张开翅膀，饮水量增加，说明温度过高。

笼养育雏时，一定要注意上、下层之间的温差。采用加温育雏取暖时，除了在笼层中间观察温度外，还要注意各层间的雏鸭动态，及时调整育雏温度和密度。育雏期间温度要稳定，切忌忽高忽低。

保温时间的长短要根据品种、季节和雏鸭的强弱等灵活掌握。夏季育雏时，雏鸭一般在育雏室保温 2 ～ 3 天后，然后降温，1 周后就可以完全脱温。此时也要注意防暑。若室温超过 35℃或 1 周龄以上的雏鸭室温超过 30℃时，要注意做好通风和喷水降温等防暑工作。冬季育雏时，要延长保温时间，雏鸭应在保温室保温育雏 14 天左右。

2. 湿度

育雏前期，室内温度较高，水分蒸发快，此时相对湿度要高一些。如空气中湿度过低，雏鸭易出现脚趾干瘪、精神不振等轻度脱水症状，影响健康和生长。此时，可以向育雏室喷些水雾，或是在火炉上烧些开水，增加空气湿度。但垫料仍然要保持干燥，千万不能将水洒在垫草上。湿度也不能过高，高温、高湿易诱发多种疾病。所以，育雏室内开始 1 周的相对湿度应为 70%，其后降低为 60%，3 周龄后保持 55% 为宜。

3. 通风

新鲜的空气有利于雏鸭的生长发育和健康。鸭的体温高，呼吸快，代谢旺盛，呼出二氧化碳多（鸭每千克体重每小时呼出的二氧化碳量为 1.5 ～ 2.3 升）。雏鸭日粮营养含量丰富，消化吸收率低，粪便中含有大量的有机物，有机物发酵分解产生的氨气和硫化氢多。加之人工供温燃料不完全燃烧产生的一氧化碳，都会使舍内空气污浊，有害气体含量超标，危害鸭体健康，影响生长发育。加强通风换气可以驱除舍内污浊气体，换进新鲜空气。同时，通风换气还可以减少舍内的水汽、尘埃和微生物，调节舍内温度。

育雏舍既要保温，又要通风换气，保温与通气是矛盾的，应在保持温度的前提下，进行适量通风换气。通风换气的方法有自然通风和机械通风两种。自然通风的具体做法是：在育雏室设通风窗，气温高时，尽量打开通风窗（或通气孔），气温低时把它关好（冬季，朝南的窗户可以适当打开，但任何时候都要防止贼风直吹雏鸭）。机械通风多用于规模较大的养鸭场，可根据育雏舍的面积和所饲养雏鸭数量，选购和安装风机。育雏舍内空气以人进入舍内不刺激鼻、眼，不觉胸闷为适宜。通风时要切忌间隙风，以免雏鸭着凉感冒。

4. 光照

雏鸭特别需要日光照射。太阳光能提高雏鸭的体表温度，促进血液循环，经紫外线照射能将存在于鸭体皮肤、羽毛和血液中的7-脱氢胆固醇转变为维生素D，促进骨骼的生长，并能增加食欲，刺激消化系统，促进雏鸭的采食和运动，提高新陈代谢，增强鸭体健康。在不能利用自然光照或自然光照时数不足时，可用人工光照补充。育雏期内，第一周龄，每昼夜光照可达20～23小时。第二周龄可缩短至18小时。第三周起，要区别不同情况，若夏季育雏，白天利用自然光照，夜间用较暗的灯光通宵照明，只在喂料时用较亮的灯光照明0.5小时。如晚秋季节育雏，由于日照时间较短，可在傍晚适当增加光照1～2小时，其余时间仍用较暗的灯光通宵照明。在人工照明时，注意光照不要太强，控制在每平方米5瓦，灯泡离地面2～2.5米。

5. 饲养密度

饲养密度因品种、日龄、饲养方式和环境而不同。密度过大，会造成雏鸭活动不开，采食、饮水困难，空气污浊，不利于雏鸭的生长；密度过低，房舍利用率低，能源消耗多，不经济。以下提供肉雏鸭和蛋雏鸭的不同饲养密度以供参考，见表2-2、表2-3。

表2-2　肉雏鸭的饲养密度　　　单位：只/米^2

项目	1周龄	2周龄	3周龄
地面平养	25	15～20	8～12
网上饲养	35	20～25	10～15
笼养	60～65	30～40	20～25

表2-3　蛋雏鸭地面平养的饲养密度　　　单位：只/米^2

项目	1周龄	2周龄	3周龄	4周龄
夏季	30～35	25～30	20～25	15～20
冬季	35～40	20～35	20～25	15～20

6. 卫生

雏鸭体小质弱，对环境的适应力和抗病力都很差，容易发病，特

别是传染病。所以入舍前要加强对育雏舍的消毒，加强环境、出入人员、用具设备消毒，经常带鸭消毒，并封闭育雏育成舍，做好隔离，减少污染和感染。随着雏鸭逐渐长大，排泄物不断增多，极易使小鸭绒毛沾湿弄脏，必须及时打扫，保持干燥、清洁、卫生的良好环境。

（三）选择可靠的育雏和加温方式

1. 育雏方式

平面饲养和立体饲养，不同方式各有特点，根据实际情况进行选择。

（1）平面饲养　平面饲养分地面平育、网上育雏和地面 - 网上混合育雏。

① 地面平育　在育雏前，在雏鸭舍地面上铺上清洁干净的垫料，接雏后将雏鸭直接放在育雏舍的垫料上。雏龄越小垫草越厚（初生雏第一次垫料厚 6 ～ 8 厘米），使雏鸭熟睡时不受凉，但在饮水和采食区不垫料。鸭舍最好是水泥地面，如为土地地面，地势应当高，否则地下水位高，又无隔湿措施，则垫草易受潮腐烂，会造成不良后果。采用土地面饲养时，一般应先在地面上铺一层生石灰，然后再在地面上铺一层 5 ～ 10 厘米厚的垫料。垫料可重复利用。对垫料的要求是：重量轻，吸湿性好，易干燥，柔软有弹性，廉价适于作肥料。常用的垫料有：稻壳、花生壳、松木刨花、锯屑、玉米芯、秸秆等。以后在垫料即将潮湿时，在上面继续局部或全部增加垫料，直至垫料厚度达到 20 厘米左右，也可局部或全部更换垫料。冬季养鸭更换垫料时，要防止雏鸭感冒。为了防止雏鸭进入水槽，弄湿羽毛，造成鸭体受凉及引起育雏舍地面潮湿，可以采用乳头式饮水器。

地面平育的优点是劳动强度小，简单易行，雏鸭感到舒适（由于原料本身能发热，雏鸭腹部受热良好），并能为雏鸭提供某些维生素（厚垫料中微生物的活动可以产生维生素 B_{12}，有利于促进雏鸭的食欲和新陈代谢，提高蛋白质利用率）。缺点是雏鸭经常与粪便接触，容易感染疾病，饲养密度小，占地面积大，管理不够方便。

② 网上育雏　网上平育即利用网面代替地面，网的材料可以是铁丝网，或是塑料网，还可用木条、竹条制作。一般网面距地面为 60 ～ 70 厘米。木条地面用的板条宽 1.25 ～ 2 厘米，空隙宽 1.5 ～ 2

厘米，板条走向要与鸭舍的长轴平行。竹子产区也有用竹竿或竹片做竹条地面的，竹材的直径与空隙一般均为1.5～2.5厘米。网上育雏的饲养密度可稍高于地面散养，通常1～2周龄内，每平方米可达20～25只，2～3周龄时为10～15只。网上育雏的优点是粪便直接落入网下，雏鸭不与粪便接触，减少了病原感染的机会，尤其是大大减少了球虫病爆发的危险。同时，由于养在网上，提高了饲养密度，减少了鸭舍建筑面积，可减少投资，提高经济效益。

③ 地面-网上混合育雏　将地面育雏与网上育雏结合起来，称为混合育雏。其做法是将育雏舍地面分为两部分，一部分是高出地面（或将地面挖深）的高床，另一部分是铺垫料的地面。这两部分之间有水泥坡地面连接。饮水器放在网上，可使舍内垫草保持干燥。

（2）立体育雏　立体饲养也是笼养。就是把雏鸭养在多层笼内，这样可以增加饲养密度，减少建筑面积和土地占用面积，提高管理定额，便于机械化操作，适合规模化饲养。育雏笼由笼架、笼体、料槽、水槽和托粪盘构成。规模不等，一般笼架长100厘米，宽60～80厘米，高150厘米。从离地30厘米起，每40厘米为一层，可设三层或四层，笼底与托粪盘相距10厘米。笼育可充分利用鸭舍空间，增加饲养数量；同时笼养可减少鸭的运动，有利于肉鸭的快速生长。

2. 加温方式

（1）电热供温　在电源充足、供电稳定、价格便宜的地区可采用。常用的加热设备有电热育雏笼、电热育雏伞和红外线灯等。

电热育雏笼多为4层层叠拼装式，笼内一半配有供温装置。雏鸭根据温度感受情况，可从笼的一边随意到另一边去活动。电热育雏笼用于鸭的育雏加温效果较好，但喂料、饮水不太方便，饲养中还要根据鸭体不断长大的情况经常分群，管理较麻烦。

电热保姆伞形状像伞样，撑开吊起，伞内侧安装有加温和控温装置（如电热丝、电热管、温度控制器等），伞下一定区域温度升高，达到育雏温度。雏鸭在伞下活动、采食和饮水。伞的直径大小不同，养育的雏鸭数量不等。现在伞的材料多是耐高温的尼龙，可以折叠，使用比较方便。其优点是育雏数量多，雏鸭可以在伞下选择适宜的温度带，换气良好；不足是育雏舍内还需要保持一定的温度（需要保持

24℃），当室温低于15℃时，保温效果不太好。适用于地面平养、网上平养。

红外线育雏利用红外线灯发出的热量来供给雏鸭。市售的红外线灯为250瓦，红外线灯一般悬挂在离地面35～40厘米的高度，在使用中，红外线灯的高度应根据具体情况调节。雏鸭可自由选择离灯较远或较近处活动。红外线灯育雏温度均匀，室内清洁，使用方便，但热效果差，灯泡易损，成本较高。

（2）煤炭供温　煤炭来源丰富的地区，可以采用锅炉暖气、热风炉、煤炉和地炕供温等。此法加温效果比电热加温要好，育雏环境较干燥，育雏效果好，费用小。但温度的掌握和管理较麻烦。

① 煤炉供温　指在育雏室内设置煤炉和排烟通道，燃料用炭块、煤球、煤块均可，保温良好的房舍，每20～30米^{2}设置一个炉即可。为了防止舍内空气污染，可以紧挨墙砌煤炉，把煤炉的进风口和掏灰口设置在墙外。这种方法的优点是省燃料，温度易上升；缺点是费人力，温度不稳定。适用于专业户、小规模鸭场的各种育雏方式。

② 烟道供温　根据烟道的设置，可分为地下烟道育雏和地上烟道育雏两种形式。

a. 地下烟道育雏。在育雏室，顺着房的后墙在地下修建两个直通火道，烟道顶端面与地面平，火门留在育雏室中央，烟道最后从育雏室墙上用烟囱通往室外。为了保温在烟道上设有护板，并靠墙挖一斜坡，护板下半都是活动的，可以支起来，便于打扫。这种地下烟道，可以使用当地任何燃料，经济实用，根据舍内温度，昼夜烧火，这是一种经济、简便、有效的供温设备，可广泛采用。

b. 地上烟道育雏。烟道设在育雏室的地面上，雏鸭活动在烟道下，这种烟道可使用任何燃料，也可根据舍温调整烧火次数，以保证适宜的舍温需要。

（3）热水热气供温　大型鸭场育雏数量较多，可在育雏舍内安装散热片和管道，利用锅炉产生的热气或热水使育雏舍内温度升高。采用此法育雏舍清洁卫生，育雏温度稳定，但投入较大。

（4）热风炉供温　该法将热风炉产生的热风引入育雏舍内，使舍内温度升高。

（四）选好育雏的季节

我国传统的蛋用鸭养殖具有一定的季节性，育雏也存在很强的季节性。一般育雏是从3月底开始，至9月中旬结束，根据育雏期不同通常分为春鸭、夏鸭和秋鸭。出现这种季节性的原因有以下两方面。一是我国农村养鸭的条件比较差，设备非常简陋，大都没有专用的育雏室，缺乏保温设施，基本上依靠自然温度育雏。因此，在气温较低的秋、冬季，很难培育好雏鸭。二是我国的农村养鸭，大都是采用放牧饲养，依靠江河、湖泊、稻麦茬口的天然饲料，降低饲养成本，而不是采用全圈养、全饲喂的方式。所以，育雏季节的选择恰当与否，不仅关系到成活率的高低，也影响饲养成本和经济效益的大小。目前随着养鸭业的规模化、集约化发展和饲养方式的转变，季节性越来越不明显，无论蛋鸭，还是肉鸭，都可以采用全年孵化、全年育雏的方式。

1. 春鸭

从3月下旬～5月份，即农历春分到立夏甚至到小满之间饲养的雏鸭，都称“春鸭”。这段时期，天气逐渐转暖，气温、水温逐渐升高，天然水域中的螺蚬、蚯蚓及泥鳅等日渐增多。此时也正值农作物春播阶段，放牧场地很多，雏鸭生长快、发育好、成活率高、用料省，开产早，是育雏的黄金季节。一般春鸭在八九月份就能开产，开产以后很快达到产蛋高峰，可为秋鸭提供种蛋，另外也可以提供大量的鸭蛋制成咸蛋或皮蛋。这样当年饲养的春鸭当年就见效益。但春鸭御寒能力差，为使蛋鸭在冬季高产稳产，必须加强饲养管理。如果饲养条件和饲养技术水平达不到要求，则饲养的春鸭一般都作为商品蛋鸭，或作为一般的菜鸭上市而不再留作种用。

2. 夏鸭

6～8月中旬期间出壳的小鸭都称“夏鸭”。此期内气温在一年中最高，而且闷热多雨，气候条件不适合雏鸭的生理需要，而且此期正值农作物生长旺期，放牧场地少。但优点是水温较高，不需保温措施，可以提早下水放牧。另外，早稻收割后，有10～15天的时间，放牧场地宽阔，天然饵料丰富，经过强化培育，夏鸭一般饲养120天左右开产，进入冬季前即可达到产蛋高峰，只要饲养得当，产蛋高峰期可

以保持半年左右。缺点是天气闷热，应注意防潮湿、防暑和防病。

3. 秋鸭

8～9月份出壳的小鸭，都称“秋鸭”，一般指立秋至白露期间饲养的雏鸭。此期气温逐渐下降，正适合雏鸭从小到大对外界温度的生理需要。在水稻产区，晚稻的生长期长，收获延续的时间也长，对正在生长的鸭群放牧觅食有利，可节省饲料，降低成本。若加强培育，产蛋高峰正适春孵季节，产蛋高峰期的种蛋价值高，同时对不能留种生蛋的鸭子淘汰期又正逢春节，经济效益可观。但秋鸭的育成期正值寒冬，气温低，日照短，后期天然饲料少，故开产要比“春鸭”和“夏鸭”晚1个月左右。因此，饲养时要注意防寒和补料，增加光照，促进早开产。

（五）做好育雏前的准备

1. 育雏舍的准备

雏鸭饲养量的多少要根据鸭舍的面积和饲养方式来定。一般地面平养时按每平方米饲养20～25只来准备育雏室。每一鸭舍进口处，要有一间更衣室以备所有工作人员使用，并备有浴室和成套的衣服鞋帽，育雏舍门口应有消毒池，内放消毒药水。即使条件不许可的鸭场或养鸭户，也应有备用的衣、鞋更换。育雏室在使用前应彻底清扫消毒。清洁消毒的方法和步骤如下。

（1）清理、清扫、清洗　先清理鸭舍内的设备、用具和一切杂物，然后清扫鸭舍。清扫前在舍内喷洒消毒液，可以防止尘埃飞扬。把舍内墙壁、天花板、地面的角角落落清理清扫干净。清扫后用高压水冲洗机清洗育雏舍。不能移动的设备用具也要清扫消毒。

（2）墙壁、地面消毒　育雏舍的墙壁可用10%石灰乳加上5%氢氧化钠溶液抹白，新建育雏舍可用5%的氢氧化钠溶液或5%的福尔马林溶液喷洒。地面用5%的火碱溶液喷洒。

（3）设备用具消毒　把移出的设备、用具，如料盘、料桶、饮水器等清洗干净，然后用5%的福尔马林溶液喷洒或在消毒池内浸泡3～5小时。地面饲养所用垫料如锯木屑、刨花或稻草，使用前放在

日光下暴晒1～2天。用稻草作垫料时，要用晒干的新鲜稻草，防止曲霉菌对雏鸭的侵害。然后将其移入育雏舍。

（4）熏蒸消毒　把育雏使用的设备用具移入舍内后，封闭门窗进行熏蒸消毒。常用的药品是福尔马林和高锰酸钾。熏蒸方法如下：

① 准备　封闭育雏舍的窗和所有缝隙，根据育雏舍的污浊程度，选用不同的熏蒸浓度（见表2-4），根据育雏舍的空间分别计算好福尔马林和高锰酸钾的用量。

表2-4　不同熏蒸浓度的药物使用量

药品名称	Ⅰ	Ⅱ	Ⅲ
福尔马林/（毫升/米^{3}空间）	14	28	42
高锰酸钾/（克/米^{3}空间）	7	14	21

② 操作　把高锰酸钾放入陶瓷或瓦制的容器内（育雏舍面积大时可以多放几个容器），将福尔马林溶液缓缓倒入，迅速撤离，封闭好门。

③ 适宜条件　熏蒸效果最佳的环境温度是24℃以上，相对湿度75%～80%，熏蒸时间24～48小时。熏蒸后打开门窗通风换气1～2天，使其中的甲醛气体逸出。不立即使用的可以不打开门窗，待用前再打开门窗通风。

④ 检查　熏蒸时要注意盛装药品的容器应尽量大一些，熏蒸后注意检查药物反应情况。

（5）育雏舍周围环境消毒　最后将鸭舍周围环境的杂物也彻底清除干净，用10%的甲醛或5%～8%的火碱溶液喷洒育雏舍周围和道路。

2. 育雏用具等设备的准备

（1）设备准备　准备好保温设备、通风换气设备、光照设备。

（2）饲喂饮水用具准备　育雏期的饲喂用具有开食盘（或竹席、草席、塑料薄膜，每100只鸭占用面积0.3米^{2}左右）、无毒塑料盆（每15只鸭1个）。饮水用具有壶式饮水器（育雏期每50只鸭1个小号或中号饮水器）、乳头式饮水器或勺式饮水器。还需浅水盆（每群鸭1个）。

（3）防疫消毒用具　防疫用具有滴管、连续注射器、气雾机等；消毒用具有喷雾器。

3. 药品准备

准备的药品包括疫苗等生物制品；防治白痢、球虫的药物（如球痢灵、杜球、三字球虫粉等）；抗应激剂（如维生素 C、速溶多维）；营养剂（如糖、奶粉、多维电解质等）；消毒药（酸类、醛类、氯制剂等，准备 3 ～ 5 种消毒药交替使用）。

4. 人员准备

提前对饲养人员进行培训，以便掌握基本的饲养管理知识和技术。育雏人员在育雏前 1 周左右到位并着手工作。

5. 饲料准备

不同的饲养阶段需要不同的饲料。育雏料在雏鸭入舍前 1 天进入育雏舍，每次配制的饲料不要太多，能够饲喂 5 ～ 7 天即可，太多存放时间长饲料容易变质或营养损失。

6. 温度调试

安装好供温设备后要调试，观察温度能否上升到要求的温度，需要多长时间才能上升到。如果达不到要求，要采取措施尽早解决。为了更好地进行温控，育雏室必须配备温度计，其悬挂位置应适宜。测定室内温度，温度计挂在远离热源的地方，距离地面 1.5 米左右；测定育雏温度，温度计离地面或网面 5 ～ 6 厘米，即温度计的感应部分应该与鸭背相平。另外，为了减少加热空间，可以把育雏舍的一头用塑料布或其他材料暂时隔离开来，作为育雏区，待雏鸭长大后再疏散扩大。育雏舍的温度要求因加温的设备不同而有差异。如采用保姆伞加温，1 日龄伞下的温度控制在 34 ～ 36℃。保姆伞的边缘区域温度控制在 30 ～ 32℃，育雏舍的温度在 20 ～ 24℃即可。如采用整室加温（热风炉、地炕等），1 日龄的舍温要求保持在 29 ～ 31℃。随着雏鸭日龄的增大而逐渐降低。

育雏前 2 天，要使温度上升到育雏温度且保持稳定。根据供温设备情况提前升温，尤其是寒冷季节，温度升高比较慢，如果不及早升温，可能出现雏鸭入舍时温度达不到要求影响育雏效果。

（六）选择优质雏鸭

雏鸭品质好坏和运输情况直接影响到育雏率和生长速度，也影响到生长成熟后的生产性能。所以必须严格选择和精心运输。

选择优良雏鸭，必须考虑种鸭的品种、种蛋的孵化条件、雏鸭本身的质量等因素。

1. 根据种鸭的质量来选择

选择苗鸭前，最好实地了解种鸭的饲养情况。一是要求种鸭场有《种蛋种禽经营许可证》，饲养的是优质品种。二是饲养条件良好。一般来说，种鸭饲养条件良好，如采用水陆结合饲养方式饲养的种鸭场，必须陆上运动场清洁、干净，水地运动场的水质清洁。三是饲养管理良好，如饲料配制科学，日常管理严格等。

2. 根据孵化条件来选择

优质的种蛋，必须在条件良好的孵化厂才有可能孵化出优质的雏鸭。到规划布局合理，配套设施齐备、孵化操作规范的孵化厂选购鸭苗。如果孵化厂建筑及孵化器具十分简陋，甚至连基本的消毒设施都没有，这样的孵化厂不可能孵化出优质的雏鸭。

3. 根据苗鸭的质量来选择

选购鸭苗，一定要挑选健壮的优质雏鸭。优质雏鸭的标准如下。一是适时出壳，出壳整齐。先进的孵化设施，只有在科学的孵化操作技术下，才能孵出优质的苗鸭。优质苗鸭的基本条件之一，必须是适时出壳，出壳整齐。过早或推迟出壳，出壳持续时间很长，都会影响雏鸭的质量。一般来说，种鸭蛋的孵化时间应为 28 天，即当天下午入孵的种蛋，应在第 28 天的上午拿到。如果到时拿不到雏鸭，说明种蛋的孵化时间推迟，胚胎的生长发育在某一时间受到影响，因而雏鸭的质量就有可能受影响。如种蛋保存时间过长、孵化设施达不到要求、种蛋在孵化期间受热不均（导致不同部位的种蛋胚胎发育不一致，其特征是整个孵化机内的雏鸭从开始至出雏结束的时间延长）或孵化温度不适宜等，都可以影响出雏时间。凡推迟出雏的雏鸭一般脐部血管收缩不良，容易在出雏时受到有害细菌的影响。因而选择雏鸭时出雏

过迟的苗不能选购。二是外型健康活泼，眼睛灵活而有神，全身绒毛整洁光亮，个大、体重，体躯长而阔，臀部柔软，脚高、粗壮，站立行走姿势正直有力，肛门周围没有粪便等沾污。三是卵黄吸收良好，腹部柔软，大小适中，脐部愈合良好，无出血或干硬突出痕迹。四是趾爪无弯曲损伤，无畸形。

（七）搞好雏鸭运输管理

雏鸭出雏后24小时之内应运到目的地，如果时间过长，因雏鸭开饮、开食过迟会影响正常的生长发育，特别是对卵黄吸收不利。运输时最好选用特制的纸箱装运，如用竹筐、塑料箱装运时，底部须垫好柔软的垫料，如干禾草、布或纸等，天气冷时还要用厚布或毯子等盖好顶部和周围，但要注意适当通风换气，以防雏鸭呼吸困难，甚至闷死。装运时要注意密度，密度太大时雏鸭互相挤压，应激多，死伤多；密度太小时箱内温度低，运输车摇晃时雏鸭到处跌撞滚动，应激大，受伤多。天热时密度可小些，天冷时密度可大些。运输途中要注意防寒、防晒、防热、防淋、防颠簸摇摆，以及保持适当的通风换气等。雏鸭运到后，应立即搬进育雏舍，减少外界环境的影响。

（八）加强雏鸭的饲养管理

雏鸭阶段是鸭一生中相对生长最快的阶段，是整个生长期中的重要阶段。但由于雏鸭具有补偿生长功能，雏鸭时期稍有生长不足，只要没有严重影响发育，到以后可慢慢追补回来，并达到标准体重。所以雏鸭的饲料营养水平可以低一些。

1. 雏鸭的入舍

运回来的雏鸭应立即搬入育雏舍内，让其安静休息片刻后进行分群。一般应根据出壳时间的早迟、体质的强弱和体重的大小，把强雏和弱雏分别挑出，组成小群饲养，每群雏鸭以400～500只为宜。然后放入保温区内。对于那些弱雏，要把它放在靠近热源即室温较高的区域饲养，另外，最好采用厚垫料饲养，这样可使脐部闭合不良的弱雏，在垫料作用下使脐部尽早愈合，这有利于提高成活率。笼养的雏鸭，将弱雏放在笼的上层温度较高的地方。

2. 饮水饲喂

育雏时，应注意“早开饮、早开食，先饮水、后开食”。

（1）饮水　运来或购来的雏鸭，分群后放入保温区域内，设法让其尽快学会饮水。刚孵出的小鸭，第一次饮水称“开水”。雏鸭有边吃料边喝水的习性，可用浅盘或饮水器饮水。水要保持清洁，并要避免溅湿垫料及雏鸭身体。饮水可以是 0.1% 的高锰酸钾溶液或 5% 的葡萄糖溶液。“开水”时也可将雏鸭连同鸭篓慢慢浸入水中，使水没过脚趾，但不能超过跖关节，让雏鸭在水中站立 5 ～ 10 分钟（天热时站的时间久些，天冷时站的时间短些），即通常所说的“点水”。这时，雏鸭受到水的刺激，十分活跃，一边饮水，一边嬉戏，使生理上处于兴奋状态，促进新陈代谢，促使粪便排泄，增强食欲，刺激尾脂腺的分泌等，如果再在水面上撒点绿浮萍，则效果更佳。春末至秋初，当气温超过 15℃时，可直接在冷水中“开水”，气温低于 14℃时，容器内要加点热水，适当提高水温。

雏鸭在出壳后 24 小时内一定要饮到水，以防出现虚脱和脱水现象。水质必须新鲜、清洁，水温接近室温，而且饮水器数量要足够，分布要均匀，且高度要适中，这些都需随雏鸭日龄的增加而加以调整。高度应同鸭背持平，若水位过低，鸭在饮水时会反吐饲料，而且用水来洗身、理毛。饮水器数量不够或摆放位置不均匀时，弱雏和部分雏鸭难以饮到水，对生长不利，对不会饮水、呆立的雏鸭，应采取多次“点水”或人工摄取的训练方法，让其学会饮水。随着日龄的增加，雏鸭的饮水量加大，而且嬉水性充分表现出来，这时须逐渐增加饮水器数量，或改用大饮水器和大水盆，水深以从鸭鼻孔到喙端距离为准，并经常清洗饮水用具和换掉脏的饮水，装入新鲜的水。水质要求酸碱适度，细菌含量符合要求，含盐量低。若鸭舍装有自动饮水器，需待 1 周龄后才逐渐换用，并视鸭的适应情况采取相应措施。如果饮水量突然下降，往往预示着雏鸭群开始发生异常，可能有疾病感染或饲料饮水有问题，须马上调查，找出原因，加以补救。

（2）饲喂　饮水后 1 小时左右就可以喂食了。雏鸭出壳后第一次喂料称“开食”。合理的开食可满足雏鸭生长发育的需要，要保证供应完善的营养，尤其是蛋白质、维生素和无机盐等。开食时间主要取决

于雏鸭胃肠的发育情况，若开食过早，雏鸭胃肠较软弱，不利于消化器官的健康发育；开食过晚，会大量消耗雏鸭体力，影响其生长发育和成活率。

雏鸭出壳后 24 ～ 28 小时让其开食，最迟也不能超过 36 小时。为便于雏鸭学会采食，最初几天可采用浅平的饲料盆，饲料放于其中，或直接将饲料撒在干净的编织袋或深颜色塑料布上，也有将饲料拌湿喂几天的，让其互相啄食，经过 2 ～ 3 次调教，雏鸭即可“自食”。饲养员喂料要撒得均匀，撒得开，同时务必细心观察，要使每只鸭子都能吃进一点饲料，但也不能吃得太多，六、七成饱就可以了。发现吃得较猛、较多的雏鸭，要提前捉出，关到鸭篓内，以免过饱伤食。发现吃得很少或没有进食的雏鸭，也要捉出，单独圈在一个地方，圈得密一点，专门喂饲料。对于个别仍不吃食的雏鸭，要单独喂点糖水或葡萄糖水，喂糖水的工具最好是注射器，注射器头上套一根细胶皮管（可用自行车气门芯），将它插入食道内，以免糖水流入气管致死，或者用滴管套上胶皮管代替注射器喂糖水。第二遍撒料时，要注意找空隙处投撒，使雏鸭采食时不拥挤，以免互相践踏，使体质较弱的雏鸭也有机会吃到饲料。对于不知道吃食的雏鸭，应对其进行训练，采取人工强饲的方法，反复调教，直至学会吃食。等雏鸭都会采食后，才逐渐换用 5 升装饲料桶饲喂或用料槽饲喂，槽的边高 3 ～ 4 厘米，长 50 ～ 70 厘米，这样可以防止混入鸭粪污染饲料。饲料桶或料槽下面一定要放有干净的塑料布或稍大于饲料桶的面盆，用来承接雏鸭采食时撒出的饲料，然后定期将撒出的饲料再放回给雏鸭采食，并适时清洗更换此塑料布或面盆，以减少饲料浪费。

雏鸭喂食的基本原则是“少喂多餐”和“定时定餐”，由于雏鸭的消化功能还不是很强，为防止其消化不良，所以要多餐少食。晚上要喂 2 次，最初 3 天的饲养非常关键，对不会自动走向料槽的弱雏，要耐心引诱它去采食，使每只都能吃到饲料，吃饱而不吃过头。6 日龄起就可以定时喂食，每隔 2 小时喂 1 次；8 ～ 12 日龄每隔 3 小时喂 1 次，每昼夜喂 8 次；13 ～ 15 日龄每隔 4 小时喂 1 次，每昼夜喂 6 次；16 ～ 20 日龄每昼夜喂 5 次，白天每隔 4 小时喂 1 次，夜间每隔 6 小时喂 1 次；21 日龄以后，每隔 6 小时喂 1 次，每昼夜喂 4 次。定时定量饲喂雏鸭，不仅可以保持雏鸭旺盛的食欲，也可以及时发现采食不

正常的雏鸭。

“开食”的适宜时间，春鸭出壳后24小时左右，夏鸭出壳后18～20小时，秋鸭出壳后24～30小时。“开食”过早，雏鸭身体软弱，采食活动能力差，收不到“开食”的效果；“开食”过迟，不能及时补充所需的养分，使雏鸭体内养分消耗过多，过分疲劳，降低了胃肠的消化吸收能力，即成为“老口”雏鸭，比较难养。如果在“开食”前不知道雏鸭的准确出壳时间，或者将不同时间出壳的小鸭混了，这时要根据情况，进行一次分群挑选。

挑选的依据如下。一是看精神状态，雏鸭活泼好动，神态老练，并有求食行为者，可以先“开食”。二是看雏鸭脚上表皮，凡脚胫和蹼上的表皮干燥收缩，说明出壳时间已久，可以先“开食”；凡表皮细嫩，似在水中浸过一样湿润，说明出壳不久，可暂缓“开食”。

饲养量少的或育雏期不是采用全价颗粒料来喂养的小型鸭场（户），应及时地给雏鸭一些青饲料和动物性蛋白饲料，如青草、菜叶、蚯蚓、泥鳅、蝇蛆、黄鳝等斩碎喂鸭，以满足雏鸭的快速生长需要，并注意多放牧让其吃活食。

饲喂沙砾。为满足雏鸭生理机能的需要，应在中雏鸭的运动场上，专门放几个沙砾小盘，或在精料中加入一定比例的沙砾，这样不仅能提高饲料转化率，节约饲料，而且能增强其消化机能，有助于提高鸭的体质和抗逆能力。

3. 雏鸭的管理

（1）保持适宜的环境条件　控制好温度、湿度、通风、光照、密度、营养等条件，特别要做好保温和脱温工作。

（2）建立稳定的管理程序　鸭喜集群生活，合群性很强，神经类型较敏感，极易形成条件反射。在雏鸭阶段培养的生活习性可保持终生。例如每天定时、定地饮水、吃料、下水游泳、上滩理毛、入圈歇息等。一旦形成习惯，不要轻易改变。如果需要改变，也要逐步改变，使雏鸭逐步适应新的生活秩序。饲料品种和调制喂养方法的改变，也要采取循序渐进的方式，不能随心所欲，频繁改变，要使雏鸭有一个适应过程。如果频繁改变饲料和生活秩序，不仅不能使雏鸭形成良好而有规律的生活习惯，而且还会影响生长，引起疾病，降低育成率。

（3）让雏鸭尽快熟悉环境　育雏伞育雏时，伞内要安装一个小的白光灯或红光灯以调教雏鸭熟悉环境。2 ～ 3 天雏鸭熟悉热源后方可去掉。育雏器周围最好加上护栏（冬季用板材，夏季用金属网），以防雏鸭远离热源，随着日龄增加，逐渐扩大护栏面积或移去护栏。

暖房式（整个舍内温度达到育雏温度）加温的育雏舍，在育雏前期可以把雏鸭固定在一个较小的范围内，这样可以提高饲槽和饮水器的密度，有利于雏鸭学会采食和饮水。同时，育雏空间较小，有利于保持育雏温度和节约燃料。

笼养时，育雏的前 1 周内笼底要铺上厚实粗糙并有良好吸湿性的纸张，这样笼底平整，易于保持育雏温度，雏鸭活动舒适。

（4）垫料管理　地面平养一般要使用垫料，开始垫料厚度为 5 厘米，3 周内保持垫料稍微潮湿，不能过于干燥，否则易引起脱水，以后保持垫料干燥，其湿度为 25%。随着雏鸭日龄增大，排泄物不断增多，育雏区的垫料极易潮湿、污秽，这种环境会使雏鸭绒毛沾湿、弄脏，并有利于病原生物繁殖，因此必须及时打扫干净，勤换垫料，保持育雏区干燥清洁。特别注意靠近热源垫料的管理，因鸭只容易在此逗留，更易污浊潮湿。未发生传染病的情况下，换下的垫料经过翻晒晾干，可以再用，但晒热的垫料要晾凉后才可关鸭，热料关鸭易引起雏鸭中暑。圈窝的垫料干燥松软，雏鸭才能得到充分休息，睡得舒服安稳。

（5）分群、稀群和转群　鸭群不要过大，一般每群以 300 ～ 500 只为宜。入舍的第一次分群后，随着日龄的增加，鸭群会出现大小、强弱差异，所以分群工作要经常进行，可以在 8 日龄和 15 日龄时，结合密度调整和防疫、饲喂等机会进行大小分群、强弱分群，这样有利于鸭群生长发育整齐和减少死亡。

在“开食”后 3 天左右，逐只检查，将吃食少或不吃食的放在一起饲养，适当增加饲喂次数，并比其他雏鸭的环境温度提高 1 ～ 2℃，同时，查看是否存在疾病等原因。此外，可根据雏鸭各阶段的体重和羽毛生长情况分群，各品种都有自己的标准和生长发育规律，及时淘汰体重过小的、瘦弱的、残疾的、畸形的等无饲养价值的鸭，降低育成鸭的培育费用。

随着日龄的增加，鸭的体型增大，需要不断扩大饲养面积，疏散鸭群。根据不同日龄和不同饲养方式的密度要求合理地扩大饲养面积，避免鸭群拥挤，影响生长发育和均匀整齐。

育雏结束，需要转入育成舍或部分转入育成舍。转群时，抓鸭要抓鸭脚，提鸭腿。捕捉鸭时动作要柔和，避免动作粗暴引起损伤和严重应激。转群前要在料槽和水槽中放上料和水，保持鸭舍明亮，在饲料和饮水中加入多种维生素，以减少应激。

（6）适时下水，保证运动　出壳后第三天可让小鸭下水，先下小水，可采用竹篮或鸭笼端下水，以打湿小鸭脚板为宜，每天 2 次，每次不超过 10 分钟。5 天以后下大水自由活动就可以进行放牧。

蛋用鸭神经敏感，胆子较小，从育雏期开始，饲养员要进行训练调教，使它在接近陌生人或放牧、下水时都不会心惊胆战，以免受惊。

下水要从小开始训练，千万不要因为雏鸭怕冷、胆小、怕下水而停止。开始 1 ～ 5 天，可以与雏鸭“点水”（有的称“潮口”）结合起来，即在鸭篓内“点水”。早春天气冷，晴天时可以在室外铺一张尼龙薄膜，四边垫高，中间倒上清水，水深 2 厘米左右，水倒好后让太阳晒一会儿，待水稍温后，再把鸭放进去。用这种方法锻炼下水，鸭不感到冷，连续几天后，雏鸭就习惯下水了。注意每次下水上来，都要让它在无风温暖的地方，梳理羽毛，使身上的湿毛尽快干燥，千万不可带着湿毛入窝休息。下水活动，夏季不能在中午烈日下进行，冬季不能在阴冷的早晚进行。雏鸭下水还要根据天气和气温而定，天气晴朗，气温较高时，应坚持每天下水；天气下雨，气温低时，不下水或时间短一些，以免鸭子受冷生病。放鸭的时间要由短到长，逐步锻炼。

除水浴外，雏鸭的运动还有室内运动和室外运动。室内运动，即每隔 20 分钟左右，将躺睡着的雏鸭徐徐哄赶，沿鸭舍四周缓慢而行。避免雏鸭久卧在潮湿的垫草上，导致胸部及腿部疾患。如果此时垫草已经潮湿，可一边驱赶，一边撒上一层干净的新鲜垫草，并将雏鸭徐徐赶到运动场上进行室外运动，使它接触阳光和呼吸新鲜空气。1 周龄左右的雏鸭，在室内外温差不超过 3 ～ 5℃时，即可把它放到运动场上。初放时，以中午为好，每次活动 15 ～ 20 分钟，随日龄增加，逐步延长室外活动时间。雨雪天气，切不可外放。

夏季气温高，阳光强烈，室外运动场要搭凉棚遮阴，以免中暑。运动场的前方，最好有水面（池塘或河流），或人工挖一水池，天

热时，稍大的雏鸭能自由到池中洗澡，可以防暑降温。人工挖的水池要有一定的深度和坡度，最浅处水深 5 ～ 10 厘米，最深处可达到 30 ～ 40 厘米。池水必须清洁，最好是活水，否则必须每天更换，以免被污染后感染雏鸭。

（7）加强对弱雏的管理　随着日龄增加，雏鸭群内会出现体质瘦弱的个体。注意及时挑出小鸭和病弱鸭，隔离饲养，可在饲料中添加糖、奶粉等营养剂，或加入维生素 C 或速溶多维等抗应激剂，也可使用土霉素、链霉素、呋喃唑酮等抗菌药物，精心管理，促进生长发育。

（8）注意观察鸭群　观察鸭群能及时发现问题，把疾患消灭于萌芽状态。所以每天都要细致地观察鸭群。

① 采食情况　正常的鸭群采食积极，食欲旺盛。触摸嗉囊饱满。个别鸭不食或采食不积极应隔离观察。有较多的鸭不食或不积极，应该引起高度重视，并找出原因。

其原因一般有：突然更换饲料，如两种饲料的品质或饲料原料差异很大，突然更换，鸭只没有适应引起不食或少食；饲料的腐败变质，如酸败、霉变等；环境条件不适宜，如育雏期温度过低或过高、温度不稳定，育成期温度过高等；疾病，如鸭群发生较为严重的疾病。

② 精神状态　健康的鸭活泼好动；不健康的鸭会呆立一边或离群独卧，低头垂翅等。

③ 呼吸系统情况　观察有无咳嗽、流鼻、呼吸困难等症状。在晚上夜深人静时，蹲在鸭舍内静听雏鸭的呼吸音，正常应该是安静，听不到异常声音。如有异常声音，应引起高度重视，做进一步的检查。

④ 粪便检查　粪便的性状变化可反映出畜禽的健康状况，在生产中可通过观察鸭粪的变化来及时掌握鸭群的健康状态。正常鸭的粪便软硬适中，形状多呈圆柱形或条形，棕灰色，一端附有白色的尿酸盐，没有恶臭。每天早晨第一次排出的粪便呈糊状，棕绿色，属正常现象，但粪便的颜色也常因饲料成分和各种混合物不同而异。喂过多青绿饲料时，粪便多为淡绿色；而饲料不含青绿饲料，粪便多呈黄褐色、较软；碳水化合物饲料较多，而蛋白质饲料较少时，鸭粪便呈茶褐色，并带有特殊的臭味；鸭饲料中蛋白质含量过多时，鸭粪便呈白色。如绿色粪便，粪便黏稠恶臭呈现黑绿色，这是由胆汁和肠道脱落的组织细胞相混而成的，多见于鸭霍乱、鸭传染性浆膜炎、鸭病毒性肝炎等；肉

红色粪便，形如烂肉，是由脱落的肠黏膜形成的，多见于患球虫病、绦虫病、蛔虫病和肠炎恢复期的鸭；稀薄粪便，鸭消化正常，但粪便因含水量多而不成型，多因天气炎热时饮水量骤然增加、饲料中含盐过多、轻度的大肠杆菌侵染、饲料中含轻微有毒物质所致；黄色硫黄粪便，由于肝小叶受损从而影响胆汁排泄，导致胆红素进入血液，经尿排出而形成表面黄色或淡黄色的尿覆盖，多见于盲肠炎、肝炎；黄白色稀粪便，黏稠，常黏糊于肛门，多见于鸭流感、鸭传染性浆膜炎；铁锈色水样粪便，呈铁锈色水样并混有尿酸盐，有时还掺有消化不彻底的饲料，这是由于肠道严重出血造成的，多见于禽流感早期及中毒等引起的消化道出血等。

（9）卫生防疫

① 隔离卫生　育雏期间进行封闭育雏，避免闲杂人员入内。饲养管理人员进入要进行严格的消毒。设备、用具、饲料等进入也要消毒；保持育雏舍和育成舍清洁卫生，垃圾和污物放在指定地点，不要随意乱倒。定期清理粪便，饲养人员保持个人卫生。保持饲喂用具、饮水用具卫生。育雏舍周围的环境，也要经常打扫，四周的排水沟必须畅通，以保持干燥、清洁、卫生的良好环境。

② 消毒　除了进入的人员、设备及用具严格消毒外，还要定期进行鸭舍和环境消毒。育雏期每周带鸭消毒 2 ～ 3 次，育成期每周 1 ～ 2 次；鸭舍周围环境每周消毒一次。饲喂用具每周消毒 1 次，饮水用具每周消毒 2 ～ 3 次，同时对水源也要定期进行消毒。

③ 免疫接种　制订严格的免疫接种程序并进行确切的操作。

（10）记录和统计计算　做好记录有利于了解鸭群状况和发育情况，有利于经济核算和降低饲养成本，有利于总结经验和吸取教训，提高饲养管理和技术水平。

① 每日记录　记录的内容主要包括雏鸭的日龄、周龄、鸭数变动情况、喂料量、温度、湿度、通风换气、外界气候变化、鸭群精神状态。

② 用药记录　药品名称、产地、含量、失效期、剂量、用药途径及用药效果。

③ 防疫记录　防疫时间，疫病种类，疫苗名称、来源、失效期，防疫方法。

④ 其他记录　各种消耗、支出以及收入等。

⑤ 统计计算　根据记录情况，进行统计计算可以了解育雏成本。育雏成本计算公式如下：

每只雏鸭成本 =（雏鸭的饲养费用 − 副产品价值）/ 育雏期末成活的雏鸭数

二、培育优质的育成鸭

育成鸭一般是指 5 ～ 16 周龄或 18 周龄开产前的青年鸭。育成鸭饲养管理的好坏，直接影响到育成新母鸭的质量，直接影响到以后生产性能的发挥。所以，必须加强饲养管理，培育出优质的育成新母鸭。

（一）了解育成鸭的特点和培育指标

1. 育成鸭的特点

根据青年鸭生理特点采取饲养管理措施，使其发育整齐，为以后稳产、高产奠定基础。

（1）体重增长快　育成阶段是鸭体重增长较快的一个时期，以绍鸭为例，28 日龄以后体重的绝对增长加快，42 ～ 44 日龄达到高峰，56 日龄起逐渐降低，然后趋于平稳增长，至 16 周龄的体重已接近成年体重。

（2）羽毛生长迅速　育成阶段也是鸭羽毛生长迅速的一个时期，仍以绍鸭为例，育雏期结束时，雏鸭身上还掩盖着绒毛，棕红色麻雀羽毛才将要长出，而到 42 ～ 44 日龄时胸腹部羽毛已长齐，平整光滑，达到“滑底”，48 ～ 52 日龄青年鸭已达“三面光”，52 ～ 56 日龄已长出主翼羽，81 ～ 91 日龄蛋鸭腹部已换好第二次新羽毛，102 日龄蛋鸭全身羽毛已长齐，两翅主翼羽已“交翅”。

（3）性器官发育快　育成 10 周龄后，在第二次换羽期间，卵巢上的卵泡也在快速长大，12 周龄后，性器官的发育尤其迅速。为了保证青年鸭的骨骼和肌肉的充分生长，避免鸭的性器官发育过快，使体发育与性发育一致，必须严格控制青年鸭的饲料和光照，防止过早性成熟，影响产蛋性能的充分发挥。

（4）适应能力强　青年鸭随着日龄的增长，羽毛逐渐丰满（御寒能力也逐步加强），体温调节机能健全，对外界气温变化的适应能力也随之加强，可以在常温下，甚至可以在露天饲养；随着青年鸭体重的增长，消化器官也随之增大，贮存饲料的容积增大，消化能力增强。此期的青年鸭杂食性强，可以充分利用天然动植物性饲料。

2. 育成鸭的指标要求

育成鸭在 16 ～ 18 周龄时，健康无病，整个鸭群的体重要求较为一致，要求每只鸭体重在平均体重的 10% 上下范围以内，并且肥瘦情况、骨骼大小、肌肉发达程度都要求整齐。体重一致的鸭群，一般性成熟期也一致，达 50% 产蛋率后即迅速进入产蛋高峰，且持续时间长；反之，体重不整齐的鸭群，容易出现体型大的越来越大，小的则发育越趋迟滞，其结果是开产后产蛋率上升很慢，常常不能达到应有的产蛋高峰，即使达到，时间也很短，并急速下降。

（二）选择适宜的饲养方式

1. 放牧饲养

育成鸭的放牧饲养是我国传统的饲养方式。由于鸭的合群性好，觅食能力强，能在陆上平地、山地和水中的浅水、深水中潜游觅食各种天然的动、植物性饲料。因此，可利用农田、湖荡、河塘、沟渠放牧和海滩放牧饲养，以节约大量的饲料，降低成本，同时使鸭群得到很好的锻炼，增强鸭的体质。大规模生产时，采用放牧饲养的方式已越来越少。

2. 全舍饲

饲养育成鸭的整个饲养过程始终在鸭舍内进行的称为全舍饲圈养或关养。鸭舍内采用厚垫草（料）饲养，或是网状地面饲养，或是栅条地面饲养。由于吃料、饮水、运动和休息全在鸭舍内进行，因此，饲养管理较放牧饲养严格。舍内必须设置饮水和排水系统。采用垫料饲养的，垫料要厚，要经常疏松，必要时要翻晒，以保持垫料干燥。若采用网状地面或栅状地面饲养，其地面要比鸭舍地面高 60 厘米以上，鸭舍地面用水泥铺成，并有一定的坡度（每米落差 6 ～ 10 厘米），以便于清除鸭粪。网状地面饲养最好用涂塑铁丝网，网眼为 24 毫

米 ×12 毫米。栅状地面可用宽 20 ～ 25 毫米、厚 5 ～ 8 毫米的木板条或 25 毫米宽的竹片，或者是用竹子制成相距 15 毫米空隙的栅状地面，这些结构都要制成组装式，以便冲洗和消毒。

全舍饲饲养方式可以人为地控制饲养环境，有利于科学养鸭，达到稳产、高产的目的；集中饲养便于向集约化生产过渡，同时可以增加饲养量，提高劳动效率。此法饲养成本较高。随着养鸭业的规模化、集约化，全舍饲饲养成为必然的发展趋势，特别是缺乏水源的北方地区。

3. 半舍饲

鸭群饲养在鸭舍、陆上运动场和水上运动场，不外出放牧。吃食、饮水可在舍内，也可在舍外，一般不设饮水系统，饲养管理不如全舍饲那样严格。其优点与全舍饲一样，便于科学饲养。这种方式一般与鱼塘结合在一起，形成一个良性循环。半舍饲是目前我国养鸭生产中采用的主要方式之一。

（三）加强育成鸭的饲养

1. 营养需要

根据育成鸭的特点，其营养要求相应要低些，目的是使育成鸭得到充分锻炼，使蛋鸭长好骨架，而不求长得肥胖。育成鸭的能量和蛋白质水平宜低不宜高，饲料中代谢能为 11.0 ～ 11.5 兆焦 / 千克，蛋白质为 15% ～ 18%，钙为 0.8% ～ 1%，磷为 0.45% ～ 0.50%。日粮以糠麸为主，动物性饲料不宜过多，舍饲的鸭群在日粮中添加 5% 的沙砾，以增强肠胃功能，提高消化能力。有条件的养殖场，可用青绿饲料代替精料和维生素添加剂，青绿饲料约占整个饲料的 30% ～ 50%。青绿饲料可以大量利用天然饲草，蛋白质饲料约占 10% ～ 15%。若采用全舍饲或半舍饲，运动量不如放牧饲养，为了抑制育成鸭性腺过早成熟，防止沉积过多的脂肪，影响产蛋性能和种用性能，在育成期饲养过程中应限制饲喂。限制饲喂一般从 8 周龄开始，到 16 ～ 18 周龄结束。

2. 饲养

（1）饲料更换　育雏结束，鸭的体重达标，可以更换为育成鸭料，

但更换必须有一个过渡期，使鸭逐渐适应新的饲料。更换的方法为：第1天4/5的雏鸭料，1/5的育成鸭料；第2天3/5的雏鸭料，2/5的育成鸭料；第3天2/5的雏鸭料，3/5的育成鸭料；第4天1/5的雏鸭料，4/5的育成鸭料；第5天全部饲喂育成鸭料。

（2）饲喂　根据育成鸭的消化情况，一昼夜饲喂4次，定时定量。若投喂全价配合饲料，可做成直径4～6毫米、长8～10毫米的颗粒状，或者用混合均匀的粉料，用水拌湿，然后将饲料分在料盆内或塑料布上，分批将鸭赶入进食。鸭在吃食时有饮水洗喙的习惯，鸭舍中可设长形的水槽或在适当位置放几只水盆，及时添换清洁饮水。

（3）限制饲养　后备鸭限制饲养的目的在于控制鸭的发育，不使其太肥，使其在适当的周龄达到性成熟，集中开产（开产体重控制在该品种标准体重的中上为好）。这样，既可以降低成本，又可以使其食量增大，耐粗饲而不影响产蛋性能。舍饲和半舍饲鸭尤其要重视限制饲喂，否则会造成不良后果（放牧鸭群由于运动量大，能量消耗也较大，且每天都要不停地找食吃，整个过程就是很好的限饲过程）。限制饲养方法是用低能量日粮饲喂后备鸭，一般从8周龄开始到16～18周龄止。当鸭的体重符合本品种的各阶段体重时，可不需要限饲；如发现鸭体重过于肥大，则可以进行限制饲养。可降低饲料中的营养水平，适当多喂些青饲料和粗饲料，或按培育后备鸭的正常日粮（代谢能11.0～11.5兆焦/千克，蛋白质为15%～18%）的70%供给。

（4）饲喂沙砾　为满足育成鸭生理机能的需要，应在育成鸭的运动场上，专门放几个沙砾小盘，或在精料中加入一定比例的沙砾，这样不仅能提高饲料转化率，节约饲料，而且能增强其消化机能，有助于提高鸭的体质和抗逆能力。

（四）严格育成鸭的日常管理

1. 脱温

育雏结束，要根据外界温度情况逐渐脱温。如冬季和早春育雏时，由于外界温度低（需要采用升温育雏饲养），待育雏结束时，外界温度与室温相差往往较大（一般超过5～8℃），盲目地去掉热源，脱去温度，舍内温度会骤然下降，导致雏鸭遭受冷应激，轻者引发疾病，重

者甚至引起死亡。所以，脱温要逐渐进行，让鸭有适应环境温度的过程。

2. 转群移舍

育雏结束后要扩大育雏区的饲养面积，即转群；专用育雏鸭舍，育雏结束要移入育成舍或部分移入育成舍，即移舍。转群移舍对鸭都是较大的应激，操作不良会影响鸭的生长发育和健康。转群移舍必须注意以下几方面。一是要准备好育成舍。转群前对育成舍进行彻底的清洁和消毒，安装好各种设备和用具。二是要空腹转舍。转群前必须空腹方可运出。三是逐步扩大饲养面积。若采用网上育雏，则雏鸭刚下地时，地上面积应适当圈小些，待中鸭经过 2 ～ 3 天的锻炼，腿部肌肉逐步增强后，再逐渐增大活动面积。因为育成舍的地上面积比网上大，雏鸭一下地，活动量逐渐增大，一时不适应，容易导致鸭子气喘、拐腿，重者甚至引起瘫痪。

3. 保持适宜的环境

育成鸭容易管理，虽然要求圈舍条件比较简易，但要尽量维持适宜的环境。一要做好防风、防雨工作。二要保持圈舍清洁干燥。三要保持适宜的温度。冬天要注意保温，夏天要注意防暑降温，运动场要搭凉棚遮阴。四要保持适宜的密度。应随鸭龄增大，应不断调整密度，以满足中鸭不断生长的需要，不至于过于拥挤，从而影响其摄食生长，同时也要充分利用空间。其饲养密度，因品种、周龄而异。5 ～ 8 周龄每平方米 15 只左右；9 ～ 12 周龄，每平方米 12 只左右；13 周龄起，每平方米 10 只左右。

4. 分群饲养

分群可以使鸭群生长发育一致，便于管理。在育成期分群的另一个原因是，育成鸭对外界环境十分敏感，尤其是在长血管时期，群体过大或饲养密度较高时，互相挤动会引起鸭群骚动，使刚生长出的羽毛轴受伤出血，甚至互相践踏，导致生长发育停滞，影响今后的产蛋。因而，育成鸭要按体重大小、强弱和公母分群饲养。对体重较小、生长缓慢的弱中鸭应强化培育，集中喂养，加强管理，使其生长发育能迅速赶上同龄强鸭，使鸭群均匀整齐。一般放牧时，每群为 500 ～ 1000 只，而舍饲鸭每栏 200 ～ 300 只。

5. 控制光照

光照是控制性成熟的方法之一。育成鸭的光照时间宜短不宜长。有条件的鸭场，育成鸭于 8 周龄起，每天光照 8 ～ 10 小时，光照强度 5 勒克斯。如利用自然光照，以下半年培育的秋鸭最为合适。但是，为了便于鸭子夜间饮水，防止老鼠或鸟兽走动时惊群，鸭舍内应通宵弱光照明。30 米 ^{2} 的鸭舍，可以亮一盏 15 瓦灯泡。遇到停电时，应立即用其他照明用具代替，决不可延误，否则会造成很大伤亡。

6. 建立稳定的工作程序

圈养鸭的生活环境比放牧鸭稳定。要根据鸭子的生活习性，定时作息，制订操作规程。形成作息制度后，尽量保持稳定，不要经常变更，以减少鸭群的应激。

另外，注意观察育成鸭的行为表现、精神状态和采食、饮水以及粪便情况，及时发现问题；注意鸭舍和环境的卫生、消毒及鸭群的防疫，避免疾病的发生；搞好记录工作，填写各种记录表格，加强育成成本的核算。

（五）做好育成鸭的放牧管理

1. 农田放牧

利用农区的水稻田、稻麦茬地和绿肥田，使鸭觅食农田的遗谷、麦粒、昆虫和农田杂草，绿肥田在翻耕时可提供蚯蚓、蝼蛄等动物性饲料。这种饲养方式既可以降低饲养成本，又可以起到对农田中耕除草、消灭害虫和施肥的作用。

由于育雏期和放牧前雏鸭采用配合饲料喂给，从喂给饲料到放牧生活需要有一个训练和适应过程。除了继续育雏期的“放水”、放牧训练外，主要训练鸭觅食稻谷的能力。其方法是，将稻谷洗净后，加水于锅里用猛火煮一下，直至米粒从谷壳里爆开，再放在冷水中浸凉。待鸭子感到饥饿后，将稻谷直接撒在席子上或塑料布上供鸭采食。待鸭子适应采食稻谷后，就要将稻谷逐步撒在地上，让鸭适应采食地上的稻谷，然后将稻谷撒在浅水中，任其自由采食，训练鸭子水下、地上觅食稻谷的能力。当鸭子放牧时，就会寻找落谷，从而达到放牧的目的。

2. 湖荡、河塘、沟渠放牧

这种放牧形式的选择是在农田茬口连接不上时采用的。主要是利用这些地方浅水处的水草、小鱼、小虾和螺蛳等野生动、植物饲料。这种放牧形式往往与农田放牧结合在一起，二者互为补充。

在这些场地放牧的鸭群，主要是调教吃食螺蛳的习惯。在调教雏鸭吃螺蛳肉的基础上，改成将螺蛳轧碎后连壳喂。待吃过几次后，就直接喂给过筛的小嫩螺蛳，培养小鸭吃食整个螺蛳的习惯。然后，将螺蛳撒在浅水中，让鸭子学会在水中采食螺蛳。经过一段时间的锻炼，育成鸭就可以在河沟中放牧以采食天然的螺蛳。

在这些场地放牧时，一般鸭种都要选择水较浅的地方放牧。在沟渠中放牧应逆水觅食，这样，才容易觅到食物。在河面上放牧，遇到有风时，应顶风而行，以免鸭毛被风吹开，使鸭受凉。

3. 海滩放牧

海滩有丰富的动、植物饲料。尤其是退潮后，海滩上的小鱼、小虾、小蟹极多，可提供大量动物性饲料，使养鸭成本大大降低。海滩放牧的场地要宽阔平坦，过于狭窄、高低不平、坡度太大的场地都不适于放牧。放牧的海滩附近必须有淡水河流或池塘，可供放牧鸭群喝水和洗浴。鸭群在下海之前要先喝足淡水，放牧归来要让鸭群在淡水中洗浴，晚上收牧前要在淡水中任其洗浴、饮水。不能让鸭群长期泡在海水中和长期饮用海水，以免发生慢性食盐中毒。

不论采用哪种放牧饲养方式都要选择好放牧路线。每次放牧路线要远近适当，鸭龄从小到大，路线由近到远，逐步锻炼，不能使鸭过度疲劳。放牧途中，要选择 1 ～ 2 个可避风雨的阴凉地方，在中午炎热或遇雷阵雨时，都要把鸭赶回阴凉处休息。晚上归牧后，要检查鸭群的吃食情况。若放牧未吃饱，要适当补喂饲料，以满足青年鸭快速生长发育的营养需要。

三、加强产蛋鸭的饲养管理

母鸭从开始产蛋，直到淘汰，均称产蛋期。一般蛋用型麻鸭从 150 ～ 500 天，为第一个产蛋年，经过换羽后可以再利用第二年、第三年，但生产性能逐年下降，所以生产中一般多利用一个产蛋年。

（一）掌握蛋鸭的生理特点和要求

1. 胆大而性情温顺

与青年鸭相比，开产以后，鸭的胆子逐渐大起来，敢于接近陌生人。开产后的鸭性情温顺，喜欢离群独处。开产后的鸭子，进鸭舍后就独个儿伏下，安静地休息，不乱跑乱叫，放牧出去，喜欢单独活动。

2. 采食量大

蛋鸭产蛋强度大，产蛋量高，食欲好，食量大，机体代谢旺盛，消耗的营养物质特别多，所以对饲料要求条件高。如果饲料中营养物质不足或营养不全，会影响产蛋量、蛋壳质量和鸭的健康。

3. 生活规律性强

蛋鸭一般在深夜 1 ～ 2 时产蛋，此时夜深人静，没有任何吵扰，最适合鸭类繁殖后代的特殊要求。此时如果遭到应激，如突然停止光照或人员走进，易引起骚乱，出现惊群，影响产蛋。在管理上，何时放鸭，何时喂料，何时休息，都会形成一定次序，如果次序被打破（如改变喂料餐数，大幅度调整饲料品种或改变光照、休息等时间），都会引起蛋鸭生理机能紊乱，造成减产或停产。所以，要保持鸭舍环境稳定，操作规程相对固定。

（二）了解影响产蛋的因素

1. 育成鸭的品质

优质育成鸭是蛋鸭高产的基础，只有培育出优质的育成鸭，才能使其生产潜力充分表现。优质育成鸭的标准如下。一要品种优良。蛋鸭产蛋首先是由其品种决定的。品种是取得高产的先决条件。所以应根据饲养条件和管理技术，选择适于本地饲养的高产品种。二是鸭群要健康。只有健康的育成新母鸭，才具有较强的生活力、适应力和抵抗力。培育过程中要加强饲料饲养和环境卫生等管理，减少病原感染和各种疾病发生。三是鸭群要均匀整齐。鸭群的均匀整齐性直接关系到鸭群

开产的一致性、高峰产蛋率上升的幅度和蛋品的大小，即影响蛋鸭的产蛋性能。培育过程中，要进行科学的饲养管理，保持适宜的饲养密度，注意分群，减少疾病发生，并加强体重管理，保证每一只鸭都能发育良好，培育出体重均匀一致的优质鸭群。

2. 营养因素

进入产蛋期以后，蛋鸭对营养物质的需求量较高，除用于维持生命活动必需的营养物质外，还需要大量由于产蛋所必需的各种营养物质，如能量、蛋白质、钙等营养物质必须充分供应。要达到持续高产的水平，除品种是先天因素外，日粮中营养物质全面和平衡，数量满足需要，这是保持高产稳产的必需条件。这既要经过科学的分析和计算，又要善于观察鸭群的状态，提供适于该群体需要的日粮，才能创造高产成绩，获得良好的经济效益。

3. 环境因素

环境因素较复杂，对产蛋影响最大的因素是温度和光照。

（1）温度　为了充分发挥优良蛋鸭品种的高产性能，除营养、光照等因素外，还要创造适宜的环境温度。鸭虽然对外界温度的变化有一定的适应能力，但超过一定的限度，就要影响产蛋量、蛋重、蛋壳厚度和饲料的利用率，也影响受精率和种蛋孵化率。鸭没有汗腺散热，当环境温度超过30℃时，体热散发慢，尤其在圈养而又缺乏深水活水运动场的情况下，由于高温影响，采食量减少，正常生理机能受到干扰，蛋重减轻，蛋白变稀，蛋壳变薄，产蛋率下降，严重时会引起中暑；若环境温度过低，鸭体为了维持体温，势必需要很多能量，使能量利用率明显下降；当外界环境处在冰冻（0℃以下）的情况时，鸭群行动迟钝，产蛋率明显下降。

成鸭适宜的环境温度是5～27℃。产蛋鸭最适宜的温度是13～20℃，此时产蛋率和饲料利用率都处在最佳状态。因此，要尽可能创造条件，特别要做好冬季的防风保温工作，提供理想的产蛋环境温度，以获得最高的产蛋率。

（2）光照　光照时间长短、光照强度的大小以及光照制度等都影响蛋鸭的生产性能。合理的光照，能使青年鸭适时开产，使产蛋鸭提

高产蛋量；不合理的光照，会使青年鸭的性成熟提前或推迟，使产蛋鸭减产停产，甚至造成换羽。

光照时间的长短影响鸭的性器官发育和卵泡的成熟排卵。较长的光照时数可促进性器官发育和卵泡的成熟排卵。所以在培育期内，为了防止青年鸭过于早熟（早熟的鸭性器官发育与体发育不协调，即体发育没有成熟，产蛋率上升慢，产蛋高峰不高，维持时间短），要控制光照时间；即将进入产蛋期时，为促进卵巢发育和卵泡的成熟排卵，要逐步增加光照时间（光照时间逐渐增至 16 ～ 17 小时并保持稳定），提高光照强度，使适时开产。进入产蛋高峰期后，要稳定光照制度（光照时间和光照强度），目的是保持连续高产。

产蛋期的光照强度以 5 ～ 8 勒克斯为宜。如灯泡高度离地 2 米，一般每平方米鸭舍按 1.3 ～ 1.5 瓦计算，大约 30 米^2 的鸭舍装一盏 45 瓦的灯泡。灯与灯之间的距离要相等，悬挂的高度要相同。大灯泡挂得高，距离宽，小灯泡则相反。实际使用时，通常不用 60 瓦以上的灯泡，因为大灯泡光线分布不匀、费电。日光灯受温度影响较大，一般也不使用。灯泡必须加罩，使光线照到鸭的身上，而不是照着天花板。鸭舍灰尘多，灯泡要经常擦拭，保持清洁，以免蒙上灰尘，影响亮度。

光照管理要注意以下几点。一是逐渐增加光照。进入产蛋期（17 ～ 18 周龄以后），逐渐增加光照，每次增加 0.5 ～ 1 小时，维持 1 周后再增加，直至达到每昼夜光照 16 ～ 17 小时。光照强度逐渐增强，直至达到每平方米 8 勒克斯照度。二是光照要与饲养密切结合。进入产蛋期前后，要改变日粮配方，提高营养水平和增加饲喂量，也应该相应增加光照时数，否则生殖系统发育慢，易使鸭体积聚脂肪，影响产蛋率。同样，增加光照时，也应提高日粮营养水平和增加喂饲量，否则会造成生殖系统与整个体躯的发育不协调，也会影响产蛋率。所以，两者要结合进行，在改变日粮的同时或提前 1 周，增加光照时间。三是光照效果的显示一般需要 7 ～ 10 天，故在产蛋期内，不能因为达不到立竿见影的效果，而突然增加光照时数或提高光照强度。四是光照制度要稳定。每日的光照时数要一定，每天的开关灯时间要固定，光照强度要稳定。也不可忽照忽停，忽早忽晚，忽强忽弱，否则，将使产蛋的生理机能受到干扰，影响产蛋率。五是保证光照系统正常使用

和洁净安全。及时更换损坏的光源，定期清理光照系统的灰尘。

（3）通风　根据不同季节保持适宜的通风量。特别要注意冬季的通风，处理好保温和通风的关系，防止一味保温而忽视通风导致舍内空气污浊引起呼吸道疾病的发生。

4. 饲养管理因素

鸭的活动具有很强的规律性，如果经常改变，势必会引起产蛋率的下降。如喂料不定时定量，饮水不足，运动场太小，垫料潮湿，受惊骚动，饲料突变，突然噪声等都会使产蛋减少。

5. 健康因素

只有健康的鸭群才能充分发挥出生产潜力。鸭群处于亚健康状态或发生疾病，必然影响产蛋。因此，产蛋期要搞好环境卫生和饲养管理，增加抗病能力，尽量减少疾病的发生，保持鸭群的高产稳产。

（三）做好产蛋鸭的转群入舍

1. 做好入舍的准备

（1）检修鸭舍和设备　转舍前对鸭舍进行全面检查和修理。认真检查喂料系统、饮水系统、供电照明系统、通风排水系统以及各种设备用具，如有异常立即维修，保证鸭入舍后完好能正常使用。

（2）清洁消毒　淘汰鸭后或新鸭入舍前 2 周对蛋鸭舍进行全面清洁消毒。其清洁消毒步骤如下。先清扫。清扫干净鸭舍地面、屋顶、墙壁上的粪便和灰尘，清扫干净设备上的垃圾和灰尘。再冲洗。用高压水枪把地面、墙壁、屋顶和设备冲洗干净，特别是地面、墙壁和设备上的粪便。最后彻底消毒。如鸭舍能密封，可用福尔马林和高锰酸钾熏蒸消毒。如果鸭舍不能密封，用 5% ～ 8% 火碱溶液喷洒地面、墙壁，用 5% 的甲醛溶液喷洒屋顶和设备。对料库和值班室也要熏蒸消毒。用 5% ～ 8% 火碱溶液喷洒距鸭舍周围 5 米以内的环境和道路。如果运动场，可以使用 5% 的火碱溶液或 5% 的甲醛溶液进行喷洒消毒。

（3）物品用具准备　所需的各种用具、必需的药品、器械、记录表格和饲料要在入舍前准备好，进行消毒；饲养人员安排好，定人定舍（或定鸭）。

2. 转群入舍

（1）入舍时间　蛋鸭开产日龄一般为150天，在110天左右就已见蛋，最好在90～100天转入蛋鸭舍。提前入舍使青年鸭在开产前有一段时间熟悉环境，适应环境，互相熟悉，形成和睦的群体，并留有充足的时间进行免疫接种和其他工作。如果入舍太晚，会推迟开产时间，影响产蛋率上升，已开产的母鸭由于受到转群惊吓等强烈应激也可能停产，甚至造成卵黄性腹膜炎，增加产蛋期死淘数。

（2）选留淘汰　选留精神活泼、体质健壮、生长发育良好、均匀整齐的优质鸭。剔除过小鸭、瘦弱鸭和无饲养价值的残鸭。

（3）分类入舍　即使育雏育成期饲养管理良好，由于遗传因素和其他因素鸭群里仍会有一些较小鸭和较大鸭，如果都淘汰掉，成本必然增加，造成设备浪费。所以入舍时，分类入舍，将较小的鸭和较大的鸭分别放在不同的群体内，采取特殊管理措施。如过小鸭放在温度较高、阳光充足和易于管理的区域，适当提高日粮营养浓度或增加喂料量，促进其生长发育；过大鸭可以进行适当限制饲养。入舍时每个群体一次入够，避免先入为主而打斗。

（4）减少应激　转群入舍、免疫接种等工作时间最好安排在晚上，捉鸭、运鸭等动作要轻柔，切忌太粗暴。入舍前在料槽内放上料，水槽中放上水，并保持适宜光照，使鸭入舍后立即能饮到水，吃到料，有利于鸭尽快熟悉环境，减弱应激；饲料更换有过渡期，即将70%前段饲料与30%后段饲料混合饲喂2天，50%前段饲料与50%后段饲料混合饲喂2天，30%前段饲料与70%后段饲料混合饲喂2天，之后全部使用后段饲料，避免突然更换饲料引起应激；舍内环境安静，工作程序相对固定，光照制度稳定；地面要铺细沙，设产蛋窝。开产前后应激因素多，可在饲料或饮水中加入抗应激剂。开产前后每千克饲料添加维生素C 25～50毫克或加倍添加多种维生素。入舍和防疫前后2天在饲料中加入氯丙嗪，剂量为每千克体重30毫克；或前后3天内在饲料中加入延胡索酸，剂量为每千克体重30毫克；或前后3天在饮水中加入速补-14、速补-18等抗应激剂。

（四）注意产蛋鸭的一般饲养管理

优良的蛋鸭品种，如绍鸭、金定鸭、麻鸭、卡基·康贝尔鸭等，在150日龄时产蛋率已达50%，至200日龄时，可达到90%（产蛋高峰）。这时，如饲养管理得当，高峰可维持到200天（到450日龄）以上，才开始有所下降。根据蛋的变化情况和鸭的体重变化情况将产蛋期分为产蛋初期（150～200日龄）、产蛋前期（201～300日龄）、产蛋中期（301～400日龄）和产蛋后期（401～500日龄）四个阶段，各个阶段的饲养管理方法各有侧重。

1. 产蛋初期和前期的饲养管理

新鸭开产以后，此时身体健壮，精力充沛，这是蛋鸭一生中较为容易饲养的时期。产蛋初期和前期产蛋率逐渐上升到高峰（一般到200日龄左右，产蛋率可以达到90%，以后继续上升到90%以上），蛋重逐渐增加（初产蛋只有40克，到200日龄可以达到全期蛋种的90%，250日龄可以达到标准蛋重），鸭的体重稍有增加，对营养和环境条件要求比较高，饲养管理的重点是保证充足的营养、维持适宜的环境，使鸭的产蛋率尽快上升到最高峰（产蛋周期一定的情况下，一般是高峰上的越高，总产蛋量就越多），避免由于饲养管理而影响产蛋率上升。

（1）饲料饲养　及时更换产蛋饲料。15～16周将青年鸭饲料更换为产蛋鸭饲料。饲料中蛋白质含量18%～22%，补足矿物质饲料。

每天饲喂3～4次，让蛋鸭自由采食，吃好吃饱，并注意喂夜餐。喂料时，一定要同时放盛水的水槽，并及时清理水槽中残渣，做到吃食、饮水、休息各三分。保证饮水充足洁净。

（2）注意观察　通过观察及时发现饲养和管理中的问题，随时解决。

① 观察蛋重　产蛋初期和前期，蛋重处在不断增加中，越产越大，蛋重增加快，说明饲养管理好，增重慢或下降，说明饲养管理有问题。

② 观察蛋形　正常蛋是卵圆形的，蛋壳光滑厚实，蛋壳薄而透亮。如果蛋的大端偏小，是欠早食。小头偏小是偏中食。有沙眼或粗糙，甚至软壳，说明饲料质量不好，特别是钙质不足或维生素D缺乏，应添喂骨粉、贝壳粉和维生素D。

③ 观察产蛋时间　正常产蛋时间为深夜2时至早晨8时，推迟产蛋时间，甚至白天产蛋，蛋产得稀稀拉拉，说明营养不足，要及时补喂精料。

④ 观察体重　一般来说，体重变动是蛋鸭产蛋状况的晴雨表，因此观察蛋鸭体重变化，根据其生长规律控制体重是一项重要的技术措施。一般开产日期体重要求在1400～1500克的占85%以上。对刚开产的鸭群，以及产蛋至210日龄、240日龄、270日龄以及300日龄的鸭群进行称重。称重在早晨空腹进行，每次抽样应占全群的10%。若体重维持原状或变化不大，说明饲养管理得当；若体重较大幅度地增加或下降，都说明饲养管理有问题。

⑤ 观察产蛋率　产蛋前期的产蛋率是不断上升的，早春开产的鸭，上升更快，最迟到200日龄时，产蛋率应达到90%左右。如产蛋率高低波动，甚至出现下降。要从饲养管理上找原因。

⑥ 观察羽毛　羽毛光滑、紧密、贴身，说明饲料质量好；如果羽毛松乱，说明饲料差，应提高饲料质量。

⑦ 观察食欲　无论圈养或放牧，产蛋鸭（尤其是高产鸭）最勤于觅食，早晨醒得早，放牧时到处觅食，喂料时最先抢食，表现食欲强，宜多喂。否则，就是食欲不振，应查明原因，采取措施，促其恢复正常。

⑧ 观察精神　健康高产的蛋鸭精神活泼，行动灵活，放牧出去，喜欢离群觅食，单独活动，进鸭舍后就逐个卧下，安静地睡觉。如果精神不振，反应迟钝，则是体弱有病，应及时从饲料管理上进行补救并采取适当治疗措施，使其恢复健康。

⑨ 观察嬉水　如有水上运动场，健康的、高产的蛋鸭，下水后潜水时间长，上岸后羽毛光滑不湿。鸭怕下水，不愿洗浴，下水后羽毛沾湿，甚至沉下，上岸后双翅下垂，行动无力，是产蛋下降预兆，应立即采取措施，增加营养，加喂动物性饲料，并补充点鱼肝油，以喂水剂鱼肝油较好，拌入粉料中喂，按每只每日给1毫升，喂3天停3天，按每只每日喂0.5毫升，连续喂10天，以挽救危机，使蛋鸭保持较高的产蛋率。

（3）细心管理

① 注意采食量　对鸭群每日采食量做到心中有数，一般产蛋鸭每

日喂配合料150克左右，外加50～150克青绿饲料，如采食量减少，应分析原因，采取措施，不然连续3天采食量下降，第4天就会影响产蛋量。

② 细致观察粪便　粪便的多少、形状、内容物、气味等给人以许多启示，饲养人员应该熟悉。如拉出的粪便全为白色，说明动物性饲料没被吸收。把粪便放在水中洗一下呈蓬松状，白的不多显示动物性饲料喂量恰当。

③ 检查产蛋状况　检查产蛋状况更为重要，早上捡蛋时留心观察鸭舍内产蛋窝的分布情况，鸭子每天产蛋窝的多少一般有规律可循，每天产蛋的个数和重量要心中有数，最好记录在册，并绘成图表与标准相对照，以便掌握鸭群的产蛋动向。

（4）增加光照　改自然光照为人工补充光照。从产蛋开始，每日增加光照20分钟，直至16小时或17小时；光照强度5勒克斯，每平方米鸭舍1.4瓦或每18米^{2}鸭舍一盏25瓦上有灯罩的电灯（安装高度2米）；灯泡分布均匀，交叉安置，且经常擦洗清洁，晚间点灯只需采用朦胧光照即可。不要突然关灯或缩短光照时间，以免引起惊群和产畸形蛋，如果经常断电，要预备煤油灯或其他照明用具。

（5）保证饲养管理稳定　蛋鸭生活有规律，但富神经质，性急胆小，易受惊扰。因此在饲养过程中要注意以下几方面。一是饲料品种不可频繁变动，不喂霉变、质劣的饲料。二是操作规程和饲养环境尽量保持稳定，养鸭人员也要固定，不常更换。三是舍内环境要保持安静，尽力避免异常响声，不许外人随便进出鸭舍，不使鸭群突然受惊，特别是刚产头几个蛋时，使之如期达到产蛋高峰。四是饲喂次数与饲喂时间相对不变，如本来一天喂4次，突然减少饲喂次数或改变饲喂时间均会使产蛋量下跌。五是要尽力创造条件，提供理想的产蛋环境，特别注意由气候剧变所带来的影响。因此要留心天气预报，及时做好准备工作；每天要保持鸭舍干燥，地面铺垫稻草，鸭子每次放水归巢之前，先让其在外梳理羽毛，待毛干后再放入舍内；保持光照制度的稳定。六是在产蛋期间不随便使用对产蛋率有影响的药物，如喹乙醇等，也不注射疫苗，不驱虫。

（6）公母合理搭配　搭配合理的公鸭，每天入群嬉水促“性”，鸭“性”头越大，产蛋越多。一般的种鸭，公、母比1∶（15～20），用

于产蛋的商品鸭群按 2% ～ 5% 比例投入公鸭。尽管公鸭不下蛋，但对母鸭有性刺激作用，可促进母鸭高产。

2. 产蛋中期的饲养管理

当产蛋率达 90% 以上时，即进入盛产期，经过 100 多天的连续产蛋后，蛋鸭体力消耗非常大，健康状况已经不如产蛋初期和前期，所以对营养的要求很高。若营养满足不了需求，产蛋量就要减少，甚至换毛，这是比较难养的阶段。本阶段饲养管理的重点是维持高产，力求使产蛋高峰达到 400 日龄以后。

在此期间应提高饲料质量，增加日粮营养浓度，喂给含 19% ～ 20% 蛋白质的配合饲料，每只鸭每日采食量为 150 克左右，并适当增喂颗粒型钙质和青饲料，此时蛋鸭用料可通过观察蛋鸭所排出的粪便、蛋重、产蛋时间、壳势、鸭身羽毛等变化进行调整。盛产期间蛋鸭保持产蛋率不变，蛋重 8 个 /500 克，且稍有增加，体重基本不变，说明用料合理，此时体重如有减轻，增喂动物性饲料；体重增大，可将饲料的代谢能降下来，适当增喂青饲料，控制采食量，但动物性饲料保持不变。为降低饲料成本，应积极利用当地工业副产品，如啤酒糟、味精糟等，鱼粉要注意质量，如始终向信誉较好、质量稳定的卖主购入，防止其饲料掺假掺杂，影响产蛋变化。

另外，如有条件应加强鸭群的放牧，让其在田间、沟渠、湖泊中觅食小鱼、小虾、河蚌、螺蛳和蚯蚓等动物性饲料。然后再适当补喂植物性饲料，以满足蛋鸭对各种营养成分的需要。如果舍饲，需给蛋鸭补喂 10% 的鱼粉和适量的蛋禽用多种维生素。

3. 产蛋后期的饲养管理

经过 8 个多月的连续产蛋以后，到了后期产蛋高峰就难以保持下去了，但对于高产品种（如绍鸭），如饲养管理得当，仍可维持 80% 左右的产蛋率。具体说，450 日龄以前，产蛋率达 85% 左右，470 日龄时产蛋率为 80% 左右，500 日龄时产蛋率为 75% 左右。要达到这样的水平，后期的饲养管理工作要认真做好，如稍不谨慎，产蛋量就会减少，并换毛。此后要停产 3 个月，甚至更长，短期内就无法再把产蛋率提上去。

（1）要根据体重和产蛋率确定饲料的质量和喂料量　如果鸭群的产蛋率仍在 80% 以上，而鸭子的体重却略有减轻的趋势，此时在饲料中适当增加动物性饲料；如果鸭子体重增加，身体有发胖的趋势，但产蛋率还有 80% 左右，这时可将饲料中的代谢能降下来或适当增喂粗饲料和青饲料，或者控制采食量；如果体重正常，产蛋率亦较高，饲料中的蛋白质水平应比上阶段略有增加；如果产蛋率已降到 60% 左右，此时已难以上升，无需加料。

（2）控制光照　每天保持 16 小时的光照时间，不能减少。如产蛋率已降至 60% 时，可以增加光照时数到 17 小时直至淘汰。

（3）操作规程稳定　操作规程要保持稳定，避免一切突然刺激而引起应激反应。

（4）注意天气变化　根据天气变化，及时做好准备工作，避免气候突变给蛋鸭造成的不良影响。

（5）观察蛋壳质量和蛋重的变化　如出现蛋壳质量下降，蛋重减轻，可增补鱼肝油和无机盐添加剂。

（五）搞好产蛋鸭的季节管理

鸭舍内的温度、湿度和光照直接受到外界气候的影响而变化，因此，要养好产蛋鸭，必须结合季节的变化，采取相应的饲养管理措施，才能达到产蛋鸭高产高效的生产目的。现将产蛋鸭不同季节的饲养管理技术要点介绍如下。

1. 春季饲养管理

春季气温逐渐回升，日照时间逐日延长，气候条件对产蛋很有利，要充分利用这一有利因素，创造稳产、高产的环境。春季首先要加足饲料，从数量上和质量上都要满足需要，这个季节里优秀的个体，产蛋率有时会超过百分之百。其次还要注意保温，该季节的前期会偶有寒流侵袭，春夏之交，天气多变，会出现早热天气，或出现连续阴雨，要因时制宜，区别对待，保持鸭舍内干燥、通风，搞好清洁卫生工作，定期进行消毒。如逢阴雨天，要适当改变操作规程，缩短放鸭时间。舍内垫料不要蓄积得过厚，要定期进行清除，每次清除垫草时，要结合进行一次消毒。

2. 梅雨季节的饲养管理

春末夏初，南方各省大都在6月末和6月出现梅雨季节，常常阴雨连绵，温度高、湿度大，有些低洼地常有洪水发生，此时稍不谨慎就会出现掉蛋、换毛。梅雨季节管理的重点是防霉、通风。

（1）注意通风　敞开鸭舍的门窗（草舍可将前后的草帘卸下），充分通风，排除舍内的污浊空气，高温高湿时，要特别注意防止氨中毒。

（2）保持干燥　要勤换垫草，保持鸭舍内干燥；要疏通排水沟，保持运动场干燥，不可积存污水。

（3）饲料要优质　严防饲料发霉变质，每次进料不要太多，饲料应保存在干燥之处，运输途中要防止雨淋，发霉变质的饲料绝对不可用来喂鸭。

（4）加强消毒　鸭舍应定期进行消毒，舍内地面最好铺砻糠灰，既能吸潮气，又有一定的消毒作用。

（5）应及时修复围栏、鸭滩　运动场如出现凹坑，要及时垫平。

3. 夏季的饲养管理

6月底至8月，是一年中最热的时期，此时管理不好，不但造成产蛋率下降，而且还会造成鸭的死亡，但此时若能精心饲养，鸭子的产蛋率仍可保持在90%以上。这个时期的管理重点是防暑降温。

（1）减少屋顶的辐射热　可将鸭舍刷白，或种植丝瓜、南瓜，让藤蔓爬上屋顶，隔热降温。运动场（鸭滩）搭凉棚，或让南瓜、丝瓜的藤蔓爬上去遮阴。

（2）加强通风　将鸭舍内的门窗敞开，草屋前后墙上的草帘全部卸下，以加速空气流通，有条件的可安装排风扇或吊扇，进行通风降温。

（3）改善管理制度　早放鸭，迟关鸭，增加中午休息时间和下水次数。傍晚不要赶鸭入舍，夜间让鸭露天乘凉，但需在运动场中央或四周点灯照明，防止老鼠、野兽危害鸭群。

（4）充足供水　供水不能中断，全天保持有充足、洁净的饮水，最好饮凉井水。

（5）保证营养　提高饲料的营养浓度。应当多喂些水草等青料，提高精饲料中的蛋白质含量。饲料要保持新鲜，现吃现拌，以防腐败变酸。

（6）降低饲养密度　适当疏散鸭群，以降低舍温。

（7）保持卫生　鸭舍及运动场要勤打扫，水盆、料盆吃一次洗一次，保持卫生和地面干燥。

（8）防雨　防止雷阵雨袭击鸭群

4. 秋季的饲养管理

进入 9 月、10 月，正是冷暖空气交替的时候，此时气候多变，如果养的是上一年孵出的秋鸭，经过大半年的产蛋，鸭子的身体较疲劳，稍有不慎，就要停产换毛，故群众有“春怕四，秋怕八，拖过八，生到腊”的谚语。所谓“秋怕八”，就是指农历八月是个难关，既有保持 80% 以上产蛋率的可能性，也有急剧下降的危险，此时的饲养管理要点如下。

（1）补充光照　每日光照时间（自然光照加补充光照）不少于 16 小时。

（2）舍内环境稳定　要克服气候变化的影响，使鸭舍内的小气候变化幅度不要太大。

（3）适当增加营养　注意补充动物性蛋白质饲料；注意适当补充无机盐饲料，最好在鸭舍内另置无机盐盆，任鸭自由采食。

（4）操作规程和饲养环境应当尽量保持相对稳定

5. 冬季的饲养管理

从 11 月底至来年 2 月上旬，是一年中最冷的季节，也是日照时数最少的时期。如果蛋鸭群管理不善，会产蛋减少，耗料增加，甚至诱发疾病，影响生产性能和经济效益。冬季饲养管理的重点是防寒保温和保持一定的光照时数。

（1）加强防寒保暖　产蛋鸭最适宜的温度是 14 ～ 20℃，最低不低于 6℃。因此，冬季搞好保暖防寒是至关重要的。

① 减少鸭舍散热量　冬季舍内外温差大，鸭舍内热量易散失，散失的多少与鸭舍墙壁和屋顶的保温性有关，加强鸭舍保温管理有利于减少舍内热量散失和保持舍内温度稳定。入冬前后，应对鸭舍进行一次全面检查修整，鸭舍要用隔热材料如塑料布封闭敞开部分，北墙窗户可用双层塑料布封严。鸭舍所有的门最好挂上棉帘或草帘。屋顶可用塑料薄膜制作简易天花板，墙壁特别是北墙窗户晚上挂上草帘可增

强屋顶和墙壁的保温性能，可提高舍温 3 ～ 5℃。可建一座与鸭舍相连的塑料大棚，这是保温防寒的一条切实可行的措施。如果鸭舍的保温层厚、密闭性能好，塑料大棚的采光面积大，即使夜间室外气温达零下 10℃时，鸭舍和塑料大棚内的温度也可保持在 10℃以上。塑料大棚与鸭舍应连接紧密，而且内部要畅通，这样有利于蛋鸭采食、饮水和运动。塑料大棚的面积应是鸭舍面积的三分之二以上。在塑料大棚内的南边设置水槽和食槽；如是大棚养鸭的棚外四周可用稻草或麦秸编成的草毡围实，外围再围上一层尼龙薄膜。鸭群活动场可筑高墙等挡风屏障。

② 铺设垫草　利用厚垫草的发酵热来提高舍温，创造蛋鸭生理需要的适宜温度环境。具体可在鸭舍内墙四周产蛋区内垫一尺（或 30 厘米）厚的软草料，早晨收蛋后将窝内的旧草撒铺在鸭舍内，每天晚上鸭群入舍前添些新草作产蛋窝，这样垫草逐渐积累，数日出一次，既保温又可节省人力。

③ 增加饲养密度　每平方米可饲养鸭 8 ～ 9 只，以利用体热保暖。

（2）科学的饲养管理

① 调整日粮营养浓度　冬季外界温度低，鸭体对维持需要的能量增多，必须提高饲料中能量含量，还要供给青饲料或补充维生素 A、维生素 D 和维生素 E。“喜腥”是鸭的重要食性，缺乏动物性饲料会影响鸭群的产蛋率，在冬季必须定期额外补饲一些动物性饲料，如使用一些屠宰厂下脚料，煮熟后连肉带汤拌饲料让鸭群采食等。

② 合理喂饲　冬季可以使用干粉料，如果采用湿拌料时应该用温水拌料以促进鸭得采食。但是，要注意每次用温水拌料的量要合适，不能一次拌得太多使鸭在较长时间内吃不完。如果使用井水或自来水拌料则要考虑严寒天气的早晚低温问题，湿料温度过低会影响鸭的采食。夜间补饲也十分重要，据试验，补夜饲的鸭群比不补夜饲的鸭群可多产蛋 10% 左右。夜间补饲应供足饮水，而且所补饲料的粗蛋白质含量不可过高。适当喂饲一些青绿饲料有助于保持鸭的健康和高产，可以在每天中午为鸭群提供一些切碎的青菜、白菜叶、胡萝卜缨等。

③ 保证洁净饮水　鸭在采食过程中经常是吃几口饲料后马上去饮水，饮几口水后再回来吃料。这种行为表现主要是因为鸭在采食的时候总是大口吞咽，而鸭的唾液腺不发达，需要在吞咽后饮水以帮助食

物进入食道中后段。如果饮水不足会严重影响鸭的采食量，进而影响鸭群的产蛋性能。低温季节如果水温过低会降低鸭的饮水量，进而导致采食量的下降。因此，在严寒的天气里，尽量让鸭群饮用温水，以帮助提高采食量。寒冷的时候让鸭群饮用温水还有助于减少鸭体热损失和消化道疾病的发生。降雪后要及时清扫运动场的积雪，防止鸭吃雪和饮雪水。

④ 光照管理　冬季自然光照少，鸭脑垂体内分泌腺活动减少而导致产蛋率大幅下降，这就要求必须进行人工补充光照。一般要求每天的光照时数不能少于 18 小时。补光用的光源要用白炽灯，不能用节能灯或日光灯，可在鸭舍内每 10 ～ 20 米 ^{2} 安装一盏 40 ～ 60 瓦的灯泡，灯泡距鸭背 2 米高，并装上灯罩，使光线集中照射在鸭体上，光照要均匀。深夜为便于蛋鸭饮水和采食，鸭舍内可点灯到天亮，但光照强度不必太强，仅看得见即可。如遇停电等，要用应急灯代替。

⑤ 注意加强运动　冬季高产蛋鸭只在鸭舍和塑料大棚内进行少量运动是远远不够的。必须在塑料大棚外建一个大于鸭舍面积一倍以上的运动场，在天气暖和时可放鸭群在舍外运动场进行活动。鸭属水禽，只有入水后方能发挥其全部活动功能。因此，可在鸭场内建造一个供蛋鸭戏水的人工水池。人工水池有几个优点：一是无污染，水质好；二是冬暖夏凉；三是引水和排水完全由人工控制，水位稳定。

（3）保持空气新鲜　冬季粪便发酵分解虽然缓慢，但由于鸭舍密封严密，舍内有害气体易超标，使空气污浊，因此要按时清粪，每 3 ～ 4 天要清粪一次；在保温前提下应注意通风，特别要处理好通风和保温的关系。生产中易出现重视保温忽视通风的情况，结果致使舍内空气污浊，氧气含量降低，有害气体含量过高，对鸭群产生强烈应激，甚至诱发呼吸道疾病，所以通风是十分必要的。舍内温度高时可适当增加通风量，舍内温度不高但空气污浊时也要适量通风，必要时可采暖提高舍温通风。密闭舍可根据舍内空气污浊情况定时、定量开启风机，做到适量通风换气。保证排水系统畅通，及时排除舍内污水。饮水系统不能漏水。

（4）做好疫病防治工作　保持鸭舍清洁，食槽、水槽要经常洗刷消毒，每周可用 20% 的生石灰乳或 2% 的氢氧化钠对圈舍、运动场进行消毒。饲料一定要新鲜，切忌饲喂霉变饲料，饮水要清洁。垫草要确保干净、干燥。对鸭群要定期进行药物预防，发现病鸭及时进行治疗。对难以治愈或病程长的病鸭，应及时予以淘汰处理。做好鸭瘟、鸭霍乱等常见病的免疫接种，成鸭每只胸肌注射鸭瘟弱毒疫苗1毫升、禽霍乱氢氧化铝菌苗2毫升。入冬后，应给蛋鸭驱一次寄生虫，可用“驱蛔灵”粉碎后拌在饲料内喂服，可有效减少寄生虫对蛋鸭的危害。

（六）笼养蛋鸭的饲养管理

1. 蛋鸭笼养的特点

（1）笼养的优点

① 提高单位面积鸭舍利用效率和劳动生产率　笼养不需要运动场和水面，采用双列式3～4层笼养方式，每平方米鸭舍饲养量多，鸭舍的利用效率提高；管理方便，每人可以饲养管理蛋鸭4000只左右（平养只能管理2000只左右），劳动生产效率提高。

② 有利于疫病的预防和控制　笼养蛋鸭的生产过程在鸭舍内进行，隔绝了与外界环境的直接接触，有效降低了生产期间与外界环境病原微生物接触感染的机会，尤其是对以某些飞禽候鸟为传染源进行传播的疫病（如禽流感）；笼养鸭防疫方便，免疫应激小；笼养蛋鸭可避免饮水器、食槽被粪便污染，减少传染病的发生，并能及时发现并隔离病鸭，可有效降低大群感染疫病的风险。

③ 提高生产效益　笼养蛋鸭不容易发生抢食现象，采食均匀，减少饲料浪费，保证每只鸭都能获取需要的营养，加之活动量减少而降低的饲料消耗，极大提高了饲料效能；能及时发现和淘汰不产蛋鸭、低产鸭、病鸭和劣质鸭（残鸭、过小鸭），提高鸭群产蛋率和饲料转化报酬，提高生产效益。

④ 有利于保护环境和清洁生产　由于鸭子处于相对封闭的环境中，养殖过程中的污染源仅局限于养殖场地，所产生的代谢排泄物便于采集，经适当处理可合理利用或达标排放，不会对环境造成污染或危害，有利于实现清洁生产。

⑤ 鸭蛋干净，延长保鲜时间　笼养蛋鸭产下的鸭蛋，由于斜坡和重力作用滚到集蛋筐内，脱离了与鸭子的直接接触，且与蛋鸭直接接触的笼子底部比较干净，减少了鸭蛋的污染程度，较完整地保存了蛋

壳外膜，有利于延长鸭蛋的保鲜和保质期，改善鸭蛋外观，减少蛋制品加工过程的洗蛋工艺，增强鸭蛋的市场竞争力。

⑥ 节省垫料，减低废弃物产量　经初步测定，1只日采食量为150克干饲料的蛋鸭，日产湿粪100克左右，年产湿粪36千克，而采用平养垫料饲养的，年产混合粪（包括垫料）100～150千克，既增加了垫料成本，又增加了废弃物处理量。

⑦ 解决了气候寒冷地区养鸭难的问题　笼养蛋鸭由于处于相对稳定的小气候环境，可有效克服外界不良环境气候条件（如严寒）的影响，笼养蛋鸭的开产日龄及到达产蛋高峰日龄比较集中整齐，产蛋量受外界气候影响小。据试验测定，（南方地区）冬季笼养效益优势比较明显。

（2）笼养的缺点

① 应激反应现象　在夏天高温季节，如没有配备降温设施，热应激反应严重，中暑时有发生。另外，笼养蛋鸭的饲养管理操作都是在与鸭子距离较近的情况下进行的，难免会对鸭子产生不良影响。

② 容易导致软脚病　笼养蛋鸭因长期在鸭笼中饲养，活动空间受到限制，鸭子大部分时间伏着休息，活动少，容易导致软脚病等脚部问题。

③ 鸭羽毛凌乱，外观差　笼养鸭由于断绝与水的直接接触或受到活动空间的限制，梳理羽毛的行为大大减少，加上鸭与笼壁及鸭与鸭之间接触摩擦机会大大增加，影响了羽毛色泽和鸭子的外观。

④ 会有卡头、卡脖、卡翅现象发生　由于必要的饲喂、捡蛋等饲养管理工作，饲养员在操作时与鸭子的近距离接触会使鸭子产生躲避反应。笼具设计不良时常会发生卡头、卡脖、卡翅现象，对鸭子造成直接伤害，增加鸭子的淘汰数量。

⑤ 增加养殖成本　笼养时需要特制鸭笼等设施，使养鸭的成本一次性投资增加，如果只是短期饲养蛋鸭，成本效益就不如平养可观。如可长期饲养蛋鸭，成本会大大降低。

2. 鸭舍结构

鸭舍要求建在通风良好、采光条件较好的地方。鸭舍的门向东开放，南北面开窗。每幢鸭舍为300～400米^{2}为宜。屋檐高2.6～2.8米，窗与地面面积的比例1∶8，窗离地高30～35厘米，四周窗户用空心砖扁垒到三分之二高，留出三分之一为气窗。窗装铁网以防兽害，寒冷季节用油布或塑料布封紧，以防漏风，房顶部要有天花板或加隔热装置，房顶中部留一条1米宽的天窗，并配置电灯辅助照明和加温。同时配建排水系统和供水系统，以及粪便处理设施和无害化处理池。

3. 鸭笼构造

鸭笼可用竹片或铁丝网构建成木笼或铁笼。鸭笼共设四排梯架式双层，南北靠墙各一排，中间两排。先用直径4厘米以上的木杆搭成笼底面离地30～35厘米梯形支架，通常制双层梯架式。四个单笼为一组，每组鸭笼长190厘米、宽35厘米、前高37厘米、后高32厘米，料槽安装在前面，底板片顺势向外延伸20厘米为集蛋槽，笼底面坡度4.2°，使鸭蛋能顺利滚入集蛋槽。上下笼要错开，不要有重叠，应相隔20厘米。每个单笼饲养蛋鸭1～3只，每单只笼面积0.3米^2。每个单笼配自动饮水乳头一个。

4. 笼养鸭的饲养管理要点

蛋鸭笼养饲养期为一个产蛋年（360天）。笼养蛋鸭一般适宜在5～6月孵化出雏，利用自然温育雏，在70～80日龄前宜采用网上或平地饲养，70～90日龄期间（大约在8月下旬或9月）上笼，经半个多月的适应期即可陆续产蛋。麻鸭具有明显的早熟性，饲养到90～100日龄见蛋，100～120日龄开产，130～150日龄达产蛋高峰，产蛋高峰能维持8～10个月。随着蛋鸭年龄增长，耗料量会逐年上升，而产蛋量却逐年下降。成年蛋鸭第1年产蛋率最高，按生产实际，一般从头年6～7月饲养到第二年6～7月淘汰，避开盛夏。第2年如继续饲养，应根据市场行情，留优去劣，淘汰更新，500日龄前全部淘汰。

（1）饲养　蛋鸭饲料以玉米为主，占50%左右，适量加入饼类、鱼粉、贝壳粉、食盐、多种维生素和添加剂。按产蛋的营养要求并结合实际生产配制饲料。每只产蛋鸭每天喂料150克左右。鸭群产蛋率在80%左右时，日粮中的粗蛋白质应保持在18%左右，饲料代谢能为2800～2900千卡❶/千克，钙磷的比例要适宜，一般为（3～4）∶1，

❶ 1千卡=4.1840千焦。

日粮钙含量至少为3.0%。上笼后，饲料每天递增2.5克，用大约30天时间转换为产蛋高峰料。每只鸭每日采食量为150克左右，从产蛋率达到20%时开始逐渐增加蛋白质、维生素和钙的喂量。添加量从少到多，直至产蛋率达到90%以上方可稳定添加量。饲料最好用颗粒料，如用粉料，喂前加水拌匀，以手捏成团、松手即散为度。每日饲喂2次（早上10点一次，下午3点一次），以吃饱不剩为准。

每月将蛋鸭随机抽样称重一次，抽样数一般不少于全群的5%，抽样在早晨空腹时进行。对照标准体重，及时调整饲料。

蛋鸭开产后每隔半月喂1次沙砾，每次饲喂10克/只，并适当补喂多维和钙；定期饮高锰酸钾水，一个月喂一次亚硒酸钠。冬季为提高蛋鸭能量维持量，应提高代谢能，降低蛋白质含量（可每100千克饲料增加2千克玉米面，减少2千克豆粕），同时增加10克多种维生素。

笼养蛋鸭比平养蛋鸭能提早达到产蛋高峰。在笼养蛋鸭的饲养过程中，常出现一定数量的软壳蛋和薄壳蛋，在产蛋进入高峰前尤为突出。实践证明：对笼养鸭实行单独补钙，能收到预防下软壳蛋及薄壳蛋的显著效果。具体方法如下：选择蛋壳粉（或贝壳粉、骨粉），每100只鸭每次补饲以0.5千克左右为宜（补饲钙料的数量要根据鸭下的软壳蛋及薄壳蛋所占的比例而定。一般以软壳蛋和薄壳蛋基本消失，鸭不愿啄食钙料为合适），在下午至夜间熄灯前（以下午2～4时为最佳）补给。如果是自由采食，可在下午2时以后，让鸭先把槽内饲料吃光，隔半小时在鸭有一定食欲时，把要补的钙料均匀地撒在槽内；倘若是定时饲喂，可在下午饲喂前，采用先饲钙料，后喂全价饲料的补饲方法。

（2）管理

① 适时调温　根据季节变化要适时调节舍温。即春保温，日通风、夜保温；夏降温，昼夜通风，炎热天气还应在舍内外洒水降温，有条件可在舍内安装电扇和排风扇；秋防暑，降低体温；冬防风，关紧门窗，防风保温。产蛋鸭最适宜的环境温度为13～20℃，一般可通过通风、挡风、降温、供热、遮阳等措施来控制鸭舍温度。鸭舍温度夏季不能高于30℃，冬季不低于7℃。产蛋期舍内温度最好保持在20℃左右。笼养蛋鸭一般饲养到第二年6～7月淘汰，避开盛夏。

② 保证光照　上笼后，改自然光照为人工补充光照，采用夜间开

灯3～4小时，天亮前再开灯1小时，以便昼夜光照达到16～17小时。光照时间和强度要逐步增加，先每日增加光照20分钟，直至达到要求。同时，根据自然光照的长短，逐渐变动光照强度，按夏弱光（15～25瓦的电灯泡照光）、秋常光（25～40瓦）、春冬增光（40～60瓦）的原则调节。灯泡与地面距离为2米，10～18米^{2}装一盏25瓦的灯泡。要求灯泡高度一致、分布均匀，交叉安置，错落安装，使不同笼层均得到相同的光照强度。灯泡要经常擦拭，保持清洁，以免因灰尘而影响亮度。鸭舍最好不用荧光灯，因其受环境影响较大。

③ 维持空气洁净　笼养蛋鸭，饲养密度高，舍内空气容易污浊而导致疾病发生，所以，要注意维持舍内空气洁净。一要勤清粪，每周清粪2～3次，减少粪便在舍内的发酵分解。二是适量通风。根据舍内温度情况调节通风量，特别要注意冬季通风。冬季舍内封闭严密，往往重视保温而忽略通风，舍内空气质量差，污染严重，会诱发疫病。

④ 细致观察　笼养蛋鸭，会有卡头、卡脖、卡翅现象发生，也容易发生软脚病，所以，要注意细心观察，及时发现并采取措施，减少伤残和死亡；注意观察鸭的精神状态、采食、产蛋和粪便情况，以便发现问题加以解决。

⑤ 疾病控制　蛋鸭上笼20天驱1次蛔虫，如利用第二年产蛋高峰，则在停产换羽期间驱蛔虫、鸭虱各1次。保持鸭舍的清洁卫生，进入人员和设备要消毒，制订严格的消毒程序并落到实处，进行科学的免疫接种。注意蛋鸭脱肛和软脚病的防治。在进入产蛋高峰期前要给蛋鸭服用中药汤，补充元气。在产蛋期要适当驱赶蛋鸭走动，预防鸭软脚。

⑥ 工作程序　见表2-5。

表2-5　笼养蛋鸭的工作程序

上午	每天早晨6时开始捡蛋并做好相关记录；7时第一次喂料，观察蛋鸭采食、精神状态等情况
下午	16时第二次喂料或补料，观察蛋鸭采食、精神状态等情况；17时冲洗鸭舍或消毒
晚上	7时30分～18时，舍内开灯，如逢冬天或阴雨天可提前到17时；22时将亮电灯关闭，只留弱光通宵照明

第三招 让肉鸭长得更快

【提示】

目前的肉仔鸭多是使用几个品种进行杂交生产的杂交商品代肉鸭，采用集约化方式饲养，批量生产，这是当代肉鸭生产的主要方式。我国已选育出北京鸭、天府肉鸭配套系，并在 20 世纪 80 年代先后引入了樱桃谷超级肉鸭、狄高肉鸭父母代，20 世纪 60 年代引入了樱桃谷超级肉鸭祖代。肉用仔鸭分为育雏期（0 ~ 3 周龄）和育肥期（4 周龄至上市），不同时期的饲养管理要求不同。

一、掌握肉用仔鸭的特点

（一）生长迅速，出肉率高，肉质好

大型商品肉鸭的生长速度是家禽中最快的一种。大型商品肉鸭 8 周龄可达 3.0 ～ 3.5 千克，为其初生重的 50 倍以上。上市体重一般在 3 千克或 3 千克以上（见表 3-1），远比麻鸭类型品种或其杂交鸭为重。

而且大型商品肉鸭的胸腿肌特别发达，据测定8周龄的大型商品肉鸭的胸腿肌可达600克以上，占全净膛屠体重的25%以上，胸肌可达300克以上。这种肉鸭的肌肉肌间脂肪多，肉质细嫩，是制作烤鸭和煎、炸鸭食品的上乘材料。樱桃谷鸭生长情况见表3-1。

表3-1　樱桃谷鸭生长情况　　单位：千克

项目	0～14日龄		15～28日龄		29～40日龄		0～40日龄	
	1	2	1	2	1	2	1	2
耗料	0.606	0.70	2.305	2.467	2.986	3.040	5.951	6.132
增重	0.384	0.48	1.264	1.310	1.029	0.975	2.623	2.819
料肉比	1.578	1.458	1.824	1.883	3.061	3.118	2.269	2.175

注：1为两个阶段饲养；2为三个阶段饲养。

（二）饲料转化率高，经济效益好

大型商品肉鸭在较好的营养条件下，一般饲养到8周龄上市的肉料比约为1∶3，到7周龄上市则可降到1∶（2.6～2.7）。据四川省1996年肉用仔鸭行情测算，每上市一只肉用仔鸭的投入产出比为1∶1.2左右。

（三）性情温驯，易管理

大型肉鸭性情温驯，合群性强，不会飞，潜水能力也较差。因此，它既适于农村家庭庭院式饲养，更适宜于工厂集约化饲养。在有规律的管理条件下，大型肉鸭很容易建立条件反射。如鸭子进出圈、下河、饲喂等项工作，只要工作定时，秩序井然，并配合相应的信号，群鸭一呼百应，管理起来非常方便。

（四）生产周期短，可全年批量生产

大型商品肉鸭由于生长特别迅速，从出雏到上市全程饲养期仅需42～56天，生产周期极短，资金周转快，这对经营者十分有利。大型商品肉鸭采用全舍饲（房舍内饲养）饲养方式，因此打破了生产的季节性，可以全年批量生产。在稻田放牧生产肉用仔鸭季节性很

强的情况下，饲养大型商品肉鸭正好可在当年12月份到次年5月份，这段市场肉鸭供应淡季的时间内提供优质肉鸭上市，因而可获得显著经济效益。这是近年来大型商品肉鸭在大中城市迅速发展的一个重要原因。

二、选择适宜的饲养方式

肉用仔鸭大多采用全舍饲，即鸭群的饲养过程始终在舍内。饲养方式有如下三种。

（一）地面平养

水泥或砖铺地面撒上垫料即可。若出现潮湿、板结，则局部更换厚垫料。一般随鸭群的进出全部更换垫料，可节省清圈的劳动量。这种方式因鸭粪发酵，寒冷季节有利于舍内增温。采用这种方式舍内必须通风良好，否则垫料潮湿、空气污浊、氨浓度上升，易诱发各种疾病。这种管理方式的缺点是需要大量垫料，舍内尘埃多，细菌也多，等等。各种肉用仔鸭均可用这种饲养管理方式。

（二）网上平养

在地面以上60厘米左右铺设金属网或竹条、木栅条。这种饲养方式粪便可由空隙中漏下去，省去了日常清圈的工序，可防止或减少由粪便传播疾病的机会，而且饲养密度比较大。网材采用铁丝编织网时，网眼孔径：0～3周龄为10毫米×10毫米，4周龄以上为15毫米×15毫米。网下每隔30厘米设一条较粗的金属架，以防网凹陷，网状结构最好是组装式的，以便装卸时易于起落。网面下可采用机械清粪设备，也可用人工清理。采用竹条或栅条时，竹条或栅条宽2.5厘米，间距1.5厘米。这种方式要保证地面平整，网眼整齐，无刺及锐边。实际应用时，可根据鸭舍宽度和长度分成小栏。饲养雏鸭时，网壁高30厘米，每栏容150～200只雏鸭。食槽和水槽设在网内两侧或网外走道上。饲养仔鸭时每个小栏壁高45～50厘米，其他与饲养雏鸭相同。应用这种结构必须注意饮水结构不能漏水，以免鸭

粪发酵。这种饲养方式可饲养大型肉用仔鸭，0～3周龄的其他肉鸭也可采用。

（三）笼养

目前在我国，笼养方式多用于养鸭的育雏阶段，并正在大力推广之中。改平养育雏为笼养，在保证通风的情况下，可提高饲养密度，一般每平方米饲养60～65只。若分两层，则每平方米可养120～130只。笼养可减少禽舍和设备的投资，减少清理工作，还可采用半机械化设备，减轻劳动强度，饲养员一次可养雏鸭1400只，而平养只能养800只。笼养鸭不用垫料，既免去垫草开支，又使舍内灰尘少，粪便纯。同时笼养雏鸭完全处于人工控制下，受外界应激小，可有效防止一些传染病与寄生虫病。加之又是小群饲养，环境特殊，通风充分，饲粮营养完善，采食均匀。因此，笼养鸭生长发育迅速、整齐，比一般放牧和平养生长快，成活率高。比如北京鸭2周龄可达250克，比平养体重高35.4%，成活率高达96%以上。笼养育雏一般采用人工加温，因此舍上部空间温度高，较平养节省燃料；且育雏密度加大，雏鸭散发的体温蓄积也多。一般可节省燃料80%。目前笼养有单层笼养，也有采用两层重叠式或半阶梯式笼养的。

我国笼养育雏的布局采用中间两排或南北各一排，两边或当中留通道。笼子可用金属或竹木制成，长2米，宽0.8～1米，高20～25厘米。底板采用竹条或铁丝网，网眼1.5厘米^2。两层叠层式，上层底板离地面120厘米，下层底板离地面60厘米，上下两层间设一层粪板。单层式的底板离地面1米，粪便直接落到地面。食槽置于笼外，设长流水。

三、提供营养全面平衡的饲料

饲料营养是影响肉鸭快速生长的重要因素之一，必须提供优质的、全面平衡的饲料。

（一）肉鸭的营养需要

见附录中附表。

（二）肉鸭的饲料配制

1. 肉鸭饲料配制的原则

（1）营养原则

① 符合鸭的营养需要　配合日粮时，必须以鸭的饲养标准为依据，合理应用饲养标准来配制营养完善的全价日粮，才能保证鸭群健康并很好地发挥生产性能，提高饲料利用率，降低饲养成本，获得较好的经济效益。但鸭的营养需要是个极其复杂的问题，饲料的品种、产地、保存好坏会影响饲料的营养含量，鸭的品种、类型、饲养管理条件等也能影响营养的实际需要量，温度、湿度、有害气体、应激因素、饲料加工调制方法等也会影响营养的需要和消化吸收。因此，在生产中原则上既要按饲养标准配合日粮，也要根据实际情况适当调整。另外，饲养标准多是以玉米 - 豆饼型饲料为基础进行研究得到的结果。因此，在使用其他消化率较低的饼粕类饲料时，就应以豆饼为基准进行校正，即乘以一个校正系数，再以此为氨基酸的标准进行配制，以便符合实际。

② 饲料原料多样化　配合日粮时，尽量多用几种饲料进行配合，这样有利于充分发挥各种饲料中营养的互补作用，提高日粮的消化率和营养物质的利用率。特别是蛋白质饲料，选用 2 ～ 3 种，通过合理的搭配以及氨基酸、矿物质、维生素的添加，使既能满足鸭的全部营养需要，又能降低饲料价格。鸭常用饲料原料在配合饲料中的大致比例见表 3-2。

③ 优先满足能量　需要配合日粮时，首先满足鸭的能量需要，在此基础上，还要注意蛋白质等营养素的含量。能量是鸭生活和生产最迫切需要的，如果日粮中能量不足或过多，都会影响其他养分的利用；日粮中所占数量最多的是提供能量的饲料，如果首先满足了鸭对能量的需要，其他营养物质，如矿物质、维生素的量不足，不需费很大的事，只需增加少量富含这类营养的饲料，便可得到调整。如果先考虑其他营养的需要，一旦能量不能满足鸭的需要量，则需对日粮构成进行较大的调整，事倍功半。

（2）生理原则

① 满足鸭的生理特点　配合日粮时，必须根据各类鸭的不同生理

表 3-2　鸭常用饲料原料在配合饲料中的大致比例

饲料	比例 /%			
	育雏期	育成期	产蛋期	肉仔禽
谷实类	65	60	60	50 ～ 70
玉米	35 ～ 65	35 ～ 60	35 ～ 60	50 ～ 70
高粱	5 ～ 10	15 ～ 20	5 ～ 10	5 ～ 10
小麦	5 ～ 10	5 ～ 10	5 ～ 10	10 ～ 20
大麦	5 ～ 10	10 ～ 20	10 ～ 20	1 ～ 5
碎米	10 ～ 20	10 ～ 20	10 ～ 20	10 ～ 30
植物蛋白类	25	15	20	35
大豆饼	10 ～ 25	10 ～ 15	10 ～ 15	20 ～ 35
花生饼	2 ～ 4	2 ～ 6	5 ～ 10	2 ～ 4
棉（菜）籽饼	3 ～ 6	4 ～ 8	3 ～ 6	2 ～ 4
芝麻饼	4 ～ 8	4 ～ 8	3 ～ 6	4 ～ 8
动物蛋白类	10 以下	10 以下	10 以下	10 以下
粗饲料	优质苜蓿草粉 5 左右	优质苜蓿草粉 5 左右	优质苜蓿草粉 5 左右	优质苜蓿草粉 5 左右
糠麸类	5 以下	10 ～ 30	5 以下	10 ～ 20
青绿青贮类	按日采食量的 10% ～ 30%			
矿物类	1.5 ～ 2.5	1 ～ 2	6 ～ 9	1 ～ 2

特点，选择适宜的饲料。如雏鸭，消化道容积小，消化酶含量少，消化能力弱，应当不用或少用不易消化吸收的杂粕和其他非常规饲料原料；育成鸭的采食量增大，消化能力增强，可以增加糠麸类的用量，也可使用一些杂粕来降低饲料成本。鸭对粗纤维的消化能力差，要注意控制日粮中粗纤维的含量，使之不超过 6% 为宜。高产鸭和肉鸭需要的饲料营养多，易受应激，要选用优质的饲料原料配制饲粮。

② 具有良好的适口性　所用的饲料应质地良好，保证日粮无毒、无害、不苦、不涩、不霉、不污染。对某些含有毒有害物质或抗营养因子的饲料最好进行处理或限量使用。

③ 具有良好的稳定性　日粮的营养含量和所用的饲料种类应保持相对稳定，如需改变饲料种类和配合比例，应逐渐变化，给鸭一个适应过程。如果频繁地变动，会使鸭消化不良，引起应激，影响正常的

生产。

（3）经济原则　在养鸭生产中，饲料费用占很大比例，一般要占养鸭成本的 70% ～ 80%。因此，配合日粮时，应充分利用饲料的替代性，就地取材，选用营养丰富、价格低廉的饲料原料来配合日粮，以降低生产成本，提高经济效益。

（4）安全性原则　饲料安全关系到食品安全和人民健康，关系到鸭群健康。所以，饲料中含有的物质、品种和数量必须控制在安全允许的范围内。

2. 饲料配方设计的方法

配合日粮首先要设计日粮配方。鸭日粮配方的设计方法很多，如试差法、四角形法、线性规划法、计算机法等。下面重点介绍试差法。

所谓试差法就是根据经验和饲料营养含量，先大致确定一下各类饲料在日粮中所占的比例，然后通过计算看看与饲养标准还差多少再进行调整。这种方法简单易学，但计算量大，烦琐，不易筛选出最佳配方。现举例说明。

例：用玉米、豆粕、棉粕、菜粕、食盐、蛋氨酸、赖氨酸、骨粉、石粉、维生素和微量元素添加剂设计 4 ～ 6 周龄北京鸭的饲料配方。

第一步，根据饲养对象、生理阶段和生产水平，选择饲养标准，见表 3-3。

表 3-3　肉鸭营养标准

成分	代谢能 /（兆焦 / 千克）	粗蛋白质 /%	钙 /%	磷 /%	蛋氨酸 /%	赖氨酸 /%	食盐 /%
含量	11.72	18	1.0	0.50	0.24	0.95	0.30

第二步，根据饲料原料成分表查出所用各种饲料的养分含量，见表 3-4。

第三步，初拟配方。根据饲养经验，初步拟定一个配合比例，然后计算能量、蛋白质等营养物质含量。鸭饲料中，能量饲料占 50% ～ 70%，蛋白质饲料占 25% ～ 30%，矿物质饲料占 1% ～ 3%，添加剂饲料占 0 ～ 5%。根据各类饲料的占用比例和饲料价格，初拟的配方和计算结果见表 3-5。

表 3-4　各种饲料的养分含量

饲料	代谢能 /(兆焦 / 千克)	粗蛋白质 /%	钙 /%	磷 /%	蛋氨酸 /%	赖氨酸 /%
玉米	14.06	8.6	0.04	0.21	0.13	0.27
豆粕	11.05	43	0.32	1.5	0.48	2.54
棉粕	8.16	33.8	0.31	0.64	0.36	1.29
菜粕	8.46	36.4	0.73	0.95	0.61	1.23
骨粉			36.4	16.4		
石粉			35			

表 3-5　初拟配方及配方中能量、蛋白质含量

饲料及比例	代谢能 /（兆焦 / 千克）	粗蛋白质 /%
玉米 60%	8.436	5.16
豆粕 25%	2.763	10.75
棉粕 3%	0.245	1.014
菜粕 3%	0.254	1.092
合计	11.698	18.016
标准	11.72	18.00

第四步，调整配方，使能量和蛋白质符合营养标准。由表中可以算出能量比标准少 0.022 兆焦 / 千克，蛋白质多 0.016%。与标准接近，可以不做调整。

第五步，计算矿物质和氨基酸的含量，见表 3-6。

表 3-6　矿物质和氨基酸含量

饲料及比例	钙 /%	磷 /%	蛋氨酸 /%	赖氨酸 /%
玉米 60%	0.024	0.128	0.079	0.165
豆粕 25%	0.008	0.375	0.12	0.635
棉粕 3%	0.009	0.019	0.011	0.039
菜粕 3%	0.022	0.029	0.018	0.037
合计	0.063	0.551	0.228	0.876
标准	1	0.5	0.24	0.95
差	−0.937	+0.051	−0.012	−0.074

根据上述配方计算得知，饲粮中钙比标准低 0.937%，磷高 0.051%。用石粉来补充，需要添加石粉 2.67%（0.937÷35×100）。蛋氨酸与标准差 0.012%，补充 0.015% 蛋氨酸。赖氨酸比标准少 0.074%，补充赖氨酸 0.075%。维生素和微量元素预混剂添加 5%，食盐添加 0.35%，则配方的总百分比是 99.11%，少 0.89%，可以在玉米中增加 0.89%。一般能量饲料调整不大于 1% 的情况下，日粮中的能量、蛋白质指标引起的变化不大，可以忽略。

第六步，列出配方。饲料配方为：玉米 60.89%，豆粕 25%，棉粕 3%，菜粕 3%，钙粉 2.67%，食盐 0.35%，蛋氨酸 0.015%，赖氨酸 0.075%，维生素和微量元素添加剂 5%，合计 100%。

3. 肉鸭实用饲料配方

见表 3-7 ～表 3-9。

表 3-7　肉鸭饲料配方

组成 /%	0 ～ 4 周龄			4 ～ 8 周龄			种鸭	
	1	2	3	1	2	3	1	2
玉米	47.5	56	52	58.2	65	63	62	63
豆粕	37	30	35	23.8	25	21	20	21
麸皮	1.4	6.1	2.5	4.2	0	3	5.1	0
菜粕	5.47	4.3	2	5.8	4	5.9	0	3
石粉	0.03	0.2	0.7	0.2	1.3	1.3	7.0	6.7
磷酸氢钙	2.3	1.5	1.5	2.5	1.4	1.5	1.5	1.3
油脂	5.0	0.6	5.0	4.0	2.0	3.0	1.0	1.6
鱼粉（进口）	0	0	0	0	0	0	2	2
食盐	0.3	0.3	0.3	0.3	0.3	0.3	0.3	0.3
D,L- 蛋氨酸	0	0	0	0	0	0	0.1	0.1
添加剂	1.00	1.00	1.00	1.00	1.00	1.00	1.00	1.00
代谢能 /（兆焦 / 千克）	12.57	12	12.4	12.4	12.13	12.1	11.5	11.7
粗蛋白质 /%	22	20	20.2	18	17.43	16.7	15.73	16.5
钙 /%	0.75	0.6	0.74	0.8	0.91	0.93	2.96	2.83
有效磷 /%	0.57	0.44	0.43	0.5	0.4	0.42	0.45	0.42
赖氨酸 /%	1.14	1	1.07	0.85	0.88	0.79	0.79	0.83
蛋氨酸 /%	0.35	0.32	0.29	0.29	0.3	0.28	0.38	0.4
蛋氨酸 + 胱氨酸 /%	0.73	0.68	0.68	0.62	0.62	0.6	0.66	0.7

表 3-8　北京鸭饲料配方

组成 /%	1 ～ 25 日龄	26 ～ 50 日龄	51 ～ 60 日龄	种鸭			
				初产期	中产期	盛产期	停产
玉米	38	30	40	44	42	42	44
高粱	10	0	15	10	10	10	10
麸皮	15	33	10	20	13.5	8	33
大麦	0	16.5	23.5	0	0	0	0
豆饼	25	11	7	18	22	25	10
鱼粉	7	4	0	5	6	8	0
石粉	2.6	3.1	4	1	4	4	1
骨粉	2	2	0	1.5	2	2.5	1.5
食盐	0.4	0.4	0.5	0.5	0.5	0.5	0.5

表 3-9　北京填鸭饲料配方

组成 /%	配方 1	配方 2	配方 3	配方 4	配方 5	配方 6
黄玉米	49.4	51	55	52.5	45	55
高粱	5	0	5	0	7	5
麸皮	7	12	8	5	8	10
大麦渣	0	0	0	10.0	5	0
小麦渣	0	10	0	0	0	15
米糠	0	0	10	0	8	0
豆饼	10	12	10	12	11	9
鱼粉	5	2	5	3	3	5
石粉	1.0	0.5	0.5	1.0	1.0	0
骨粉	1.6	2.0	1.5	1.5	1.5	0.6
食盐	1.0	0.5	0	0	0.5	0.4
面粉	10.0	10.0	5.0	0	0	0
土面	10.0	0	0	15.0	10.0	0

四、不同阶段肉鸭的饲养管理

（一）0 ～ 3 周龄肉用仔鸭的饲养管理

0～3 周龄是大型肉鸭的育雏期，习惯上把这段时间的肉鸭称为雏鸭。这是肉鸭生产的重要环节，因为雏鸭刚孵出，各种生理机能不完善，还不能完全适应外部环境条件，必须从营养上、饲养管理上采取措

施，促使其平稳、顺利地过渡到生长阶段，同时也为以后的生长奠定基础。无论采用地面平养、网上平养或笼养，其饲养技术都基本一致。

1. 育雏前的准备

在雏鸭运到之前应根据所引进的雏鸭数目提供足够的房舍、饲料以及供暖、供水和供食用具，准备好料槽、水槽，等等。一般料槽长度为7.6厘米/只。室内墙壁、地面、房顶和一切用具全部消毒并晾干。消毒方法见蛋用雏鸭部分。门窗、墙壁、通风孔等均应检查，如有破损则及时修补，防止贼风。采用网上平养或笼养，要仔细检查网底有无破损，铁丝接头不要露出平面，竹片或木片不得有毛刺和锐边，以免刺伤鸭脚或皮肤。雏鸭入舍前12～24小时把保温伞或育雏室调到合适的温度。

2. 保持适宜的环境条件

（1）温度　大型肉鸭是长期以来用舍饲方式饲养的鸭种，不像蛋鸭那样比较容易适应环境温度的变化。因此，在育雏期间，特别是在出壳后第一周内要保持适当高的环境温度，这也是育雏成功的关键所在。育雏的温度随供温方式不同而不同。

采用保温伞供温时，伞可放在房舍的中央或两侧，并在保温伞周围围一圈高约50厘米的护板，距保温伞边缘75～90厘米。护板可保温防风，限制幼雏活动范围，防止雏鸭远离热源。待幼雏熟悉到保温伞下取暖后，从第三天起向外扩大，7～10天后取走护板。保温伞和护板之间应均匀地放置料槽和水槽。保温伞直径2米可养雏鸭500只，2.5米可养750只。保温伞育雏，1日龄的伞下温度控制在34～36℃，伞周围区域为30～32℃，育雏室内的温度为24℃。我国北方常用火炕或烟道供热，热源利用较为经济。若用地下烟道和电热板室内供温，则1日龄时的室内温度保持在29～31℃即可，2～3周龄末降至室温。无论何种供温方式，育雏温度都应随日龄增长由高到低而逐渐降低。至3周龄，即20天左右时，应把育雏温度降到与室温相一致的水平。一般室温为18～21℃最好。降温每周应分为几次，使雏鸭容易适应。不要等到育雏结束时突然脱温，这样容易造成雏鸭感冒和体弱。每天应检查或调节温度，使温度保持适当和稳定。保温伞的温度计应在伞边缘距离垫料与底网5厘米处，舍内温度计应

在墙上，距地面约 1 米高处。笼养育雏时，一定要注意上、下层之间的温差。

采用加温育雏取暖时，除了在笼层中间观察温度外，还要注意各层间的雏鸭动态，及时调整育雏温度和密度。若能在每层笼的雏鸭背高水平线上放一温度计，然后根据此处温度来控制每层的育雏温度，则效果会更好。

育雏温度是否合适，除根据温度计外，还可以观察雏鸭的动态表现，这是最简易实用的方法。当育雏温度合适时，雏鸭活泼好动，采食积极，饮水适量，过夜时均匀散开；若温度过低，则雏鸭密集聚堆，靠近热源，并发生尖厉叫声；若温度过高，雏鸭远离热源，张口喘气，饮水量增加，食欲降低，活动减少；若有贼风（缝隙风、穿堂风等）从门窗吹进，则雏鸭密集在热源一侧边。饲养人员应该根据雏鸭对温度反应的动态，及时调整育雏温度。做到“适温休息、低温喂食、逐步降温”，提高雏鸭的成活率。

（2）湿度　雏鸭体内含水量大，约 75%。若舍内高温、低湿会造成干燥的环境，很容易使雏鸭脱水，羽毛发干。若群体大、密度高，活动不开，会影响雏鸭的生长和健康，加上供水不足甚至会导致雏鸭脱水而死亡。湿度也不能过高，高温高湿易诱发多种疾病，这是养禽业最忌讳的环境，也是雏球虫病爆发的最佳条件。地面垫料平养时特别要防止高湿。因此育雏第一周应该保持稍高的湿度，一般相对湿度为 65%，以后随日龄增加，要注意保持鸭舍的干燥。要避免漏水，防止粪便、垫料潮湿。第二周湿度控制在 60%，第三周以后为 55%。

（3）密度　密度是指每平方米地面或网底面积上养的雏鸭数。密度要适当，密度过大，雏鸭活动不开，采食、饮水困难，空气污浊，不利于雏鸭成长；而过稀则房舍利用率低，多消耗能源，不经济。适当的密度既可以保证高的成活率，又可充分利用育雏面积和设备，从而达到减少肉鸭活动量，节约能源的目的。育雏密度依品种、饲养管理方式、季节的不同而异。一般最大收容量为每平方米 25 千克活重。不同饲养方式雏鸭的饲养密度列于表 3-10。

（4）光照　光照可以促进雏鸭的采食和运动，有利于雏鸭的健康生长。出壳后的头 3 天内采用 23 ～ 24 小时光照，以便于雏鸭熟悉环境、寻食和饮水，关灯 1 小时保持黑暗，目的在于使鸭能够适应突然

表 3-10　不同饲养方式雏鸭的饲养密度

周龄	地面垫料平养 /（只 / 米 ^{2}）	网上饲养 /（只 / 米 ^{2}）	笼养 /（只 / 米 ^{2}）
1	20 ～ 30	30 ～ 50	60 ～ 65
2	10 ～ 15	15 ～ 25	30 ～ 40
3	7 ～ 10	10 ～ 15	20 ～ 25
4 ～ 5	4 ～ 6	6 ～ 8	12 ～ 15
6 ～ 8	3 ～ 4	4 ～ 6	8 ～ 10

停电的环境变化、防止一旦停电造成的集堆死亡。光的强度不可过高，过强烈的照明不利于雏鸭生长，通常光照强度在 10 勒克斯。一般开始时白炽灯每平方米应有 5 瓦强度（10 勒克斯，灯泡离地面 2 ～ 2.5 米），以后逐渐降低。在 4 日龄以后，可不必昼夜开灯。白天利用自然光照，早、晚喂料时，只提供微弱的灯光，只要能看见采食即可，这样既省电，又可保持鸭群安静，不会降低鸭的采食量。但值得注意的是，采用保温伞育雏时，伞内的照明灯要昼夜亮着。因为雏鸭在感到寒冷时要到伞下去，伞内照明灯有引导雏鸭进伞的功效。

（5）通风　雏鸭的饲养密度大，排泄物多，育雏室容易潮湿，积聚氨气和硫化氢等有害气体。因此，保温的同时要注意通风，以排除潮气等，其中以排出潮湿气最为重要。舍内湿度保持在 55% ～ 65% 为宜。适当的通风可以保持舍内空气新鲜，夏季通风还有助于降温。因此良好的通风对于保持鸭体健康、羽毛整洁、生长迅速非常重要。开放式育雏时维持舍温 21 ～ 25℃，尽量打开通气孔和通风窗，加强通风。如在窗户上安装纱布换气窗，既可使室内外空气对流，并可以纱布过滤空气，使室内空气清新，又可防止贼风，则效果会更好。

（6）营养　刚出壳雏鸭的消化器官消化功能较弱，同时消化器官的容积很小，但生长速度很快，育雏期末的体重是初生重的十多倍。因此，只有满足雏鸭的营养需要，日粮中的能量、蛋白质、氨基酸和维生素、矿物质等营养全面，而且要平衡，比例适当，所配的饲料要容易消化，在饲喂上要少喂多餐，才能满足雏鸭快速生长的需要。

3. 雏鸭的饲养管理

（1）“开水”　教初生雏鸭第一次饮水称为“开水”。一般雏鸭出壳后24～26小时，在“开食”前先“开水”。由于雏鸭从见嘌到出壳的时间较长，且出雏器内的温度较高，体内的水散发较多，因此，必须适时补充水分。雏鸭一边饮水，一边嬉戏，雏鸭受到水的刺激后，生理上处于兴奋状态，可促进新陈代谢，促使胎粪的排泄，有利于“开食”和生长发育。常用的方法如下。

① 用水盘“开水” 用白铁皮一张做成两个边高4厘米的水盘，盘中盛1厘米深的水，将雏鸭放在盘内使其饮水、理毛2～3分钟后，抓出放在垫草上理毛、休息后“开食”。以后随着日龄的增大，盘中的水可以逐渐加深，并将盘放在有排水装置的地面上，任其饮水、洗浴。

② 用饮水器“开水” 即用雏鸭饮水器注满干净水，放在保温器四周，让其自由饮水，起初要先进行调教，可以用手敲打饮水器的边缘，引导雏鸭来饮水；也可将个别雏鸭的喙浸入水中，让其饮到少量的水，只要有个别雏鸭到饮水器边来饮水，其他雏鸭就会跟上。以后随着日龄的增大，饮水器逐步撤到另一边有利于排水的地方。

③ 雏鸭绒毛上洒水 草席或塑料薄膜上“开食”之前，在雏鸭绒毛上喷洒些水，使每只雏鸭的绒毛上形成小水珠，雏鸭互相啄食小水珠，以达到“开水”的目的。

④ 用鸭篮“开水” 通常每只鸭篮放40～50只雏鸭，将鸭篮慢慢浸入水中，使水浸没脚面为止，这时雏鸭可以自由地饮水，洗毛2～3分钟后，就将鸭篮连雏鸭端起来，让其理毛，放在垫草上休息片刻就可“开食”。

以上四种方法，前两种适用于小群的自温育雏，后两种适用于大群的保温育雏。“开水”后，必须保证不间断供水。

（2）“开食” 雏鸭的第一次喂食称为“开食”。传统喂法是用焖热的大米饭或碎米饭，或用蒸熟的小米、碎玉米、碎小麦粒，食物往往较为单一。应提倡用配合饲料制成颗粒料直接开食，最好用破碎的颗粒料，更有利于雏鸭的生长发育和提高成活率。雏鸭“开食”过早不行，过迟也不行。“开食”过早，一些体弱的雏鸭，活动能力差，本身无吃食要求，往往被吃食好的雏鸭挤压导致受伤，影响今后“开食”；而“开食”过迟，因不能及时补充雏鸭所需的营养，致使雏鸭因养分消耗过多、疲劳过度，降低雏鸭的消化吸收能力，造成雏鸭难养，成

活率也低。雏鸭一般训练“开食”2～3次后，自己就会吃食了，吃上食后一般掌握雏鸭吃至七八成饱就够了，不能吃得太饱。

（3）喂料　第一周龄的雏鸭也应让其自由采食，经常保持料盘内有饲料，随吃随添加。一次投料不宜过多，否则堆积在料槽内，不仅造成饲料的浪费，而且饲料容易被污染。1周龄以后还是让雏鸭自由采食，不同的是为了减少人力投入，可采用定时喂料。次数安排按2周龄时昼夜6次，一次安排在晚上。3周龄时昼夜4次。每次投料若发现上次喂料到下次喂料时还有剩余，则应酌量减少，反之则应增加一些。最初第一天投料量以每天每只鸭30克计算饲喂量，第一周平均每天每只鸭35克，第二周105克，第三周165克，在21和22日龄时喂料内加入25%和50%的生长育肥期饲粮。

（4）分群　雏鸭群过大不利于管理，水槽、食槽、温度等因为不易控制，易出现惊群或易挤压而死。为了提高育雏率，必须分群管理，一般每群300～500只。

（5）搞好清洁卫生　雏鸭抵抗力差，要创造一个干净卫生的生活环境。随着雏鸭日龄的增大，排泄物不断增多，鸭舍或鸭篮的垫料极易潮湿。因此，垫料要经常翻晒、更换，保持生活环境干燥，所使用的食槽、饮水器每天要清洗、消毒，鸭舍要定期消毒等。

（6）搞好免疫防病工作　由于雏鸭生长周期短，一旦发病，往往到出售也来不及恢复。因此，应坚持做好预防工作。良好的免疫程序可提高鸭群的育成率。雏鸭在2周龄内，要每隔1天喂1次浓度为0.1%的高锰酸钾水。以后每隔3～5天适当喂点土霉素片。在1日龄进行病毒性肝炎的免疫；在3周龄后进行1次“鸭瘟、禽霍乱”二联苗的预防注射。

（二）4～8周龄肉用仔鸭的饲养管理

肉鸭的4～8周龄培育期也称为生长肥育期，习惯上将4周龄开始到上市这段时间的肉鸭称为仔鸭。这段时期，鸭的体温调节机制已趋完善，骨骼和肌肉生长旺盛，绝对增重处于最高峰时期，采食量大大增加，消化机能已经健全，体重增加很快。所以，在此期要让其尽量吃饱吃好，精心管理，使其快速生长，达到上市体重要求，缩短饲养时间。

1. 饲养方式

大型肉鸭 4 ～ 8 周龄目前多采用舍内地面平养或网上平养，育雏期地面平养或网上平养的，可不转群，既避免了转群给肉鸭带来的应激，也节省劳力。但育雏期结束后采用自然温度肥育的，应撤去保温设备或停止供暖。对于由笼养转为平养的，则在转群前 1 周，平养的鸭舍、用具须做好清洁卫生和消毒工作。地面平养的准备好 5 ～ 10 厘米厚的垫料。

2. 饲养管理

（1）过渡期的饲养　从育雏结束转入生长肥育期的前 2 ～ 3 天，将雏鸭料逐渐调换成生长期料。切忌突然更换饲料，以防因饲料改变降低鸭子采食量，而影响增重。鸭群转入育肥舍前，应停料 3 小时转群，否则易造成鸭子损伤。初转群时，饲养面积不宜过大，应适当圈小些，待 2 ～ 3 天后逐渐扩大饲养面积。转入肥育舍时强弱分群饲养，每群不超过 500 只（用 50 厘米高的围子隔开）。群体过大，不便管理。育雏结束后一般不保温，如自然气温与育雏末期室温相差 5℃以上时，开始几天应适当保温。转群前 12 ～ 24 小时，育肥舍内饲槽加满饲料，保证饮水不断。

（2）日常饲喂　可用常备料箱让其自由采食，也可用自制的饲料槽，每 100 只鸭占 1.5 ～ 2 米饲槽长度。后者一次性加料不能太多，占饲槽深度的 1/3 即可，吃完勤添以防浪费。这种不定时的自由采食，鸭子有充足时间吃料，鸭群大小均匀。饲喂颗粒料时，每个鸭群放置 3 ～ 4 个沙砾盘，如喂粉料，应在粉料中加 1% 的沙砾。沙砾宜硬，直径 2 ～ 5 毫米。因为沙砾有助于大型肉用仔鸭对饲料的消化，可提高饲料消化率，节约饲料，而且还可促进大型肉用仔鸭增重，使其代谢旺盛。

地面平养和半舍饲时也可用粉料拌湿饲喂。白天 3 次，晚上 1 次。喂料量原则与育雏期相同，以刚好吃完为宜。为防止饲料浪费，可将饲槽宽度控制在 10 厘米左右。每只鸭饲槽占有长度在 10 厘米以上。

（3）饮水　供给充足的饮用水，对仔鸭的日增重和健康都很有利。用饮水器（盆）或自制的饮水槽均可，但水深应淹过鸭眼，以便鸭把头浸入水中清洗眼的分泌物。

（4）保持适宜的环境　室温以 15 ～ 18℃最好，冬季应加温，使

室温达到最适温度（10℃以上）。湿度控制在50%～55%，应保持地面垫料或粪便干燥。光照强度以能看见吃食为准，每平方米用5瓦白炽灯。白天利用自然光，早晚加料时才开灯。地面垫料饲养，每平方米地面养鸭数为：4周龄7～8只，5周龄6～7只，6周龄5～6只，7～8周龄4～5只。具体视鸭群个体大小及季节而定。冬季密度可适当增加，夏季可减少。气温太高，可让鸭群在室外过夜；地面的垫料要充足，随时撒上新垫料，且经常翻晒，保持干燥。垫料厚度不够或板结，易造成胸囊肿，影响屠体品质。

（5）卫生　仔鸭采食多，饮水多，粪多且潮湿，易腐臭和滋生蚊蝇，若不经常清扫冲洗，保持干净卫生，会使鸭群应激大，生长发育不良，甚至暴发疾病。因此，鸭粪需常清除。地面常扫，垫料常换，饲养工具也要常洗，保持清洁干净。执行严格的卫生防疫制度和预防接种制度，做好经常性的灭蚊、灭鼠和防兽害等工作，保持环境优良、安静。

（6）防止啄羽　如果鸭群密度太大，地面垫料潮湿，通风不好，或者饲料营养不全面，特别是含硫氨基酸缺乏时，都会引起鸭互相啄羽。这在集约化饲养时尤需注意。啄羽使鸭的羽毛被动脱落，严重时容易使鸭受伤出血，影响屠体的外观，甚至胃肠内脏被啄出而致死。鸭是不断喙的，所以必须在饲养管理中予以特别注意，使其密度适中，地面和垫料保持干燥，舍内通风良好，饲料营养全面等。

（7）疾病预防　肉用大鸭身体肥胖，体重增加快，而腿部发育跟不上，极易发生腿病。除饲料中钙、磷及其他矿质元素需足够外，在管理上也应小心仔细，尽量不惊扰鸭群，不要踩鸭。对久卧不起的鸭应适时轻轻轰赶，使其行走，以免腿部和其他部位瘀血或瘫软，胸、腹部出现挫伤等。舍内舍外地面、运动场、网面等要平整，便于鸭只行走，防止跌伤。另外，要防暑降温，因为鸭会因热而中暑，因热而不想活动，这会增加腿病发生的机会和猝死现象。若发现鸭因炎热高温而中暑，站不起来或昏迷，可将其放于阴凉地面，用风扇吹其身，并喂些解暑药和维生素。

五、做好肉鸭的夏季管理

夏季是饲养肉鸭的黄金时期，但高温的环境对仔鸭的生长非常不

利，高温高湿鸭舍粪便腐烂发酵，鸭舍内有害气体含量过高，有利于病原微生物的滋生繁殖，不利于鸭体热量散失而导致热应激。所以夏季饲养肉用仔鸭的关键是防止鸭舍内气温过高，尤其是防止高温期舍内高湿带来的严重后果。

（一）调整饲料营养

1. 调整饲料配方

因为鸭采食量随环境温度的升高而下降（温度每升 1℃，采食量下降 1.5%），高温期间由于鸭的采食量下降，用其他季节配方就难以保证鸭每日的营养摄取量，所以，夏季养仔鸭应调整饲料配方。在调整配方时可考虑用脂肪代替部分碳水化合物，因为消化脂肪的体增热较少。在满足所有必需氨基酸的前提下，应使蛋白质水平尽可能处于最低限，因为消化蛋白质的体增热较消化碳水化合物和脂肪时要多。

2. 饲料要新鲜优质

在高温、高湿期间，自配或购回的饲料放置过久或饲喂时在料槽中的料放置时间过长均会引起饲料发酵变质，甚至出现严重霉变。因而夏季养仔鸭时，应减少每次从饲料厂购回的饲料量，保证每次购回的饲料新鲜，最好是刚配好的饲料在 1 周左右用完。在饲喂时应少量多次，尤其是采用湿拌粉料喂中鸭时更应少喂勤添，保证每次均吃完后再添加。上述措施将有助于保证饲料质量和许多营养素的利用率，尤其是防止饲料中维生素因存放过久或在料槽中暴露于空气中过久造成氧化失效，并且有助于降低霉菌和毒素增加的机会。

3. 添加抗热应激添加剂

夏季高温时，饲料中的营养物质易被氧化，且高温等逆应激因素造成的鸭生理紧张，不仅降低鸭机体有些营养物质（如维生素 C）的合成能力，同时鸭对维生素 C 等营养物质的需要量提高。所以夏季应在每千克饲料中补加 50 ～ 200 毫克维生素 C，这有利于减轻逆应激因素对鸭机体的不利影响，同时适当添加维生素 C 可使其他营养物质免遭损失。

4. 适当调整供料时间

早晨可提早1～2小时，即在清晨4点钟开始喂料，这是一天中最凉爽的时间，晚上也应适当延长饲喂时间，这样可避开高温对采食的影响。而白天应让鸭多休息，休息时可降低鸭的代谢水平，从而减少鸭的排热量。

（二）防暑降温

处于急性热应激时，大多数鸭聚集在棚舍内较阴凉的地方或四周通风处，开始时饮水量猛增。环境温度过高时，鸭蹲伏在地面，躯体紧贴在垫料或网上，不愿走动，甚至不愿走到饮水器旁饮水。鸭伸颈张口，两翼下垂，出现热性喘息，呼吸加快，明显看到胸廓快速剧烈地收缩和扩张。在下午3～6时，往往有较多的鸭急性死亡。为了防止热应激，必须做好如下工作。

1. 减少太阳辐射热对鸭的影响

建造高而宽敞的鸭舍是减少太阳辐射热影响的较为有效的长远办法。在开放型鸭舍的水、陆运动场上应架设遮阴的凉棚，屋顶应加厚覆盖层，高温期间可在屋顶淋水或喷水雾化，也可在内屋顶刷上白水泥浆（加胶），并做好鸭舍周围环境的绿化工作。这些措施均可减少太阳的辐射热，防止鸭舍温度猛增。

2. 加快鸭体热的散失

保证鸭舍四周敞开，使鸭舍具有“亭子效应”，以加大通风。给鸭饮清洁的自来水或冷水（井水或加冰块的水），不要让鸭饮河中水，气温高时应采用通风设备来加强通风，保证空气对流，夜间也应加强通风，使鸭在夜间能恢复体力，以提高鸭白天酷暑时抗热应激的能力。也可放鸭于水运动场过夜。

3. 降低饲养密度

密度过大不仅是指每平方米容纳的鸭数过多，而且包括每只鸭所拥有的料槽和水槽位置较少。减少鸭舍内的鸭数或增加鸭舍水槽、料槽的数量，不仅可使舍内因鸭数的减少而降低总产热量，而且可避免因料槽或水槽的不足造成争食、抢饮而导致的个体产热量的上升，两者均可降低舍内鸭的生物热。

4. 保持鸭舍内干燥

在高温季节，鸭的饮水量比其他季节多，因而通过呼气蒸发散失的水汽也比其他季节多，尤其是排出的粪中水分蒸发及粪在高温下的发酵是鸭舍湿度增高及有害气体含量升高的主要原因。因而保持鸭粪的干燥，是减少鸭舍内湿度及恶臭的最有效的办法。夏天不能通过限制饮水来减少鸭的水分排泄量，相反，为使鸭的体热尽快散发，必须给鸭以充足的饮水。所以应通过采用合理的饲养及饮喂方式来减少粪中含水量。采取的措施为：增加每日鸭舍的打扫次数，缩短鸭粪在舍内停留的时间；水槽尽量放在鸭舍四周，不要让鸭饮水时将水撒向四周，更不要让鸭在水槽中嬉水；采用水陆运动场的鸭舍，应在陆地运动场搭遮阴棚，这样可使鸭在水中嬉水上岸后，在陆上运动场能稍做休息，待毛干后再进鸭舍，还可使鸭有部分时间在陆上运动场，减少鸭向舍内排泄水汽及粪的机会。采用网上平养的鸭舍，水槽应尽量挂在笼外，以不使鸭进入水槽，地面最好有坡度且有孔通向舍外，水槽挂在低坡一边，这样一旦有水撒在地面，水便可顺着坡度流向舍外；加大地面及整个鸭舍的通风，增加舍内外空气的换气量。

5. 改变饲养方式

网养可减少仔鸭与粪便的接触，减少疫病传播机会，降低发病率，同时网养可以减少鸭群的营养消耗及产热量，有利于健康生长，故宜采取网养。采取地面养鸭，最好不用厚垫料，尤其不宜垫稻草。

（三）其他管理

1. 保持环境安静

炎热时期要避免突然的惊吓、噪声干扰鸭群，以使鸭群活动量降低到最低程度。

2. 搞好日常卫生和消毒

做好消毒工作，防止苍蝇、蚊子滋生，使鸭群免受虫害骚扰。

六、肉用仔鸭饲养管理程序

见表 3-11。

表 3-11　肉用仔鸭饲养管理程序

时间	饲养管理程序
进雏前 1～2 周	（1）准备育雏舍，搞好清洁卫生和消毒工作。1% 新洁尔灭消毒后，用福尔马林熏蒸。空闲 1～2 周，于进雏前 1～2 天打开育雏室，放掉剩余气体。 （2）将育雏伞下温度升到 34～36℃，使室温达到 24℃。烟道供热，室温可升到 29～31℃。水槽、料槽内加满饮水和饲料。水槽长 1.9 厘米/只，饲槽长 7.6 厘米/只。并及时修补已坏的器具或房室。每平方米安装 5 瓦的白炽灯
1 周龄（1～7 日龄）	（1）1 日龄　进雏后，300～500 只/群，一个育雏伞或一小栏，及时开水、开食。自由采食，随吃随添，平均全天每只 30 克左右。光照 24 小时，饮水充足。饲养密度 20～30 只/米^2（垫料平养）、30～50 只/米^2（网养）、60～65 只/米^2（笼养）。 （2）2 日龄　光照 23 小时，1 小时黑暗。自由采食、饮水。平均每只全天采食约 31 克。 （3）3 日龄　光照 23 小时，1 小时黑暗。温度降低 1℃，伞下为 33～34℃，烟道供温为 28～30℃。自由采食，保温伞护围直径扩大。平均每只全天采食约 32 克。 （4）4 日龄　自由采食、饮水，每只鸭全天采食 34 克，光照改为早晨 5 时开灯，晚上 9 时关灯，白天利用自然光照。温度降 1℃。扩大保温伞护围。 （5）5～7 日龄　同 4 日龄，每天降温 1℃。采食量每只每天 34～36 克。至 1 周龄结束，温度降至伞下 29～31℃，烟道供热为 24～26℃。早晚补充光照
2 周龄（8～14 日龄）	（1）饲喂量平均每只每天 105 克，8～10 日龄 65～90 克，9～14 日龄 95～115 克。饲喂次数改为每天 6 次，早晚喂料时补充光照。 （2）饲养密度，垫料平养由 20～30 只/米^2 降为 10～15 只/米^2，笼养由 60～65 只/米^2 降为 30～40 只/米^2，网养由 30～50 只/米^2 降为 15～25 只/米^2。 （3）可视情况去掉保温伞及护围。温度每天降 1℃，伞下 2 周龄结束时降至 22～24℃，烟道供热的不必每天降温，可隔日降温，使舍温在 14 日龄时降到 20～22℃
3 周龄（15～21 日龄）	（1）饲喂量平均每只每日约 150～165 克。在 21 日龄和 22 日龄分别加入 25% 和 50% 的生长育肥期饲料。整个育雏期，一定要保证充足的饮水。饲喂次数改为每日 5 次，早晚喂料时补加光照。 （2）饲养密度，垫料平养由 10～15 只/米^2 降为 7～10 只/米^2，网上平养由 15～25 只/米^2 降为 10～15 只/米^2，笼养由 30～40 只/米^2 降为 25～30 只/米^2。 （3）每日降温 1℃，至 3 周龄结束，使其能适应自然温度

续表

时间	饲养管理程序
4周龄（22～28日龄）	（1）转群。涉及转群（笼养转为平养，舍饲平养转为半舍饲平养）的应提前1周做好新鸭舍的准备，做好清洁卫生和消毒工作，保持垫料干燥。 （2）饲喂。育雏料换为肥育料，料槽10厘米/只以上，水槽1.5厘米/只以上。饲喂共4次/日，早上6时开灯饲喂，上午11时、下午5时各喂1次，晚上11时开灯加料。4周龄平均每只每日饲喂165克，自由饮水。 （3）温度、光照。采用自然温度育肥，冬季室温不到10℃时应加温。采用自然光照，早晚开灯喂料，每平方米用5瓦白炽灯。 （4）密度。地面垫料平养7～9只/米^2，网上平养可加至14～18只/米^2
5～8周龄（29日龄以后）	（1）密度。5～7只/米^2，网养可加至10～14只/米^2。 （2）饲喂。时间安排不更改，7周龄平均每只每日喂料量250克，8周龄220克。注意7周龄末上市则7周龄初即停止添加促生长剂和有刺激气味的饲料原料，8周龄末上市则8周龄初开始停喂

注：加温方式是烟道加保姆伞。

七、肉用仔鸭的上市

（一）上市时间

为了获得较高的生产利润，生产者应根据肉鸭的生长状况及市场价格选择合适的上市日龄。肉用仔鸭7周龄后相对生长率已降得很低，而5～7周龄绝对增重处于高峰时期，所以选择7周龄为上市日龄。一般不选择6周龄上市，除非仔鸭已长得很大，因为7周龄的绝对增重处于较高水平。若市场要求稍小的肉鸭，则在7周龄上市最好。7周龄肉鸭肌肉丰满，且羽毛已基本长成，饲料转化效率也高。若再继续喂，则肉鸭偏重，绝对增重开始下降，饲料转化效率也降低。当然，如果是生产分割肉，则建议养至8周龄最好。因为后期胸腿着生肌肉较多，而分割肉中以胸部和腿部肌肉最贵。由于到7、8周龄上市后，肉鸭的皮脂较多，不易被消费者接受，许多饲养者选择在4～5周龄上市，饲养效益也较好。

（二）装运

肉仔鸭上市时，抓鸭要手握颈部，不能抓住脚腿或翅膀。装车要轻放，防止摔伤碰伤。气温低应白天运输，天热应夜间行车。

第四招 使鸭群更健康

【提示】

使鸭群更健康，必须注重预防，遵循“防重于治”“养防并重”的原则。加强饲养管理（采用“全进全出”制饲养方式，提供适宜的环境条件，保证舍内空气清新洁净，提供营养全面平衡的优质日粮），增强鸭体的抗病力，注重生物安全（隔离卫生、消毒、免疫），避免病原侵入鸭体，以减少疾病的发生。

一、科学的饲养管理

饲养管理工作不仅影响鸭的生长性能发挥，更影响鸭的健康和抗病能力。只有科学地饲养管理，才能维持机体健壮，增强机体的抵抗力，提高机体的抗病力。

（一）采用科学的饲养制度

采取“全进全出”的饲养制度。“全进全出”的饲养制度是有效防

止疾病传播的措施之一。“全进全出”使得鸭场能够做到净场和充分的消毒，切断了疾病传播的途径，从而避免患病鸭只或病原携带者将病原传染给日龄较小的鸭群。

（二）保证营养需要

鸭在生长和生产过程中，需要各种各样的营养素，主要包括能量、粗蛋白质、维生素、矿物质和水。每一种营养物质都有其特定的生理功能，各种营养物质相互联系、相互作用，对鸭的生长、生产、繁殖和健康产生影响。

饲料为鸭提供营养，鸭依赖从饲料中摄取的营养物质而生长发育、生产和提高抵抗力，从而维持健康和较高的生产性能。养鸭业的规模化，使饲料营养与疾病的关系越来越密切，对疾病发生的影响越来越明显，饲料营养成为了控制疾病发生的最基础的一个重要环节。

饲料营养对鸭健康的直接影响　鸭获得的营养物质不足、过量或不平衡，能直接引起营养性疾病。营养性疾病大致可分为营养缺乏症和中毒症。一般认为畜禽对某营养素的需要量是有一定范围的，以便根据不同生理阶段和环境条件而维持其正常生理和生长繁殖的需要。供给量低于这个范围则可表现为缺乏症，高于这个范围则没有必要，如超出最大安全量则会导致中毒，表现为生理机能严重紊乱，甚至死亡。鸭的营养性疾病的种类较多，如大家都熟知的缺钙、缺磷或钙磷不平衡所造成的佝偻病、产蛋疲劳症等，摄取的能量过多而引起的脂肪肝综合征及肉鸭腹水症，维生素和微量元素不足引起的腿病以及某些微量元素和维生素过量引起的中毒症，如硒、氟中毒等（表 4-1）。

（三）供给充足卫生的饮水

水是最廉价的营养素，也是最重要的营养素，水的供应情况和卫生状况对维护鸭体健康有着重要作用，必须保证充足而洁净卫生的饮水。表 4-2 所列为鸭场饮水的水质检测项目及标准。

表 4-1　常见的营养素对鸭的影响

营养素	需要量	缺乏病与症状	中毒症状、损伤与不良效应
代谢能	10 ～ 12.5 兆焦 / 千克	饲料利用率与生长速度下降，皮下脂肪多	耗料量下降，其他营养素的需要量增加，脂肪肝
蛋白质	14% ～ 23%	生长慢，产蛋量与饲料报酬下降，羽毛生长不良	痛风症，肾脏损害
赖氨酸	0.5% ～ 1.2%	生长速度、血红蛋白与血细胞比体积下降，羽毛生长不良，饲料利用率低	干扰精氨酸的利用率，肝脏与肾脏损伤
蛋氨酸	0.25% ～ 1.2%	生长速度、产蛋与蛋重下降，羽毛生长不良，饲料利用率差	肾炎与肝炎，增加其他氨基酸的需要量
钙	育雏育成 0.8% ～ 1%；蛋鸭、种鸭 2.5% ～ 3.5%	佝偻病，骨骼软而易弯曲，产软壳蛋，产蛋少，生长慢	痛风症，软组织钙化，干扰磷、镁与锰的利用
磷	0.4% ～ 0.6%	食欲减退，异食癖，生长慢，关节硬化，易脆易碎；蛋鸭产蛋少，蛋壳薄	植酸中毒，降低钙、镁、锰与锌的利用率
钾	0.25%	生长受阻，产蛋量下降	钠利用率降低，血细胞凝集，腹泻
氯化钠	0.3% ～ 0.5%	食欲减退，出现啄癖或异食癖，生长缓慢。	饮水量增加，便稀，严重者食盐中毒
铜	5 ～ 8 毫克 / 千克	铁吸收不良，贫血；佝偻病和软骨症；血管破裂；早期胚胎死亡，羽毛褪色	铜过量，易引起溶血症
铁	60 ～ 80 毫克 / 千克	缺乏时，鸭生长迟缓，皮肤和羽毛生长发育不良，腿骨变粗短，踝关节粗短，饲料利用率低。蛋鸭产蛋少，蛋壳强度低，种蛋孵化畸形胚胎多	鸭采食量减少，体重下降，干扰磷的吸收

续表

营养素	需要量	缺乏病与症状	中毒症状、损伤与不良效应
锌	50～60毫克/千克	生长发育缓慢，羽毛生长不良，产生皮炎；产蛋下降或停止，孵化率低，鸭胚死亡或畸形	对铁、铜吸收不利而导致贫血
锰	50～60毫克/千克	雏鸭骨骼发育不良，骨短粗，运动失调，生长受阻；蛋鸭性成熟推迟，产蛋率和孵化率下降，薄壳蛋和无壳蛋增多	影响钙、磷的利用率，引起贫血
镁	500毫克/千克	镁缺乏时，鸭神经过敏，易惊厥，出现神经性震颤，呼吸困难。雏鸭生长发育不良。产蛋鸭产蛋率下降	过多会扰乱钙磷平衡，导致下痢
硫	—	缺乏时，表现为食欲降低，体弱脱羽，多泪，生长缓慢，产蛋减少	无明显致毒作用
碘	0.5～0.6毫克/千克	缺乏时，会导致鸭甲状腺肿大，代谢机能降低，胚胎后期死亡率高	产蛋量下降
钴	2.5毫克/千克	影响肠道内维生素 B_{12} 合成，引起鸭生长缓慢和恶性贫血，容易发生骨短粗症	食欲减退，贫血
硒	0.12～0.25毫克/千克	缺乏时，9日龄就有相当高的死亡率，典型病变为发生于肌胃、心脏、小肠和骨骼肌的溃疡。种鸭缺硒，孵出的雏鸭易得缺硒病	受精率、孵化率与生长速度下降，贫血，死亡
维生素A	雏鸭和青年鸭日粮6000～8000国际单位/千克；蛋鸭和种鸭8000～10000国际单位/千克	一般症状为生长缓慢、抗病力弱、产蛋率和孵化率下降。雏鸭缺乏时，初期有鼻渗出液流出，后期可能发生瘫痪；母鸭产蛋量和种蛋受精率下降，胚胎死亡率高，孵化率降低等	肝炎，蛋黄与皮肤褪色，干扰维生素E的利用

续表

营养素	需要量	缺乏病与症状	中毒症状、损伤与不良效应
维生素 D_3	400～600 国际单位 / 千克	雏鸭生长速度缓慢，发生软骨症，软喙和腿骨弯曲；成年鸭缺乏时，蛋壳质量下降，产无壳蛋或软壳蛋。产蛋率、孵化率下降	喙软而软组织钙化，干扰维生素 A、维生素 E 与维生素 K 的利用，脚腿脆弱，笼养蛋鸭产生疲劳症
维生素 E	一般为 15～30 国际单位 / 千克；种鸭 40～50 国际单位 / 千克	雏鸭生长速度降低，发生肌肉萎缩症。发生渗出性素质病，形成皮下水肿与血肿、腹水，引起小脑出血、水肿和脑软化；成鸭繁殖机能紊乱，产蛋率和受精率降低，胚胎死亡率高。公鸭睾丸退化，配种能力下降	干扰维生素 A 的利用
维生素 K	2 毫克 / 千克	皮下出血形成紫斑，而且受伤后血液不易凝固，流血不止以致死亡	营养失衡，增加脂溶性维生素需要量
硫胺素（维生素 B_1）	2～4 毫克 / 千克	易发生多发性神经炎，表现头向后仰、羽毛蓬乱、运动器官和肌胃肌肉衰弱或变性、两腿无力等，呈"观星"状；食欲减退，消化不良，生长缓慢。雏鸭对维生素 B_1 缺乏敏感	营养失衡，增加了其他营养素的需要，干扰抗球虫药安普洛里的活性
核黄素（维生素 B_2）	5～8 毫克 / 千克	缺乏时最明显的症状是脚趾向内侧弯曲，以其关节触地行走，生长不良，种鸭产蛋率和种蛋孵化率降低；胚胎发育畸形，萎缩、绒毛短，死胚多，卵黄吸收不良	营养失衡，增加了其他营养素的需要量
泛酸（维生素 B_3）	15 毫克 / 千克	生长受阻，羽毛粗糙，食欲下降，骨粗短，眼睑黏着，喙和肛门周围有坚硬痂皮。脚爪有炎症，育雏率降低；蛋鸭产蛋量减少，孵化率低	营养失衡，增加了其他营养素的需要量

续表

营养素	需要量	缺乏病与症状	中毒症状、损伤与不良效应
叶酸（维生素 B_5）	1～1.5毫克/千克	食欲减退，生长慢，羽毛蓬乱、稀少、缺乏光泽，并有下痢和屈腿内弯现象，膝关节肿大，腿骨弯曲；蛋鸭缺乏时，羽毛脱落，口腔黏膜、舌、食道上皮发生炎症，产蛋减少，种蛋孵化率低	营养失衡，增加了其他营养素的需要量
吡哆醇（维生素 B_6）	6～9毫克/千克	鸭缺乏时发生神经障碍，从兴奋而至痉挛，雏鸭生长发育缓慢，食欲减退	营养失衡，增加了其他营养素的需要量
维生素H（生物素）	0.1～0.2毫克/千克	易患皮炎，脚发红，骨骼畸形，运动失调。种蛋孵化率低，胚胎畸形（生蛋清中有一种蛋白易与生物素结合，使生物素失去作用，不能让鸭吃生蛋清）	营养失衡，增加了其他营养素的需要量
维生素 B_{12}（钴胺素）	0.01～0.025毫克/千克	缺乏时，雏鸭生长停滞，羽毛蓬乱，种鸭产蛋率、孵化率降低	营养失衡，增加了其他营养素的需要
维生素C（抗坏血酸）	50毫克/千克；抗应激用量一般为300～500毫克/千克	易患坏血病，生长停滞，体重减轻，关节变软，身体各部出血、贫血，适应性和抗病力降低	—
胆碱	1450～1800毫克/千克	鸭易患脂肪肝和滑腱症。雏鸭生长缓慢，母鸭产蛋率下降。鸭的日粮中添加适量胆碱，可提高蛋白质的利用率	营养失衡，增加了其他营养素的需要量

表 4-2　鸭场饮水的水质检测项目及标准

检测项目	标准值
色度	＜5
浑浊度	＜2
臭气	无异常
味	无异常
氢离子浓度 /pH 值	5.8 ～ 8.6
硝酸氮及烟硝酸氮 /（毫克 / 升）	＜10
盐离子 /（毫克 / 升）	＜200
过锰酸钾使用量 /（毫克 / 升）	＜10
铁 /（毫克 / 升）	＜0.3
普通细菌 /（毫克 / 升）	＜100
大肠杆菌	未检出
残留氯 /（毫克 / 升）	0.1 ～ 1

1. 适当的水源位置

水源位置要选择在远离生产区的管理区内，远离其他污染源（鸭舍与井水水源间应保持 30 米以上的距离），建在地势高燥处。鸭场可以自建深水井和建水塔，深层地下水经过地层的过滤作用，又是封闭性水源，受污染的机会很少。

2. 加强水源保护

水源附近不得建厕所、粪池、垃圾堆、污水坑等，井水水源周围 30 米、江河水取水点周围 20 米、湖泊等水源周围 30 ～ 50 米范围内应划为卫生防护地带，四周不得有任何污染源。保护区内禁止一切破坏水环境生态平衡的活动以及破坏水源林、护岸林、与水源保护相关植被的活动；严禁向保护区内倾倒工业废渣、城市垃圾、粪便及其他废弃物；运输有毒有害物质、油类、粪便的船舶和车辆一般不准进入保护区；保护区内禁止使用剧毒和高残留农药，不得滥用化肥；避免污水流入水源。最易造成水源污染的区域，如病鸭隔离舍、化粪池或堆粪场更应远离水源。粪污应进行无害化处理，并注意排放时防止流进或渗进饮水水源。

3. 搞好饮水卫生

定期清洗和消毒饮水用具和饮水系统，保持饮水用具的清洁卫生。保证饮水的新鲜。

4. 注意饮水的检测和处理

定期检测水源的水质，污染时要查找原因，及时解决；当水源水质较差时要进行净化和消毒处理。地面水一般水质较差，需经沉淀、过滤和消毒处理，地下水较清洁，可只进行消毒处理，也可不做消毒处理，地面水源常含有泥沙、悬浮物、微生物等。在水流减慢或静止时，泥沙、悬浮物等靠重力逐渐下沉，但水中细小的悬浮物，特别是胶体微粒因带负电荷，相互排斥不易沉降。因此，必须加混凝剂，混凝剂溶于水可形成带正电的胶粒，可吸附水中带负电的胶粒及细小悬浮物，形成大的胶状物而沉淀，这种胶状物吸附能力很强，可吸附水中大量的悬浮物和细菌等一起沉降，这就是水的沉淀处理。常用的混凝剂有铝盐（如明矾、硫酸铝等）和铁盐（如硫酸亚铁、三氯化铁等）。经沉淀处理，可使水中悬浮物沉降70%～95%，微生物减少90%。水的净化还可用过滤池，用滤料将水过滤、沉淀和吸附后，可阻留消除水中大部分悬浮物、微生物等而使水得以净化。常用滤料为沙，以江河、湖泊等作分散式给水水源时，可在水边挖渗水井、沙滤井等，也可建沙滤池；集中式给水一般采用沙滤池过滤。经沉淀过滤处理后，水中微生物数量大大减少，但其中仍会存在一些病原微生物，为防止疾病通过饮水传播，还须进行消毒处理。消毒的方法很多，其中加氯消毒法投资少、效果好，较常采用。氯在水中形成次氯酸，次氯酸可进入菌体破坏细菌的糖代谢，使其致死。加氯消毒效果与水的pH值、浑浊度、水温、加氯量及接触时间有关。大型集中式给水可用液氯消毒，液氯配成水溶液，加入水中；大型集中式给水或分散式给水多采用漂白粉消毒。

（四）适宜的饲养密度

饲养密度直接影响鸭的生长发育。影响鸭饲养密度的因素主要有品种、周龄与体重、饲养方式、房舍结构及地理位置等。一般来说，房舍的结构合理，通风良好，饲养密度可适当大些，笼养密度大于网

上平养，而网上平养又大于地面厚垫料平养。体重大的饲养密度小，体重小的饲养密度可大些。

如果饲养密度过大，舍内的氨气、二氧化碳、硫化氢等有害气体增加，相对湿度增大，厚垫料平养的垫料易潮湿，鸭的活动受到限制，生长发育受阻，鸭群生长不齐，残次品增多，增重受到影响，易发生胸囊肿、足垫炎、瘫痪等疾病，发病率和死亡率偏高，蛋鸭产蛋率降低。若饲养密度过小，房舍利用率降低，饲养成本增加。

（五）减少应激反应

定期药物预防或疫苗接种多种因素均可对鸭群造成应激，其中包括捕捉、转群、免疫接种、运输、饲料转换、无规律的供水供料、饲料营养不平衡或营养缺乏等生产管理因素，以及温度过高或过低、湿度过大或过小、不适宜的光照、突然的声响等环境因素。实践中应尽可能通过加强饲养管理和改善环境条件，避免和减轻以上两类应激因素对鸭群的影响，防止应激造成鸭群免疫效果不佳、生产性能和抗病能力降低。

二、完善隔离卫生设施

鸭场的隔离卫生条件直接关系到疫病的发生情况。只有通过科学合理的选择场址和规划布局，建设满足鸭要求的鸭舍，并加强场区的卫生管理，为鸭创设一个舒适的、洁净的小气候，才能保障鸭的健康和高效高产。

（一）注重场址选择和规划布局

场址选择及规划布局、鸭舍设计和设备配备等方面都直接关系到场区的温热环境的维持、空气清洁程度以及环境的卫生状况等，也关系到与周边的关系和以后的经营管理。鸭场场地选择不当，规划布局不合理，鸭舍设计不科学，必然导致隔离条件差，温热环境不稳定，环境污染严重，鸭群疾病频发，生产性能不能正常发挥，经济效益差。所以，设计建筑鸭场时必须科学选择好场地，合理规划布局，并注重鸭舍的科学设计。

1. 场址选择

鸭场场址的选择，主要是对场地的地势、地形、土质、水陆运动场，以及周围环境、交通、电力、青绿饲料供应和放牧条件进行全面的考察。必须在养鸭之前做好周密计划，选择最合适的地点建场。

（1）场地　考虑地形、地势、朝向、面积大小，以及周围建筑物情况等因素。

① 地形　指场地形状、大小和地物（场地上的房屋、树木、河流、沟坎）情况。作为鸭场场地，要求地形整齐、开阔、有足够的面积。地形整齐，便于合理布置鸭场建筑和各种设施，并能提高场地面积利用率。地形狭长往往影响建筑物合理布局，拉长了生产作业线，并给场内运输和管理造成不便；地形不规则或边角太多，会使建筑物布局零乱，增加场地周围隔离防疫墙或沟的投资。场地要特别避开西北方向的山口或长形谷地，否则，冬季风速过大严重影响场区和鸭舍温热环境的维持。场地面积要大小适宜，符合生产规模，并考虑今后的发展需要，周围不能有高大建筑物。

② 地势　是指地的高低起伏状况。作为鸭场场地，要求地势高燥、平坦或稍有坡度（1% ~ 3%）。如果坡地建场，要向阳背风，坡度最大不超过 25%。场地地势高燥，排水良好，阳光充足，不利于微生物和寄生虫的滋生繁殖。如果地势低洼，场地容易积水、潮湿、泥泞，夏季通风不良，空气闷热，蚊、蝇、蜱、螨等媒介昆虫易于滋生繁殖，冬季则阴冷。对采用水陆结合饲养的鸭场，陆上运动场与水上运动场应有坡度，但不能是陡坡，以免鸭群入水时有压死现象。

③ 朝向　如果采用传统的半舍饲或放牧，以坐北朝南最佳。鸭舍的位置要放在水面的北侧，把鸭滩和水上运动场放在鸭舍的南面，使鸭舍的大门正对水面向南开放。这种朝向的鸭舍，冬季采光面积大、吸热保温好，夏季又不受太阳直晒、通风好，具有冬暖夏凉的特点，有利于鸭子的产蛋和生长发育。

（2）土壤　对场地土壤的要求如下。一是透气透水性能好。透水透气性能差吸湿性大的土壤受到粪尿等有机物污染后，在厌氧条件下分解产生氨、硫化氢等有害气体，污染场区空气。污染物和分解物易通过土壤的空隙或毛细管被带到浅层地下水中或被降雨冲集到地面水

源。污染水源。潮湿的土壤是微生物滋生和存活的良好场所。二是洁净未被污染。被污染的场地含有大量的病原微生物，易引起鸭群发病。三是承载能力强。土壤要有一定的抗压性，适宜建筑。四是土壤的化学成分适宜。土壤中的化学成分通过水源、植物影响到鸭的健康和生产。

土壤可分为沙土、壤土和沙壤土，各有特点。沙土的透气透水性好，易干燥，抗压性强，适宜建筑，但昼夜温差大；壤土的透气透水性差，不易干燥，抗压性差，建筑成本高；沙壤土介于沙土和壤土之间，既有一定的透气透水性，易干燥，又有一定的抗压性，昼夜温度稳定，所以适宜作为鸭场场地。如果没有这样的土壤，也可以通过建筑处理来弥补土壤的不足。

（3）水源　鸭是水禽，日常生活离不开水，所以，鸭场的用水量大。用水可分为两部分；一是养殖人员及畜禽日常生活饮用水；二是其他用水，包括清洁用水、运动场用水等。养鸭场的水源应当充足，水质良好。

种鸭场和蛋鸭场需要水面用作鸭群游水活动、交配的良好场所，因此，种鸭舍最好选在与天然水域相连的缓坡地方修建，可以减少陆地运动场的面积，又能满足水禽喜水的生活习性。如果没有充足天然水域，鸭也可以旱养，可以不必设置水上运动场，但种鸭场要在陆上运动场设置充足的洗浴池，肉鸭场有充足的饮水器（槽）。

① 饮用水的质量要求　饮水质量标准见表 4-3。

表 4-3　畜禽饮用水水质标准

项目		畜（禽）标准
感官性状及一般化学指标	色度	≤ 30
	浑浊度	≤ 20
	臭和味	不得有异臭异味
	肉眼可见物	不得含有
	总硬度（以 $CaCO_3$ 计）/（毫克 / 升）	≤ 1500
	pH 值	5.0 ～ 5.9（6.4 ～ 8.0）
	溶解性总固体 /（毫克 / 升）	≤ 1000（1200）
	氯化物（以 Cl 计）/（毫克 / 升）	≤ 1000（250）
	硫酸盐（以 SO_2^{2-} 计）/（毫克 / 升）	≤ 500（250）
细菌学指标	总大肠杆菌群数（个 /100 毫升）	成畜≤ 10；幼畜和禽≤ 1

续表

项目		畜（禽）标准
毒理学指标	氟化物（以F^-计）/（毫克/升）	≤2.0
	氰化物/（毫克/升）	≤0.2（0.05）
	总砷/（毫克/升）	≤0.2
	总汞/（毫克/升）	≤0.01（0.001）
	铅/（毫克/升）	≤0.1
	铬（六价）/（毫克/升）	≤0.1（0.05）
	镉/（毫克/升）	≤0.05（0.01）
	硝酸盐（以N计）/（毫克/升）	≤30

② 水源选择　水源的水量充足，能满足牧场人、畜生活和生产、消防、灌溉及今后发展用水的需要；水质良好；取用方便；水源周围环境条件好，便于进行卫生防护。

（4）其他方面　鸭场是污染源，也容易受到污染。鸭场生产产品的同时，也需要大量的饲料，所以，选择的鸭场场地要兼顾交通和隔离防疫，既要便于交通，又要便于隔离防疫。中小型鸭场要距村庄或居民点200～500米的距离。要远离屠宰场、畜产品加工场、兽医院、医院、造纸厂、化工厂等污染源，远离噪声大的工矿企业，远离其他养殖企业。鸭场要有充足稳定的电源，周边环境要安全。

2. 合理的规划布局

鸭场的规划布局就是根据拟建场地的环境条件，科学确定各区的位置，合理地确定各类房舍、道路、供排水和供电等管线、绿化带等的相对位置及场内防疫卫生的安排。场址选定以后，要进行合理的规划布局。因鸭场的性质、规模不同，建筑物的种类和数量亦不同，鸭场的规划布局也不同。只有合理地规划布局，才能经济有效地发挥各类建筑物的作用，有利于隔离卫生，减少疫病的发生。

（1）分区规划　鸭场通常根据生产功能，分为生产区、管理区或生活区和隔离区等。分区规划要考虑主导风向和地势要求。鸭场的分区规划见图4-1。

① 生活管理区　生活管理区与社会联系密切，易造成疫病的传播和流行，该区的位置应靠近大门，并与生产区分开，外来人员只能在

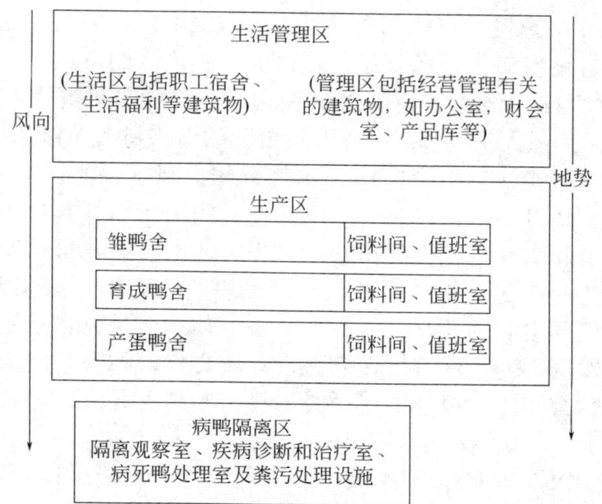

图 4-1　鸭场的分区规划模式图

管理区活动，不得进入生产区。场外运输车辆不能进入生产区。车棚、车库均应设在管理区，饲料库设在管理区和生产区之间，位置稍高，干燥通风。职工生活区设在上风向和地势较高处，以免鸭场产生的不良气味、噪声、粪尿及污水，不致因风向和地面径流污染生活环境和造成人、畜疾病的传染。

② 生产区　生产区是鸭生活和生产的场所，该区的主要建筑为各种畜舍、生产辅助建筑物。生产区分区规划应注意如下几点。一是生产区应位于全场中心地带，地势应低于管理区，并在其下风向，但要高于病畜管理区，并在其上风向。二是生产区内饲养着雏鸭、育成鸭和产蛋鸭等不同日龄段的鸭群，因为鸭的日龄不同，其生理特点、环境要求和抗病力不同，所以在生产区内，要分小区规划，育雏区、育成区和产蛋区严格分开，并加以隔离，日龄小的鸭群放在安全地带（上风向、地势高的地方）。在河道旁建场，育雏鸭舍和育成鸭舍常建在河道的上游，蛋鸭舍在其后。大型鸭场则可以专门设置育雏场、育成场（三段制）或育雏育成场（二段制）和成年鸭场，隔离效果更好，疾病发生机会更小。三是种鸭场、孵化场和商品鸭场应分开，相距500米以上。

③ 病畜隔离区　病鸭隔离区是主要用来治疗、隔离和处理病鸭的场所。为防止疫病传播和蔓延，该区应在生产区的下风向，并在地势最低处，而且应远离生产区。隔离鸭舍应尽可能与外界隔绝。该区四周应有自然的或人工的隔离屏障，设单独的道路与出入口。

（2）鸭舍距　离鸭舍间距影响鸭舍的通风、采光、卫生、防火。鸭舍之间距离过小，通风时，上风向鸭舍的污浊空气容易进入下风向鸭舍内，引起病原在鸭舍间传播；采光时，南边的建筑物遮挡北边建筑物；发生火灾时，很容易秧及全场的鸭舍及鸭群；如果鸭舍密集，场区的空气环境容易恶化，微粒、有害气体和微生物含量过高，容易引起鸭群发病。为了保持场区和鸭舍环境良好，鸭舍之间应保持适宜的距离。鸭舍间距如果能满足防疫、排污和防火要求，一般也可以满足其他要求。

① 通风要求　鸭舍间距大小，下风向鸭舍不能进行有效的通风，上风向鸭舍排出的污浊气体易进入下风向鸭舍。鸭舍借通风系统经常排出污秽气体和水汽，这些气体和水汽中夹杂着饲料粉尘和微粒，如某栋鸭舍中的鸭群发生了疫情，病原菌常常通过排出的微粒而被携带出来，威胁着相邻的鸭群。为此，从通风要求确定鸭舍间距时，应大于最为不利时的间距所需的数值，即当风向与鸭舍长轴垂直的背风面涡旋范围最大的间距。试验结果表明，若鸭舍高度为 H，开放型鸭舍间距应为 $5H$，当主导风向入射角为30°～60°时，鸭舍间距缩小到 $3H$。对于密闭鸭舍，由于现在鸭舍的通风换气多采用纵向通风，影响不大，$3H$ 的间距足可满足防疫要求。

② 排污要求　鸭舍间距的大小，也影响排除各栋鸭舍排于场区的鸭体代谢和粪污发酵腐败所产生的气体、粉尘和毛屑等有毒有害物质。合理地组织场区通风，使鸭舍长轴与主导风向形成一定的角度，可以以较小的鸭舍间距达到排污较好的效果，提高土地利用率。如使鸭舍长轴与主导风向所夹角为30°～60°，用 $3H$～$5H$ 的鸭舍间距，就可达到排污的要求。

③ 防火要求　消除隐患，防止事故发生是安全生产的保证。鸭场的防火问题，除了确定建筑材料抗燃性能以外，建筑物的防火间距也是一项主要防火措施，一般 $2H$～$3H$ 的鸭舍间距在满足防疫要求的同时，也满足了防火的要求。

一般开放舍间距为20～30米，密闭舍间距15～20米较为适宜。目前我国许多鸭场和专业户的鸭舍间距过小（3～10米），已直接影响到鸭群的健康和生产性能的发挥。

（3）鸭舍朝向　鸭舍朝向是指鸭舍长轴与地球经线是水平的还是垂直的。鸭舍朝向影响到鸭舍的采光、通风和太阳辐射。朝向选择应考虑当地的主导风向、地理位置、鸭舍采光和通风排污等情况。鸭舍内的通风效果与气流的均匀性和通风量的大小有关，但主要看进入舍内的风向角多大。风向与鸭舍纵轴方向垂直，则进入舍内的是穿堂风，有利于夏季的通风换气和防暑降温，不利于冬季的保温；风向与鸭舍纵轴方向平行，风不能进入舍内，通风效果差。我国大部分地区采用东西走向或南偏东或西15°左右是较为适宜的。这样的朝向，在冬季可以充分利用太阳辐射的温热效应和射入舍内的阳光防寒保温；夏季辐射面积较少，阳光不易直射舍内，有利于鸭舍防暑降温。

（4）道路和储粪场

① 道路　鸭场设置清洁道和污染道，清洁道供饲养管理人员、清洁的设备用具、饲料和新母鸭等使用，污染道供清粪、污浊的设备用具、病死和淘汰鸭使用。清洁道和污染道不交叉。

② 储粪场　鸭场设置粪尿处理区。粪场可设置在多列鸭舍的中间，靠近道路，有利于粪便的清理和运输。储粪场（池）设置在生产区的下风处，与住宅、鸭舍之间保持有一定的卫生间距（距鸭舍30～50米），并应便于运往农田或其他处理场地。储粪池的深度以不受地下水浸渍为宜，底部应较结实，储粪场和污水池要进行防渗处理，以防粪液渗漏流失污染水源和土壤。储粪场底部应有坡度，使粪水可流向一侧或集液井，以便取用。储粪池的大小应根据每天牧场家畜排粪量多少及储藏时间长短而定。

（5）运动场　陆上运动场是鸭子吃食、梳理羽毛和昼间小憩的场所，其面积应大于鸭舍面积。由于鸭脚短，不平的地面常使其跌倒碰伤，不利于鸭群活动。因此，要求陆上运动场地面平整，略向水面倾斜，不允许坑坑洼洼，以免蓄积污水。陆上运动场起码应三合土夯实。在运动场和水面连接的倾斜处，要用水泥沙石砌好，以防水浪冲击后，泥土塌陷；斜坡要倾斜25°～30°，且延伸到枯水期的最低水位线以下。养鸭前必须修得坚固、平整。有条件和资金充足的养鸭场，最好

将整个鸭滩用水泥沙石抹上，这样既坚固，又方便冲洗鸭粪。

水上运动场是鸭子玩耍嬉戏、繁殖交尾、捕食鱼虾的场所。通常水上运动场的面积应大于陆上运动场。一般每100只鸭需要的水上运动场面积为10～40米^2，有条件的地方要尽可能围大一些。通常鸭舍和运动场是根据鸭子的分群而用围栏隔成一块一块的。围栏高度根据需要而定，陆上运动场围栏高度为50～60厘米。水上围栏高度应超过最高水位50厘米，深入水下1米以上；也可做成活动围栏，围栏高1.5～2米，绑在固定的桩上，视水位高低灵活升降，保持水上50厘米，水下100～150厘米。若用于育种或饲养试验的鸭舍，围栏应深入水底，以免串群（鸭旱养也可以不设水上运动场）。

（6）绿化　绿化可以明显改善鸭场的温热、湿度和气流等状况。夏季，良好的绿化能够降低环境温度。一是植物的叶面面积较大，如草地上草叶面积大约是草地面积的25～35倍，树林的树叶面积是树林的种植面积的75倍，这些比绿化面积大几十倍的叶面面积通过蒸腾作用和光合作用可吸收大量的太阳辐射热，从而显著降低空气温度。二是植物的根部能保持大量的水分，也可从地面吸收大量热能。三是绿化可以遮阳，减少太阳的辐射热。茂盛的树木能挡住50%～90%的太阳辐射热，草地上的草可挡住80%的太阳光。在畜舍的西侧和南侧搭架种植爬蔓植物，使在南墙窗口和屋顶上形成绿荫棚，可以挡住阳光进入舍内。一般绿地夏季气温比非绿地低3～5℃，草地的地温比空旷裸露地表温度低得多；冬季，绿地的平均温度及最高温度均比没有绿化的低，但最低温度较高，降低了冬季严寒时的温度日较差，昼夜气温变化小。另外，绿化林带对风速有明显的减弱作用，气流在穿过树木时因被阻截、摩擦和过筛等作用，被分成许多小涡流，这些小涡流方向不一，彼此摩擦可消耗气流的能量，故可降低风速，冬季能降低风速20%，其他季节可达50%～80%，场区北侧的绿化可以降低寒风的风力，减少寒风的侵袭，这些都有利于鸭场温热环境的稳定。绿化可以增加空气的湿度，绿化区风速小，空气的乱流交换较弱，土壤和植物蒸发的水分不易扩散，空气中的绝对湿度普遍高于未绿化地区，由于绝对湿度大，平均气温低，因而相对湿度高于未绿化地区10%～20%，甚至可达30%。

绿化可以改善场区和鸭舍的空气环境，如减少空气中的有害气体

和微粒含量。绿色植物等由于进行光合作用，可吸收大量的二氧化碳，同时又放出氧气，如每公顷阔叶林，在生长季节，每天可以吸收约 1000 千克的二氧化碳，生产约 730 千克的氧。许多植物如玉米、大豆、棉花或向日葵等能从大气中吸收氨而促其生长，这些被吸收的氨，占生长中的植物所需总氮量的 10% ～ 20%，可以有效地降低大气中的氨浓度，减少对植物的施肥量。有些植物尚能吸收空气中的二氧化硫、氟化氢等，这些都可使空气中的有害气体大量减少，使场区和畜舍的空气新鲜洁净。植物叶子表面粗糙不平，多绒毛，有些植物的叶子还能分泌油脂或黏液，能滞留或吸附空气中大量的微粒。当含微粒量很大的气流通过林带时，由于风速的降低，可使较大的微粒下降，其余的粉尘和飘尘可为树木的枝叶滞留或被黏液物质及树脂吸附，使大气中的微粒量减少，使细菌因失去附着物也相应减少。在夏季，空气穿过林带，微粒量下降 35.2% ～ 66.5%，微生物减少 21.7% ～ 79.3%。树木总叶面积大，吸滞烟尘的能力很大，好像是空气的天然滤尘器；草地除可吸附空气中的微粒外，还能固定地面的尘土，不使飞扬。同时，某些植物的花和叶能分泌一种芳香物质，可杀死细菌和真菌等。含有大肠杆菌的污水经 30 ～ 40 米的林带流过，细菌数量可减少为原有的 1/18。

（7）配套隔离设施　没有良好的隔离设施就难以保证有效的隔离，设置隔离设施会加大投入，但减少疾病发生带来的收益将是长期的，要远远超过投入。隔离设施主要有以下几种。

① 隔离墙（或防疫沟）　鸭场周围（尤其是生产区周围）要设置隔离墙，墙体严实，高度 2.5 ～ 3 米，也可沿场界周围挖深 1.7 米、宽 2 米的防疫沟，沟底和两壁硬化并放上水，沟内侧设置 15 ～ 18 米的铁丝网，避免闲杂人员和其他动物随便进入鸭场。

② 消毒池和消毒室　鸭场大门设置消毒室（或淋浴消毒室）和车辆消毒池，供进入人员、设备和用具的消毒。生产区中每栋建筑物门前要有消毒池。可以在与生产区围墙同一平行线上建蛋盘、蛋箱和鸭笼消毒池。

③ 独立的供水系统　有条件的鸭场要自建水井或水塔，用管道接送到鸭舍，保证鸭的饮水清洁卫生。

④ 场内的排水设施　完善的排水系统可以保证鸭场场地干燥，及

时排除雨水及鸭场的生活、生产污水。否则，会造成场地泥泞及可能引起沼泽化，影响鸭场小气候、建筑物寿命，给鸭场管理工作带来困难。

场内排水系统多设置在各种道路的两旁及鸭舍的四周，利用鸭场场地的倾斜度，使雨水及污水流入沟中，排到指定地点进行处理。排水沟分明沟和暗沟。明沟夏天臭气明显，容易清理，明沟不应过深（<30 厘米）。暗沟可以减少臭气对鸭场环境的污染。暗沟可用砖砌或利用水泥管，其宽度、深度可根据场地地势及排水量而定。如暗沟过长，则应设沉淀井，以免污物淤塞，影响排水。此外，应深达冻土层以下，以免受冻而阻塞。

（二）鸭舍的设计

鸭舍是鸭生存和生产的场所，鸭舍的设计和建筑是否科学，舍内设施是否配套直接决定着蛋鸭生活环境的优劣，从而影响着鸭健康和生产性能的发挥。鸭舍设计首先根据饲养方式和设备、笼具排列形式确定鸭舍规格，然后进行保温隔热设计、通风设计、采光设计等，设计墙体、屋顶，确定窗户、进排气口以及风机和光照系统的安装位置，最后绘制鸭舍的平面图、立面图和剖面图，即可进行施工建设。

1. 鸭舍的类型

鸭舍类型主要分为放养鸭舍和圈养鸭舍。放养鸭舍由鸭棚、鸭滩、水围等几部分组成。圈养鸭舍可分为育雏鸭舍、育成鸭舍、产蛋鸭舍、肉鸭舍和种鸭舍等。

（1）放养鸭舍　放养鸭舍分临时性简易鸭舍和长期性固定鸭舍两大类。我国东南各省的广大农村多在河塘边建造临时性简易放养鸭舍，这种简易棚舍投资省，建造快，经济实惠，保温隔热性能好，尤其是用草做屋顶，冬暖夏凉。草帘墙壁，夏天可卸下，通风凉爽；冬天可排得厚些密些，甚至可在草帘上抹泥以起到保温作用。而大规模的集约化饲养大都采用固定鸭舍。生产者可根据自己的条件和当地的资源情况选择一种合适的鸭舍。完整的放养鸭舍通常由鸭舍、鸭滩（陆上运动场）、水围（水上运动场）三个部分组成。

① 鸭舍　最基本的要求是遮阳防晒、阻风挡雨、防寒保温和防止

兽害。商品蛋鸭舍每间的深度 8 ～ 10 米，宽度 7 ～ 8 米，近似于方形，便于鸭群在舍内转圈活动，绝对不能把鸭舍分隔成狭窄的长方形，否则鸭子进舍转圈时，极容易踩踏致伤。通常养 1000 ～ 2000 只规模的小型鸭场，都是建 2 ～ 4 间鸭舍（每间养 500 只左右），然后再在边上建 3 个小间，作为仓库、饲料室和管理人员宿舍。

由于鸭的品种、日龄及各地气候不同，对鸭舍面积的要求也不一样。因此，在建造鸭舍计算建筑面积时，要留有余地，适当放宽计划；但在使用鸭舍时，要周密计划，充分利用建筑面积，提高鸭舍的利用率。使用鸭舍的原则是单位面积内，冬季可提高饲养密度，适当多养些，反之，夏季要少养些；大面积的鸭舍，饲养密度适当大些，小面积的鸭舍，饲养密度适当小些；运动场大的鸭舍，饲养密度可以大一些，运动场小的鸭舍，饲养密度应当小一些。

② 鸭滩　又称陆上运动场，一端紧连鸭舍，一端直通水面，可为鸭群提供采食、梳理羽毛和休息的场所，其面积应超过鸭舍 1 倍以上。鸭滩略向水面倾斜，以利于排水；鸭滩的地面以水泥地为好，也可以是夯实的泥地，但必须平整，不允许坑坑洼洼，以免蓄积污水。有的鸭场把喂鸭后剩下的贝壳、螺蛳壳平铺在泥地的鸭滩上，这样，即使在大雨以后，鸭滩也不会积水，仍可保持干燥清洁。鸭滩连接水面之处，做成一个倾斜的小坡，此处是鸭群入水和上岸的必经之地，使用率极高，而且还要受到水浪的冲击，很容易坍塌凹陷，必须用块石砌好，浇上水泥，把坡面修得很平整坚固，并且深入水中（最好在水位最低的枯水期内修建坡面），使鸭群上下水很方便。此处不能为了省钱而草率修建，否则把鸭养上以后，会造成凹凸不平现象，招致伤残事故不断，造成重大经济损失。

鸭滩上种植落叶的乔木或落叶的果树（如葡萄等），并用水泥砌成 1 米高的围栏，以免鸭子入内啄伤幼树的枝叶，同时防止浓度很高的鸭粪肥水渗入树的根部致使树木死亡。在鸭滩上植树，不仅能美化环境，而且还能充分利用鸭滩的土地和剩余的肥料，促进树木和水果丰收，增加经济收入，还可以在盛夏季节遮阳降温，使鸭舍和运动场的小环境温度比没有种树的地方下降 3 ～ 5℃，一举多得，生产者对此要高度重视。

③ 水围　即水上运动场，就是鸭洗澡、嬉耍的运动场所。其面积

不少于鸭滩，考虑到枯水季节水面要缩小，如条件许可，可把水围扩大些，以有利于鸭群运动。

在鸭舍、鸭滩、水围这三部分的连接处，均需用围栏把它围成一体，使每一单间都自成一个独立体系，以防鸭互相走乱混杂。围栏在陆地上的高度为60～80厘米，水上围栏的上沿高度应超过最高水位50厘米，下沿最好深入河底，或低于最低水位50厘米。

（2）圈养鸭舍　圈养鸭舍可分为育雏鸭舍、育成鸭舍和种鸭舍三种类型。

① 育雏鸭舍　雏鸭可以采用网上饲养、地面平养和笼养等饲养方式。

a. 网养雏鸭舍。可采用双列单走道鸭舍，其跨度在8米左右，走道设在中间，宽1米左右，走道两侧至南北墙各设架空的金属网或漏缝竹木条地板作为鸭床，网眼或板条缝隙的宽度在13毫米左右。现推广使用塑质杈条或增塑网作床底，可保护鸭腿趾部。鸭舍一般使用水泥地面，也可在网架下的地面上建粪尿沟，雏鸭的排泄物可直接漏在沟内，然后通过机械或人工清理（过去用水冲刷清理，但产生的污水量较大）。由于雏鸭全程都在网上饲养，卫生条件好，干燥，节约垫草，保温性能、防鼠害能力、通风采光等条件比较理想，但投资费用较大。网养雏鸭舍如图4-2所示。

b. 地面平养育雏舍。一般采用有窗式单列带走道的鸭舍。鸭舍跨度8米左右，舍内隔成若干小区，北墙边设置1米宽的走道，设置运动场的鸭舍南侧墙壁开通向运动场的门，运动场和水浴池设在场外。靠走道一侧建一条排水沟，沟上盖铁丝网，网上放饮水器，雏鸭饮水时溅出的水通过铁丝网漏到沟中，再排出舍外。走道与雏鸭区用栅栏隔开。图4-3所示为双列式育雏鸭舍剖面图。

c. 笼养雏鸭舍。要求保温与通风良好。比较先进的笼养方式就是采用层叠式或半阶梯式金属笼饲养雏鸭，也有采用竹木制作的简易单层或双层笼饲养雏鸭的。笼组的布局多采用中间两排或南北各一排。饲料槽置笼外，另一侧置常流水饮水器。笼养育雏的好处与网养一样，而且比网养更能经济地利用房舍和设备，但投资大。

② 育成鸭舍　一般育成鸭阶段已不需要供温，鸭舍的建筑要求不像雏鸭舍那样严格。现多数建成双列式单走道地面平养鸭舍，地面要

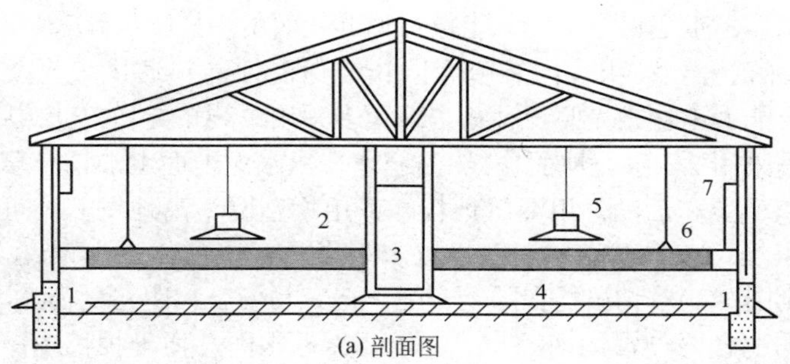

图 4-2　网养雏鸭舍的平面和剖面图

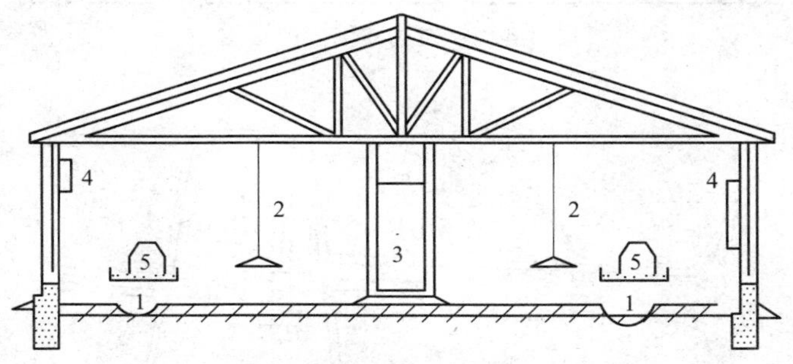

图 4-3　双列式育雏鸭舍剖面图

1—排水沟；2—保温灯；3—走道；4—窗户；5—饮水器

有一定的坡度，在较低的一边挖一条排水沟，沟上覆盖铁丝网，网上设置饮水器。走道设在中间，走道与鸭群之间用围栏隔离开来。

③ 种鸭舍　种鸭舍同雏鸭舍一样，保温性能、通风采光要求较高，还要能人工补充光照。种鸭舍现大多采用单列单走道封闭式鸭舍，舍内地面采用 2/3 水泥地面、1/3 漏缝地板。水泥地面上加铺垫草，有利于种鸭产蛋和活动；用漏缝地板（或用增塑网）离地饲养，可保持鸭舍内干燥。鸭舍在靠墙一面设置产蛋巢，高和宽各 28 厘米，深 35 厘米（见图 4-4）。鸭虽能在陆上交配，但容易使公鸭阴茎受伤，因此，有条件的鸭舍要设置运动场，运动场要靠近水面，便于种鸭洗澡和交配，如无天然的河流或池塘，也可挖人工水池，池深 0.5 ～ 0.8 米，池宽 2 ～ 3 米，用砖或石块砌壁，水泥抹面，不能漏水。在水浴池和下水道连接处设置一个沉淀井（见图 4-5），在排水时可将泥沙、粪便等沉淀下来，免得堵塞排水道。

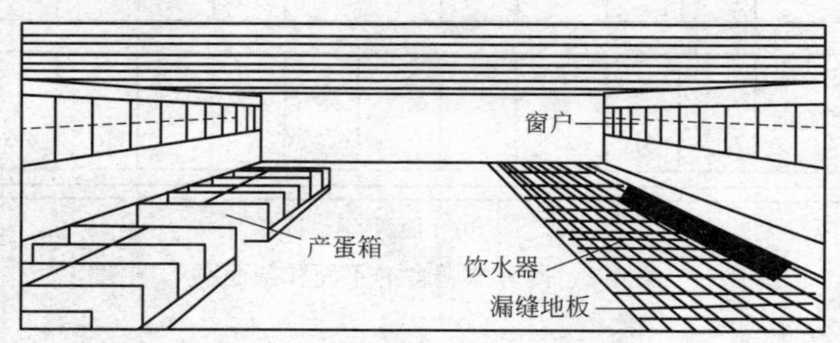

图 4-4　单列式种鸭舍内景图

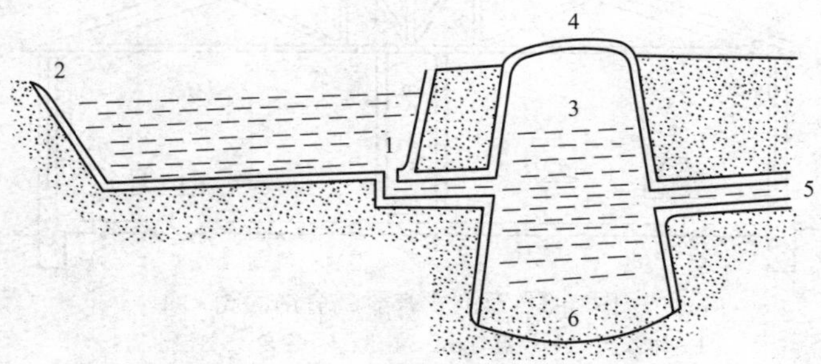

图 4-5　洗浴池排水系统结构图（纵剖图）

1—洗浴池排水口；2—池壁；3—沉淀井；4—井盖；5—下水道；6—沉淀物

2. 鸭舍的结构

鸭舍是由各部分组成的，包括基础、屋顶及顶棚、墙、地面及门窗等（其中屋顶和外墙组成鸭舍的外壳，将鸭舍的空间与外部隔开，屋顶和外墙称为外围护结构）。鸭舍的结构不仅影响鸭舍内环境的控制，而且影响鸭舍的牢固性和利用年限。

3. 鸭舍的内部设计

鸭舍的内部工程设计直接影响鸭群的生产性能发挥、饲养管理的便利和产品质量的提高。鸭舍的内部工程主要有如下方面。

（1）鸭舍内表面　鸭舍内部墙面、走道平面、粪沟表面要力求平整，不留各种死角，以减少细菌的残留为原则。粪沟和过道地面采用10厘米混凝土垫层，水泥砂浆抹面，应坚实、平坦，利于防疫，墙面批白水泥。

（2）清粪　粪便是鸭舍的主要废弃物，如果清理不及时或处理不当，会严重污染舍内空气、水源和环境。所以，鸭舍的粪便清理工程是保持舍内环境卫生的一个重要部分。清粪设计应从方便、减少舍内有害气体和防疫三个角度出发。清粪方式有机械清粪和人工清粪。

（3）笼栏具　鸭场的饲养方式不同，需要的笼栏具也不同。鸭场的饲养方式主要有地面平养、网上平养和笼养。网上平养需要网具，网具一般有竹排（竹竿）网、木制网、钢编、钢板网等。网具的配置应根据饲养的数量和饲养密度来合理安排，防止饲养密度过大。笼养需要安装笼具。笼养鸭的比例很低，育雏期间使用较多，蛋鸭笼养仍处于试验阶段。

（4）采暖设计　注重鸭舍的保温隔热设计，成鸭舍不需要采暖就可以维持适宜的温度，但雏鸭由于适应环境温度能力差，不采暖难以保证其需要的适宜温度，所以雏鸭舍和肉鸭舍需要安装采暖设备。采暖设备多种多样，有集中采暖设备，如热风、水暖，也有局部采暖设备，如红外线灯、火炉、保姆伞等。设计供暖装置时应确保鸭舍各处的受热温度均匀一致；水暖时，为使散热均匀，散热片应均匀分布在鸭舍侧墙或安装在鸭舍走道下面，每组的片数不宜过多。

（5）饮水　育雏期使用真空式饮水器（前2周），育成鸭和蛋鸭使用乳头式自动饮水器。上水处需要安装过滤器，机头安装减压阀或水箱，确保水管水有一定压力。

（6）降温　通过设计降温系统以确保鸭舍夏季温度不能超过30℃。开放式鸭舍，采用喷雾降温设备；密闭式鸭舍，可采用湿帘风机负压通风降温系统，该系统是目前最成熟的蒸发降温系统。

4. 鸭舍的保温隔热设计

（1）墙体的设计　设计墙体要考虑其保温隔热意义，特别是雏鸭舍，需要较高温度，如果墙体保温隔热性能不良，会影响舍内温度的维持和稳定。

① 墙体的厚度　东北、西北地区成年鸭舍采用24厘米墙体加5厘米的保温层，雏鸭舍和肉鸭舍采用24厘米墙体加10厘米的保温层；其他地区成鸭舍采用24厘米墙体，雏鸭舍和肉鸭舍采用37厘米墙体或24厘米墙体加5厘米的保温层。

② 墙体高度　北方寒冷地区，为利于保温和节省材料，墙体高度一般为2米左右；南方温暖地区一般为2.5～2.8米。如果网养或笼养，要高出走道2～2.2米，否则饲养管理人员工作时容易碰头。

③ 过梁或圈梁　过梁是设在门窗洞口上的构件，起承受门窗洞口以上重量的作用。圈梁一般设在墙体顶部，采用钢筋砖混凝土结构，高度为25～30厘米；宽度与墙体保持一致。

（2）屋顶设计　屋顶对于舍内小气候的维持和稳定具有更加重要的意义。一方面屋顶面积大于墙体，单位时间屋顶散失或吸收的热量多于墙体；另一方面屋顶的内外表面温差大，热量容易散失和吸收，夏季的遮阳作用显著。如果屋顶设计不良，会影响舍内温热环境的稳定和控制。在设计、结构和选材上要保证达到一定热阻值。屋顶的材料和结构对鸭舍的保温隔热效果影响最大，是鸭舍建造中应该受到高度重视的一个方面。可以采用复合结构增加屋顶的隔热性能。

5. 鸭舍的通风设计

鸭舍的通风换气设计是鸭舍设计的一个重要内容，也是环境控制的一个重要手段。通风是指气温高时，加大气流流动，使动物体感到舒适，以缓和高温对畜禽的不良影响；换气是指在密闭舍内，引进舍外的新鲜空气，排出舍内的污浊气体（水气、有害气体、尘埃和微生

物等），以改善舍内空气环境。

（1）自然通风设计　自然通风分无管道通风和有管道通风。前者经开着的门窗进行，适应于温暖地区或温暖季节；后者适用于寒冷季节的封闭舍。自然通风的动力是风压和热压。风压是指大气流动时，作用于建筑物表面的一个压力。当风吹向建筑物时，迎风面形成正压，背风面形成负压，气流从正压流入，由负压流出，形成自然通风。热压是当舍内不同部位的空气因温热不匀而发生相对密度差异时，即当舍外温度较低的空气进入舍内，遇到由鸭体放散的热量或其他热源，受热变轻而上升，于是在舍内进屋顶天棚处形成较高的压力区，而由屋顶的通气口或空隙排出，舍内下部空气稀薄，舍外较冷的空气不断入内，如此反复形成自然通风。

（2）机械通风设计　机械通风的动力是电动风机，蛋鸭舍常用的风机是轴流式风机。机械通风方式主要有正压通风和负压通风。正压通风是通过风机将舍外的新鲜空气强制输入舍内，使舍内气压增高，舍内污浊空气经风口或风管自然排出的换气方式。当鸭舍不能封闭时可采用。负压通风是通过风机抽出舍内空气，造成舍内空气气压小于舍外，舍外空气通过进气口或进气管流入舍内的换气方式。

根据风机安装位置，负压通风又可分为横向通风和纵向通风。纵向通风与横向通风比较有以下优点。一是风速提高，平均风速比横向通风风速提高 5 倍以上，纵向通风的气流断面（畜舍净宽）仅为横向通风（畜舍长度）的 1/5 ～ 1/10。二是气流分布均匀，无死角。三是节能，风机数量少，总功率低，运行费用低。四是场区小气候环境好，可提高生产性能。所以，目前生产中多采用纵向负压通风。

6. 鸭舍的光照设计

开放式鸭舍采用自然光照与人工补光相结合的方式，密闭式鸭舍采用人工照明。光照系统的设计方法两种类型鸭舍完全相同。如果安装光照控制器，可基本实现光照自动化。

（1）自然光照设计　自然采光是指太阳光通过鸭舍的开露部分进入舍内达到照明的目的。自然采光取决于窗户的面积，窗户面积越大进入舍内的光线越多。但采光面积要兼顾通风、光照、保温隔热因素合理确定。采光系数是衡量与设计鸭舍采光的一个重要指标，是指窗

户的有效面积与鸭舍地面面积之比，即 1 ：X。蛋鸭舍的采光系数为 1 ：（8 ～ 10）；雏鸭舍的采光系数为 1 ：（10 ～ 15）。

（2）人工照明系统设计

① 计算鸭舍光照需要的总光通量。

$$总光通量=\frac{光照强度（勒克斯/米^2）\times 地板面积（米^2）}{利用系数 \times 维持系数}$$

注：利用系数是表示光源发射的光线与畜禽接收光线的比例系数，它受到舍内建设及安装结构与清洁度影响。未粉刷、无天花板、无罩光照系统利用系数为 0.25，粉刷的、清洁有反光照罩的为 0.60，一般清洁和反光罩为 0.5 左右。维持系数是指光照设备清洁和能否正常使用等，常在 0.5 ～ 0.7 范围内。

如一个面积 100 米 ^{2} 的种鸭舍，光照强度 8 勒克斯。安装带罩的白炽灯光源，利用系数 0.5，维持系数 0.7，代入上式，则：总光通量 =2285.76（流明）。

② 灯泡规格和数量确定　根据鸭舍的实际情况确定光源的种类和规格，再据不同光源的发光量（表 4-4）计算光源的数量。

表 4-4　不同规格光源的发光量

项目	15 瓦	25 瓦	40 瓦	50 瓦	60 瓦	100 瓦
白炽灯 / 流明	125	225	430	655	810	1600
荧光灯 / 流明	500 ～ 700	800 ～ 100	2000 ～ 2500			

为了保证鸭舍光照均匀，可以适当增加光源的数量，降低光源的规格（功率）。上例中如果选用 40 瓦白炽灯，其发光量为 430 流明，需要的灯泡数量 = 总光通量 / 每个灯泡的光通量 =2285.76/430=5.3 只≈ 6 只。

③ 光照系统的安装和管理　灯的高度直接影响到地面的光照强度。一般安装高度为 1.8 ～ 2.4 米；光源分布均匀，数量多的小功率光源比数量少的大功率光源有利于光线均匀。光源功率一般在 40 ～ 60 瓦之间较好（荧光灯在 15 ～ 25 瓦之间）。灯间距为其高度的 1.5 倍，距墙的距离为灯间距的一半，灯泡不应使用软线。如是笼养，应在每条走道上方安置一列光源。灯罩可以使光照强度增加 50%，应选择伞

形或蝶形灯罩。

（三）配备必要的设备

养鸭设备种类繁多，可根据不同饲养方式和机械化程度，选用不同的设备。

1. 饲养用具

（1）鸭篮（鸭篓）　鸭篮用毛竹竹篾编制而成，为圆形，直径70～80厘米，边高25～30厘米［图4-6（a)］，可用于装运雏鸭，也可用于饲养蛋鸭。育雏时供小鸭睡眠之用和点水之用（将小鸭关在鸭篮内，将其浸在水中，供其活动片刻，这种方法南方的鸭农称为“点水”），1000只蛋用雏鸭需要35～40个鸭篮。

（2）栈条（围条）　栈条长方形，长15～20米，高0.6～0.7米，用毛竹篾编织而成，用于围鸭［图4-6（b)］。鸭子大多群养，抓鸭时群体过大，极易造成应激，一般用围条围成若干小群。1000只雏鸭需要围条4～5张。

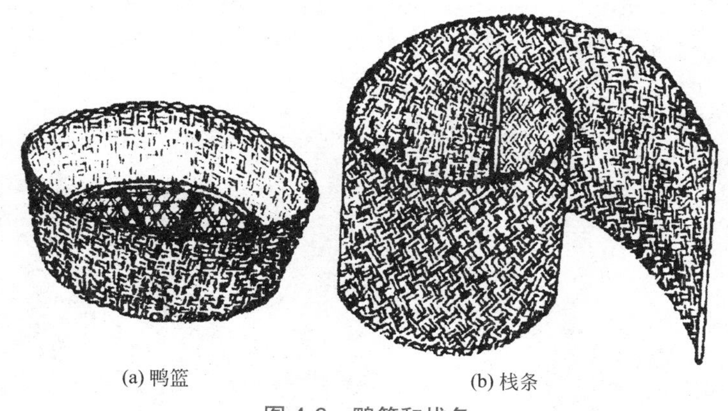

(a) 鸭篮　　(b) 栈条

图4-6　鸭篮和栈条

（3）喂料工具　喂料工具式样很多，最简单的如塑料布，用于饲喂雏鸭，也可使用竹席、草席代替，1000只雏鸭需要6～7张席子。较大的鸭子可使用食盆，食盆便于清洗、消毒和搬动，1000只成年鸭需15～20只食盆。

用于饲养育成鸭的喂料器，用铝皮制成，分料盘和贮料桶两部分（图 4-7）。一般料筒高 40 厘米，直径 30 厘米；料盘底部直径 40 厘米，边高 3 厘米。这种喂料器能存放较多饲料，并且可以一边采食一边自动下料。每 50 只鸭子需 1 个喂料器。

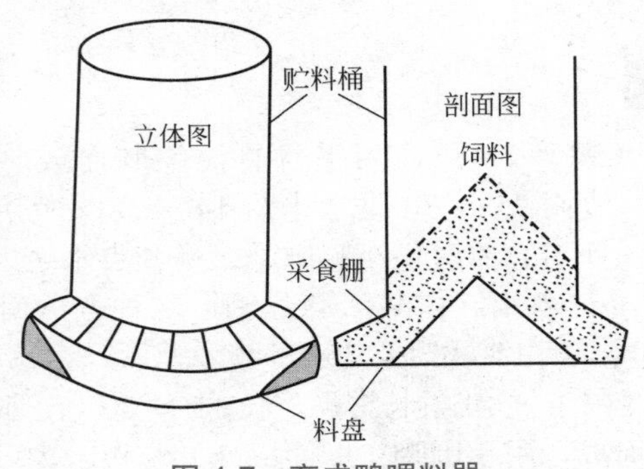

图 4-7　育成鸭喂料器

用于饲养种鸭的喂料箱，用木板制成，长 1.5～2 米，像一间小屋，上有盖，下有槽，四周有壁（图 4-8）。这种喂料箱可常备饲料，节省人工，鸭子采食均匀，尤其适合于喂颗粒饲料。如喂用粉料，必须十分干燥，也不能粉碎过细，以免受潮后结块，降低品质，影响下料。

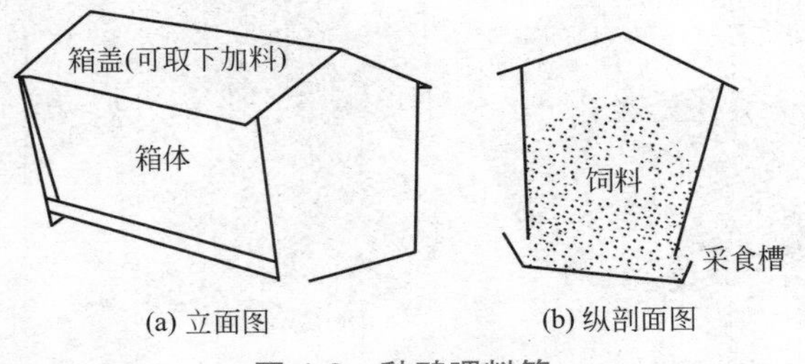

图 4-8　种鸭喂料箱

竹匾，呈圆形，直径 1 米左右，外缘边高 5 厘米，用毛竹篾编制而成。竹匾主要用作衬垫，把它垫在食盆下面，盛接鸭子在采食时甩出来的料，尤其是喂粉料时甩出的料更多，浪费更大，必须加垫竹匾（或塑料布），可节约 5%～10% 的饲料。竹匾也可以直接用来喂料。

（4）饮水工具　养鸭用的饮水器的式样很多，最常见的是塔式真

空饮水器（图 4-9）。有塑料的，已成规格化的产品；也有用铁皮或铝合金制作的；还有用旧的广口瓶改制的，将瓶口敲几个小的缺口，装满水后用盘子盖住瓶口，再倒转过来覆于盘子上，水就从缺口处源源不断地流出来，当水位淹没瓶口时，瓶内的水便停止流出。这种饮水器轻便实用，容易清洗，比较干净，适用于平养的鸭。

成年鸭的饮水器，可以用无毒的塑料盆或陶钵，也可以用小水缸（斜放）。但必须注意，用口径较大的盆式饮水器时，必须在盆上扣盖罩子（用竹条或粗铁丝制成，图 4-9），以防鸭子在饮水时窜入盆中洗澡。

(a) 广口瓶和碟子

(b) 铁皮饮水器

(c) 陶钵加竹圈

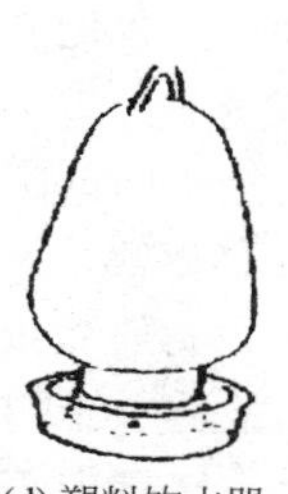

(d) 塑料饮水器

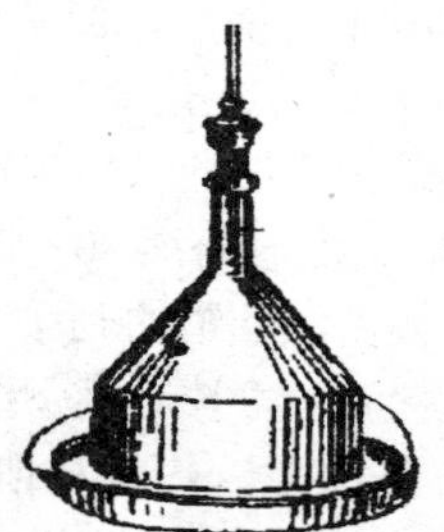

(e) 吊塔式饮水器

图 4-9　各种不同式样的饮水器

2. 孵化机具

我国传统的孵化工具按孵化方式有土缸、摊床、火炕、电褥、普通木桶、平箱等；电孵化机具按结构形式分为平面与立体两种类型，平面孵化器有单层和多层之分，立体孵化器又可分为箱式孵化器和房式孵化器。

3. 加温设备

养鸭场里，育雏过程中，需要较高而稳定的室温环境，因此需要

配备加温设备，通常采用的加温方法有火炕（火墙、烟道）加温、红外线灯泡加温、煤炉加温和电热育雏伞加温。

（1）火炕（火墙、烟道）加温　火炕加温是家庭养禽常用的加温方法。火炕的结构与北方农村中人们睡的土炕一样，把炕直接建在育雏室内。炉灶的火口设在育雏室北端的墙外，一个炕设一个烧火口。火炕的大小一般是6～8米^2（4.5米×1.6米），可饲养初生雏鸭200～250只。根据育雏室大小，可以每间建1炕，也可以一间屋建两炕（走道在中间），烟囱建在另一端的墙上，烟囱要高出屋顶，使烟畅通。火炕一般用干燥的土坯砌成，利于吸热和保温。火炕在靠近烧火口的一端设置保温棚，棚高40～50厘米，用竹竿或木杆做架，上盖麻袋或帆布，棚下温度较高，可供初生雏鸭休息，待雏鸭稍大后，根据需要，选择合适的温度，自由进出。保温棚下挂一两盏15瓦的电灯照明，并在离炕面5厘米处挂1支温度计，随时观察温度情况。一般火炕加温首先在早晚各烧火1次；其次，通过保温棚覆盖与否做辅助调节温度。进雏以前，要提早1天烧炕，使室内预热，以达到需要的温度。

烟道育雏与火炕育雏原理差不多。具体砌法：将加温的地炉砌在育雏室的外间，炉子走烟的入口与室内烟道直接相连。室内的地上烟道靠近墙壁10厘米，距地面高30～40厘米，由热源向烟囱方向稍有坡度，使烟道向上倾斜。烟道的砌法，上下宽为一砖距离，两侧高为一砖距离，上面覆盖保温伞，控制棚下达到育雏温度，育雏效果也很好。

用这两种方法加温，热量从地面上升，非常适于雏鸭卧地休息的习性，整个育雏室内，前后左右、角角落落都有一定温差，使体质强弱不同的雏鸭都可以自由地找到适合自己的温区。这两种方式加温的育雏室地面干燥，室内空气好，在没有电源的地方使用尤其方便，育雏效果令人满意。它的缺点是浪费空间，房舍利用率不高。

（2）红外线灯泡加温　利用红外线灯泡发热量较高的特点，将它悬挂在育雏室内，提供育雏所需的热量。利用红外线灯泡加温，保温稳定，室内干净，垫草干燥，管理方便，节省人工，但耗电量大，灯泡使用率高，易损坏，成本较火炕加温、煤炉加温要高，也不能在未通电和经常停电的地区采用。

利用红外线灯泡加温时，第一周灯泡离地面35～45厘米，由第2周起，随雏鸭日龄的增大，逐渐提升灯泡高度。一般每周将灯提高

7～8厘米，直到离地面60厘米高为止。常用的红外线灯泡是250瓦，使用时可以等距离排列，也可以两盏连成1组。5日龄以内的雏鸭，因感觉不灵敏，应在灯泡周围用围篱围住，以免雏鸭远离热源（图4-10）。在外界气温较低的情况下育雏，第1周时室内还要有升温设备，而且还要将初生雏鸭围在灯下1.2～1.4米直径的范围内。料槽和水槽不要放在灯下，以免污染。

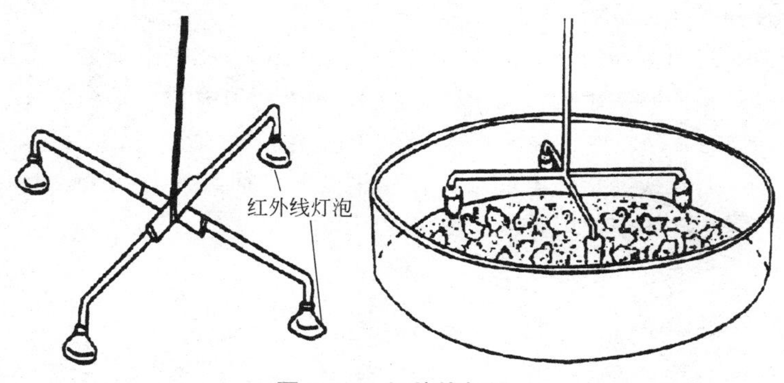

图4-10　红外线加温

（3）煤炉加温　用类似火炉的进风装置，将进气口设在底层，把煤炉原有的进风口堵死，另外装一个进气管，在管的顶部加一块小玻璃，通过玻璃的开启来调节火势大小。炉的上侧装一排气、排烟管，向室外排气、排烟（图4-11）。

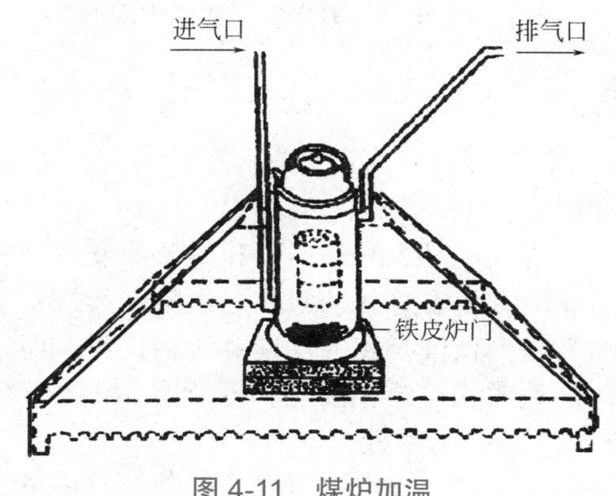

图4-11　煤炉加温

为了使炉温保持在一定范围内，不扩散，通常在炉子外围加一个木制保温伞。保温伞四边长均为1.2～1.3米，高1米，向下倾斜。这种保温伞一个可育初生雏鸭200～300只。使用煤炉加温要注意室内通风，经常开启门窗，否则易引起一氧化碳中毒。

（4）电热育雏伞（保姆伞）加温　育雏伞呈圆锥塔或方锥塔形，上窄下宽，直径分别为30厘米和120厘米，高70厘米，采用耐高温尼龙材料。伞中央下部装一圈红外加热器，并与自动控温装置相连，可人为调节和自动控制温度。伞的最下边缘留10厘米空隙，钉上三角形的厚带条，便于雏鸭自由出入（图4-12）。利用电热育雏伞加温节省劳力，管理方便，空气好，育雏舍清洁无污染，育雏效果好。缺点是耗电较多，无电或经常停电的地方使用受限制，而且没有剩余热度升高室温。因此，冬季使用时还需要炉子辅助保温。

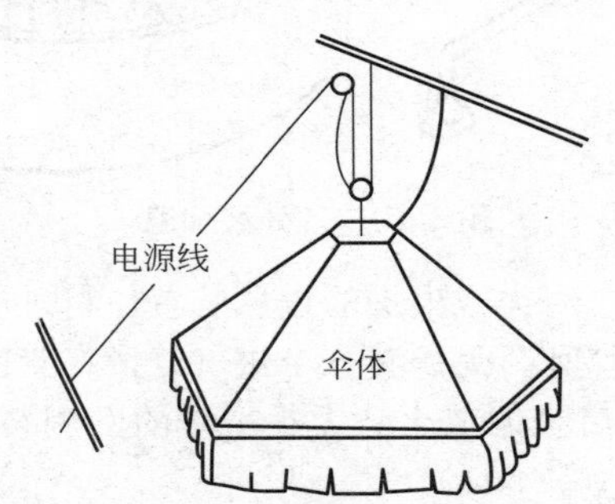

图4-12　电热育雏伞（保姆伞）加温

4. 清粪设备

鸭舍内的粪便清理方法有人工清粪和机械清粪。人工清粪有推车、铁锹等。机械清粪设备有清粪机。

（1）刮板式清粪机　用于网上平养和笼养，安置在鸭笼下的粪沟内，刮板略小于粪沟宽度。每开动一次，刮板作一次往返移动，刮板向前移动时将鸭粪刮到鸭舍一端的横向粪沟内，返回时，刮板上抬空行。横向粪沟内的鸭粪由螺旋清粪机排至舍外。视鸭舍设计，1台电机可负载单列、双列或多列刮板。

（2）输送带式清粪机　只用于叠层式笼养。它的承粪和除粪均由

输送带完成，工作时由电机带动上下各层输送带的主动辊，使鸭粪排到鸭舍一端的横向粪沟。排粪处设有刮板，可将粘在带上的鸭粪刮下。为将鸭粪排出舍外，多在鸭舍横向粪沟内安装螺旋排粪机，在鸭舍外的部分为倾斜搅龙以便装车。

5. 畜舍的清洗消毒设施

为做好鸭场的卫生防疫工作，保证家畜健康，鸭场必须有完善的清洗消毒设施。设施包括人员、车辆的清洗消毒设施和舍内环境的清洗消毒设施。

（1）人员的清洗消毒设施　鸭场入口处设有人员脚踏消毒池。在生产区入口处设有消毒室，消毒室内设有更衣间、消毒池、淋浴间和紫外线消毒灯等。

（2）车辆的清洗消毒设施　鸭场的入口处设置车辆消毒设施，主要包括车轮清洗消毒池和车身冲洗喷淋机。

（3）场内清洗消毒设施　鸭场常用的场内清洗消毒设施有高压冲洗机、喷雾器和火焰消海器。

三、创造良好的环境条件

（一）加强场区的环境控制

1. 合理的规划设计

科学地进行规划布局是保证鸭场安全的基础。鸭场必须分区规划，科学布局鸭舍和道路，配备必需的防护设施，如鸭场周围建立隔离墙、防疫沟等，鸭场入口和鸭舍入口设立消毒池、配套粪污及污水处理设施等，并制订严格的卫生防疫管理制度。

2. 绿化

绿化不仅可以净化环境，而且能够美化环境。牧场绿化要科学设计，精心实施并加强管理。绿化的主要区域有：生活管理区应具有观赏和美化效果；场界周围、场内卫生防疫隔离用地及粪便污水处理设施周围应设置绿化隔离带；运动场南边和西边要设置遮阳林带；场区冬季主导风向的上风向要布局防风林带；建筑物（特别是畜舍）之间防止土壤裸露，也可遮阳绿化等。

3. 水源保护

鸭场水源可分为三大类。第一类为地面水，如江、河、湖、塘及水库水等，主要由降水或地下泉水汇集而成。其水质受自然条件影响较大，易受污染。特别是易受生活污水及工业废水的污染，经常因此而引发疾病或造成中毒。使用此类水源应经常进行水质化验。一般而言，活水比死水自净力强。应选择水量大、流动的地面水源。供饮用的地面水要进行人工净化和消毒处理。第二类为地下水。这种水为封闭的水源，受污染的机会较少。地下水距离地面越远，受污染的程度越低，也越洁净。但地下水往往受地质化学成分的影响而含有某些矿物性成分，硬度较大。有时会因某些矿物性毒物而引起地方性疾病。所以，选用地下水时，应进行检验。第三类为降水。由雨、雪等降落在地面而形成。大气中经常含有某些杂质和可溶性气体，使降水受到污染。降水不易收集，且无法保证水质，贮存困难，除水源特别困难的小型鸭场外，一般不宜采用降水作为水源。作为鸭场水源的水质，必须符合卫生要求。表 4-5 所列为畜禽饮用水质量要求。当饮用水含有农药时，农药含量不能超过表 4-6 中的规定。

表 4-5　畜禽饮用水质量要求

项目	自备水	地面水	自来水
大肠杆菌值 /（个 / 升）	3	3	
细菌总数 /（个 / 升）	100	200	
pH 值	5.5 ～ 8．5		
总硬度 /（毫克 / 升）	600		
溶解性总固体 /（毫克 / 升）	2000		
铅 /（毫克 / 升）	Ⅳ地下水标准	Ⅳ地下水标准	饮用水标准
铬（六价）/（毫克 / 升）	Ⅳ地下水标准	Ⅳ地下水标准	饮用水标准

表 4-6　畜禽饮用水中农药限量指标　单位：毫克 / 毫升

项目	马拉硫磷	内吸磷	甲基对硫磷	对硫磷	乐果	林丹	百菌清	甲萘威	2,4-D
限量	0.25	0.03	0.02	0.003	0.08	0.004	0.01	0.05	0.1

鸭生产过程中，用水量很大，如鸭的饮水、嬉戏用水、粪尿的冲刷、用具及笼舍的消毒和洗涤，以及生活用水等。不仅在选择鸭场场址时，应将水源作为重要因素考虑，而且鸭场建好后还要注意水源的防护，其措施如下。

（1）水源位置适当　饮用水源的位置要选择在远离生产区的管理区内，远离其他污染源，并且建在地势高燥处。鸭场可以自建深水井和水塔，深层地下水经过地层的过滤作用，又是封闭性水源，水质水量稳定，受污染的机会很少。

（2）加强水源保护　水源周围没有工业和化学污染以及生活污染（不得建厕所、粪池垃圾场和污水池）等，并在水源周围划定保护区，保护区内禁止一切破坏水环境生态平衡的活动以及破坏水源林、护岸林、与水源保护相关植被的活动；严禁向保护区内倾倒工业废渣、城市垃圾、粪便及其他废弃物；运输有毒有害物质、油类、粪便的船舶和车辆一般不准进入保护区；保护区内禁止使用剧毒和高残留农药，不得滥用化肥，不得使用炸药、毒品捕杀鱼类；避免污水流入水源。

（3）搞好饮水卫生　定期清洗和消毒饮水用具和饮水系统，保持饮水用具的清洁卫生。保证饮水的新鲜。

（4）注意饮水的检测和处理　定期检测水源的水质，污染时要查找原因，及时解决；当水源水质较差时要进行净化和消毒处理。

① 沉淀　包括自然沉淀和混凝沉淀。

a. 自然沉淀。地面水中常含有泥沙等悬浮物和胶体物质，因而使水的浑浊度较大，水中较大的悬浮物质可因重力作用而逐渐下沉，从而使水得到初步澄清，这称为自然沉淀。

b. 混凝沉淀。悬浮在水中的微小胶体粒子多带有负电荷，胶体粒子彼此之间互相排斥，不能凝集成较大的颗粒，故可长期悬浮而不沉淀。这种水在加入一定的混凝剂后能使水中的悬浮颗粒凝集而形成较大的絮状物而沉淀，这称为混凝沉淀。这种絮状物表面积和吸附力均较大，可吸附一些不带电荷的悬浮微粒及病原体而共同沉降，因而使水的物理性状得到较大的改善，同时减少病原微生物 90% 左右。常用的混凝剂有：硫酸铝、碱式氯化铝、明矾、硫酸亚铁等。

② 过滤　过滤是使水通过滤料而得到净化的过程。过滤净化水的原理如下。一是隔滤作用。水中悬浮物粒子大于滤料的孔隙者，不能通

过滤层而被阻留。二是沉淀和吸附作用。水中比沙粒间的空隙还小的微小物质如细菌、胶体粒子等，不能被滤层隔滤，但当通过滤层时，即沉淀在滤料表面上。滤料表面因胶体物质和细菌的沉淀而形成胶质的、具有较强吸附力的生物滤膜，可吸附水中的微小粒子和病原体。通过过滤可除去80%～90%以上的细菌及99%左右的悬浮物，也可除去臭、味、色度及寄生虫等。常用的滤料有沙以及无毒的矿渣、煤渣、碎石等，甚至瓶盖。要求滤料必须无毒。

③ 消毒　鸭场常用的消毒方法还是化学消毒法。即在水中加入消毒剂（氯或含有效氯的化合物，如漂白粉、漂白粉精、液态氯、二氧化氯等比较常用）杀死水中的病原微生物。

4. 灭鼠

鼠是人、畜多种传染病的传播媒介，鼠还盗食饲料和鸭蛋，咬死雏鸭，咬坏物品，污染饲料和饮水，危害极大，鸭场必须加强灭鼠。

（1）防止鼠类进入建筑物　鼠类多从墙基、天棚、瓦顶等处窜入室内，在设计施工时注意：墙基最好用水泥制成，碎石和砖砌的墙基应用灰浆抹缝。墙面应平直光滑，以防鼠沿粗糙墙面攀登。砌缝不严的空心墙体，易使鼠隐匿营巢，要填补抹平。为防止鼠类爬上屋顶，可将墙角处做成圆弧形。墙体上部与天棚衔接处应砌实，不留空隙。瓦顶房屋应缩小瓦缝和瓦、椽间的空隙并填实。用砖、石铺设的地面，应衔接紧密并用水泥灰浆填缝。各种管道周围要用水泥填平。通气孔、地脚窗、排水沟（粪尿沟）出口均应安装孔径小于1厘米的铁丝网，以防鼠窜入。

（2）器械灭鼠　器械灭鼠方法简单易行，效果可靠，对人、畜无害。灭鼠器械种类繁多，主要有夹、关、压、卡、翻、扣、淹、粘、电等。

（3）化学灭鼠　化学灭鼠效率高、使用方便、成本低、见效快，缺点是能引起人、畜中毒，有些鼠对药物有选择性、拒食性和耐药性。所以，使用时须选好药剂和注意使用方法，以保安全有效。灭鼠药剂种类很多，主要有灭鼠剂、熏蒸剂、烟剂、化学绝育剂等。鸭场的鼠类以孵化室、饲料库、鸭舍最多，是灭鼠的重点场所。饲料库可用熏蒸剂毒杀。投放毒饵时，如果实行笼养，只要防止毒饵混入饲料中即可；如果平养，要注意及时收集毒饵，以防鸭采食而中毒。在采用全

进全出制的生产程序时，可结合舍内消毒一并进行灭鼠。鼠尸应及时清理，以防被人、畜误食而发生二次中毒。应选用鼠吃惯了的食物作饵料，突然投放，饵料充足，分布广泛，以保证灭鼠的效果。常用的灭鼠药物见表 4-7。

5. 杀虫

鸭场易滋生蚊、蝇等有害昆虫，骚扰人、畜和传播疾病，给人、畜健康带来危害，应采取综合措施杀灭。

（1）环境卫生　搞好鸭场环境卫生，保持环境清洁、干燥，是杀灭蚊蝇的基本措施。蚊虫需在水中产卵、孵化和发育，蝇蛆也需在潮湿的环境及粪便等废弃物中生长。因此，应填平无用的污水池、土坑、水沟和洼地，保持排水系统畅通，对阴沟、沟渠等定期疏通，勿使污水贮积。对储水池等容器加盖，以防蚊蝇飞入产卵。对不能清除或加盖的防火储水器，在蚊蝇滋生季节，应定期换水。永久性水体（如鱼塘、池塘等），蚊虫多滋生在水浅而有植被的边缘区域，因此，修整边岸，加大坡度和填充浅湾，能有效地防止蚊虫滋生。鸭舍内的粪便应定时清除，并及时处理，储粪池应加盖并保持四周环境的清洁。

（2）物理杀灭　利用机械方法以及光、声、电等物理方法，捕杀、诱杀或驱逐蚊蝇。我国生产的多种紫外线光或其他光诱器，效果良好。此外，还有可以发出声波或超声波并能将蚊蝇驱逐的电子驱蚊器等，都具有防除效果。

（3）生物杀灭　利用天敌杀灭害虫，如池塘养鱼即可达到鱼类治蚊的目的。此外，应用细菌制剂——内菌素杀灭吸血蚊的幼虫，效果良好。

（4）化学杀灭　化学杀灭是使用天然或合成的毒物，以不同的剂型（粉剂、乳剂、油剂、水悬剂、颗粒剂、缓释剂等），通过不同途径（胃毒、触杀、熏杀、内吸等），毒杀或驱逐蚊蝇的方法。化学杀虫法具有使用方便、见效快等优点，是当前杀灭蚊蝇的较好方法。常用的药物见表 4-8。

6. 废弃物处理

鸭场的废弃物，如粪便、污水、死鸭等直接影响鸭场的卫生和疫病控制，危害鸭群安全和公共卫生安全，必须进行无害化处理。

表 4-7 常用的慢性灭鼠药物

名称	特性	作用特点	用法	注意事项
敌鼠钠盐	为黄色粉末，无臭，无味，溶于沸水、乙醇、丙酮，性质稳定	作用较慢，能阻碍凝血酶原在鼠体内的合成，使凝血时间延长，而且其能损坏毛细血管，增加血管的通透性，引起内脏和皮下出血，使鼠最后死于内脏大量出血。一般在投药 1 ～ 2 天出现死鼠，第 5 ～ 8 天死鼠量达到高峰，死鼠可延续 10 多天	① 敌鼠钠盐毒饵：取敌鼠钠盐 5 克，加沸水 2 升搅匀，再加 10 千克杂粮，浸泡至毒水全部吸收后，加入适量植物油拌匀，晾干备用。 ② 混合毒饵：将敌鼠钠盐加入面粉或滑石粉中制成 1% 毒粉，再取毒粉 1 份，倒入 19 份切碎的鲜菜中拌匀即成。 ③ 毒水：用 1% 敌鼠钠盐 1 份，加水 20 份即可	对人、畜、禽毒性较低，但对猫、犬、兔、猪毒性较强，可引起二次中毒。在使用过程中要加强管理，以防家畜误食中毒或发生二次中毒。如发现中毒，可使用维生素 K 解救
氯敌鼠（又名氯鼠酮）	黄色结晶性粉末，无臭，无味，溶于油脂等有机溶剂，不溶于水，性质稳定	是敌鼠钠盐的同类化合物，但对鼠的毒性作用比敌鼠钠盐强，为广谱灭鼠剂，而且适口性好，不易产生拒食性。主要用于毒杀家鼠和野栖鼠，尤其是可制成蜡块剂，用于毒杀下水道鼠类。灭鼠时将毒饵投在鼠洞或鼠活动的地区即可	有 90% 原药粉、0.25% 母粉、0.5% 油剂 3 种剂型。使用时可配制成如下毒饵。① 0.005% 水质毒饵：取 90% 原药粉 3 克，溶于适量热水中，待凉后，拌于 50 千克饵料中，晒干后使用。② 0.005% 油质毒饵：取 90% 原药粉 3 克，溶于 1 千克热食油中，冷却至常温，洒于 50 千克饵料中拌匀即可。③ 0.005% 粉剂毒饵：取 0.25% 母粉 1 千克，加入 50 千克饵料中，加少许植物油，充分混合拌匀即成	

续表

名称	特性	作用特点	用法	注意事项
杀鼠灵（又名华法令）	白色粉末，无味，难溶于水，其钠盐溶于水，性质稳定	属香豆素类抗凝血灭鼠剂，一次投药的灭鼠效果较差，少量多次投放灭鼠效果好。鼠类对其毒饵接受性好，甚至出现中毒症状时仍采食	毒饵配制方法如下。① 0.025% 毒米：取 2.5% 母粉 1 份、植物油 2 份、米渣 97 份，混合均匀即成。② 0.025% 面丸：取 2.5% 母粉 1 份，与 99 份面粉拌匀，再加适量水和少许植物油，制成每粒 1 克重的面丸。 以上毒饵使用时，将毒饵投放在鼠类活动的地方，每堆约 39 克，连投 3 ～ 4 天	对人、畜和家禽毒性很小，中毒时维生素 K_1 为有效解毒剂
杀鼠迷	黄色结晶粉末，无臭，无味，不溶于水，溶于有机溶剂	属香豆素类抗凝血杀鼠剂，适口性好，毒杀力强，二次中毒极少，是当前较为理想的杀鼠药物之一，主要用于杀灭家鼠和野栖鼠类	市售有 0.75% 的母粉和 3.75% 的水剂。使用时，将 10 千克饵料煮至半熟，加适量植物油，取 0.75% 杀鼠迷母粉 0.5 千克，撒于饵料中拌匀即可。毒饵一般分 2 次投放，每堆 10 ～ 20 克。水剂可配制成 0.0375% 饵剂使用	
杀它仗	白灰色结晶粉末，微溶于乙醇，几乎不溶于水	对各种鼠类都有很好的毒杀作用，适口性好，急性毒力大，1 个致死剂量被吸收后 3 ～ 10 天就发生死亡，一次投药即可	用 0.005% 杀它仗稻谷毒饵，杀黄毛鼠有效率可达 98%，杀室内褐家鼠有效率可达 93.4%，一般一次投饵即可	适用于杀灭室内和农田的各种鼠类。对其他动物毒性较低，但犬很敏感

表 4-8　常用的杀虫剂及使用方法

名称	性状	使用方法
敌百虫	白色块状或粉末。有芳香味；低毒、易分解、污染小；杀灭蚊（幼）、蝇、蚤、蟑螂及家畜体表寄生虫	25%粉剂撒布，1%喷雾；0.1%畜体涂抹，0.02 克 / 千克体重口服驱除畜体内寄生虫
敌敌畏	黄色油状液体，微芳香；易被皮肤吸收而中毒，对人、畜有较大毒害，畜舍内使用时应注意安全。杀灭蚊（幼）、蝇、蚤、蟑螂、螨、蜱	0.1%～0.5%喷雾，表面喷洒；10% 熏蒸
马拉硫磷	棕色油状液体，强烈臭味；其杀虫作用强而快，具有胃毒、触杀作用，也可作熏杀，杀虫范围广。对人、畜毒害小，适于畜舍内使用。是世界卫生组织推荐的室内滞留喷洒杀虫剂；杀灭蚊（幼）、蝇、蚤、蟑螂、螨	0.2%～0.5%乳油喷雾，灭蚊、蚤；3% 粉剂喷洒灭螨、蜱
倍硫磷	棕色油状液体，蒜臭味；毒性中等，比较安全；杀灭蚊（幼）、蝇、蚤、臭虫、螨、蜱	0.1% 的乳剂喷洒，2% 的粉剂、颗粒剂喷洒、撒布
二溴磷	黄色油状液体，微辛辣；毒性较强；杀灭蚊（幼）、蝇、蚤、蟑螂、螨、蜱	50% 的油乳剂。0.05%～0.1%用于室内外杀灭蚊、蝇、臭虫等，野外用 5% 浓度
杀螟松	红棕色油状液体，蒜臭味；低毒、无残留；杀灭蚊（幼）、蝇、蚤、臭虫、螨、蜱	40% 的可湿性粉剂灭蚊蝇及臭虫；2 毫克 / 升灭蚊
地亚农	棕色油状液体，酯味；中等毒性，水中易分解；杀灭蚊（幼）、蝇、蚤、臭虫、蟑螂及体表害虫	滞留喷洒 0.5%，喷浇 0.05%；撒布 2% 粉剂
皮蝇磷	白色结晶粉末，微臭；低毒，但对农作物有害；杀灭体表害虫	0.25% 喷涂皮肤，1%～2%乳剂灭臭虫
辛硫磷	红棕色油状液体，微臭；低毒，日光下短效；杀灭蚊（幼）、蝇、蚤、臭虫、螨、蜱	2 克 / 米 ^{2} 室内喷洒灭蚊蝇；50% 乳油剂灭蚊或水体内幼蚊
杀虫畏	白色固体，有臭味；微毒；杀灭家蝇及家畜体表寄生虫（蝇、蜱、蚊、虻、蚋）	20% 乳剂喷洒，涂布家畜体表，50% 粉剂喷洒于体表灭虫
双硫磷	棕色黏稠液体；低毒稳定；杀灭幼蚊、人蚤	5% 乳油剂喷洒，0.5～1 毫升 / 升撒布，1 毫克 / 升颗粒剂撒布
毒死蜱	白色结晶粉末；中等毒性；杀灭蚊（幼）、蝇、螨、蟑螂及仓储害虫	2 克 / 米 ^{2} 喷洒物体表面

续表

名称	性状	使用方法
西维因	灰褐色粉末；低毒；杀灭蚊（幼）、蝇、臭虫、蜱	25% 的可湿性粉剂和 5% 粉剂撒布或喷洒
害虫敌	淡黄色油状液体；低毒；杀灭蚊（幼）、蝇、蚤、蟑螂、螨、蜱	2.5% 的稀释液喷洒，2% 粉剂撒布，1～2 克 / 米 ^{2} 撒布，2% 的稀释液气雾
双乙威	白色结晶，芳香味；中等毒性；杀灭蚊、蝇	50% 的可湿性粉剂喷雾，2 克 / 米 ^{2} 喷洒灭成蚊
速灭威	灰黄色粉末；中等毒性；杀灭蚊、蝇	25% 的可湿性粉剂和 30% 乳油喷雾灭蚊
胺菊酯	白色结晶；微毒；杀灭蚊（幼）、蝇、蟑螂、臭虫	0.3% 的油剂，气雾剂，须与其他杀虫剂配伍使用

（1）粪便处理　畜禽粪便中含有一些病原微生物和寄生虫卵，尤其是患有传染病的畜禽，病原微生物数量更多。如果不进行无害化处理，容易造成污染和传播疾病。

① 焚烧法　此种方法是消灭一切病原微生物最有效的方法，故用于消毒一些危险的传染病病畜的粪便（如炭疽、马脑脊髓炎、牛瘟、禽流感等）。焚烧的方法是在地上挖一个壕，深 75 厘米，宽 75 ～ 100 厘米，在距壕底 40 ～ 50 厘米加一层铁梁（要较密些，否则粪便容易落下），在铁梁下面放置木材等燃料，在铁梁上放置欲消毒的粪便（图 4-13），如果粪便太湿，可混合一些干草，以便迅速烧毁。此种方法能损失有用的肥料，并且需要用很多燃料，故此法很少应用。

② 化学药物消毒法　消毒粪便用的化学药品有含 2% ～ 5% 的有效氯的漂白粉溶液、20% 石灰乳，但是此种方法既麻烦，又难达到消毒的目的，故实践中不常用。

③ 掩埋法　将污染的粪便与漂白粉或新鲜的生石灰混合，然后深埋于地下，埋的深度应达 2 米左右，此种方法简便易行，在目前条件下实用。但病原微生物经地下水散布以及损失肥料是其缺点。

（2）污水处理　鸭场必须专设排水设施，以便及时排除雨水、雪水及生产污水。全场排水网分主干和支干，主干主要是配合道路网设置的路旁排水沟，将全场地面径流或污水汇集到几条主干道内排出；

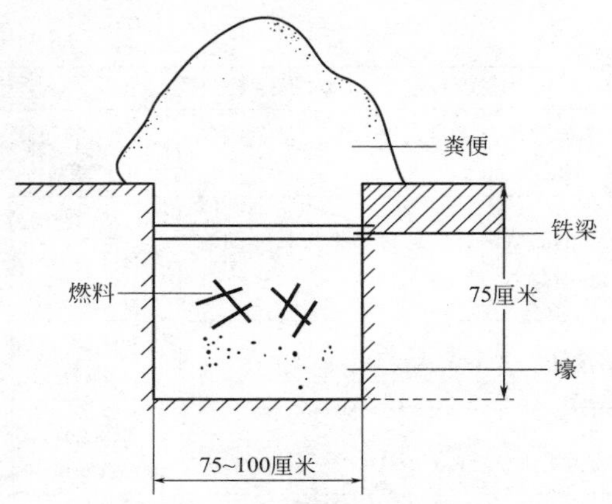

图 4-13　焚烧粪便的壕沟

支干主要是各运动场的排水沟，设于运动场边缘，利用场地倾斜度，使水流入沟中排走。排水沟的宽度和深度可根据地势和排水量而定，沟底、沟壁应夯实，暗沟可用水管或砖砌，如暗沟过长（超过200米），应增设沉淀井，以免污物淤塞，影响排水。但应注意，沉淀井距供水水源应在200米以上，以免造成污染。污水经过消毒后排放。被病原体污染的污水，可用沉淀法、过滤法、化学药品处理法等进行消毒。比较实用的是化学药品消毒法。方法是先将污水处理池的出水管用一木闸门关闭，将污水引入污水池后，加入化学药品（如漂白粉或生石灰）进行消毒。消毒药的用量视污水量而定（一般1升污水用2～5克漂白粉）。消毒后，将闸门打开，使污水流出。

（3）尸体处理　鸭的尸体能很快分解腐败，散发恶臭，污染环境。特别是传染病病鸭的尸体，其病原微生物会污染大气、水源和土壤，造成疾病的传播与蔓延。因此，必须正确而及时地处理死鸭，坚决不能图一己私利而出售。

① 焚烧法　焚烧也是一种较完善的方法，但不能利用产品，且成本高，故不常用。但对一些危害人、畜健康极为严重的传染病病畜的尸体，仍有必要采用此法。焚烧时，先在地上挖一十字形沟（沟长约2.6米，宽0.6米，深0.5米），在沟的底部放木柴和干草作引火用，于十字沟交叉处铺上横木，其上放置畜尸，畜尸四周用木柴围上，然后洒上煤油焚烧。或用专门的焚烧炉焚烧。

② 高温处理法　此法是将死鸭放入特设的高温锅（150℃）内熬煮，达到彻底消毒的目的。鸭场也可用普通大锅，经100℃以上的高温熬煮处理。此法可保留一部分有价值的产品，但要注意熬煮的温度和时间，必须达到消毒的要求。

③ 土埋法　是利用土壤的自净作用使其无害化的过程。此法虽简单但不理想，因其无害化过程缓慢，某些病原微生物能长期生存，从而污染土壤和地下水，并会造成二次污染。采用土埋法，必须遵守卫生要求，即埋尸坑应远离畜舍、放牧地、居民点和水源，地势高燥，死鸭掩埋深度不小于2米，死鸭四周应洒上消毒药剂，埋尸坑四周最好设栅栏并作上标记。

在处理畜尸时，不论采用哪种方法，都必须将病畜的排泄物、各种废弃物等一并进行处理，以免造成环境污染。

（4）垫料处理　有的鸭场采用地面平养（特别是育雏育成期）多使用垫料，使用垫料对改善环境条件具有重要的意义。垫料具有保暖、吸潮和吸收有害气体等作用，可以降低舍内湿度和有害气体浓度，保证一个舒适、温暖的小气候环境。选择的垫料应具有导热性低、吸水性强、柔软、无毒、对皮肤无刺激性等特性，并要求来源广、成本低、适于作肥料和便于无害化处理。常用的垫料有稻草、麦秸、稻壳、树叶、野干草、植物藤蔓、刨花、锯末、泥炭和干土等。近年来，还采用橡胶、塑料等制成的厩垫以取代天然垫料。鸭场的垫料要进行处理，可以与粪便混合堆积发酵后肥田。

（二）保持鸭舍环境条件适宜

影响鸭群生活和生产的主要环境因素有空气温度、湿度、气流、光照、有害气体、微粒、微生物、噪声等。在科学合理的设计和建筑鸭舍、配备必须设备设施以及保证良好的场区环境的基础上，加强对鸭舍环境管理来保证舍内温度、湿度、气流、光照和空气中有害气体和微粒、微生物、噪声等条件适宜，保证鸭舍良好的小气候，为鸭群的健康和生产性能提高创造条件。

1. 舍内温度控制

温度是主要环境因素之一，舍内温度的过高过低都会影响鸭体的

健康和生产性能的发挥。舍内温度的高低受到舍内热量的多少和散失难易的影响。舍内热量冬季主要来源于鸭体的散热，夏季几乎完全受外界气温的影响，如果鸭舍具有良好的保温隔热性能，则可减少冬季舍内热量的散失而维持较高的舍内温度，可减少夏季太阳辐射热进入鸭舍而避免舍内温度过高。一般鸭舍的热量约有 36% ～ 44% 是通过天棚和屋顶散失的。因为屋顶的散热面积大，内外温差大。如一栋 8 ～ 10 米跨度的鸭舍其天棚的面积几乎比墙的面积大一倍，而 18 ～ 20 米跨度时大 2.5 倍，设置天棚，可以减少热量的散失和辐射热的进入。约有 35% ～ 40% 的热量是通过四周墙壁散失的，散热的多少取决于建筑材料、结构、厚度、施工情况和门窗情况。另外约有 12% ～ 15% 是通过地面散失的，鸭在地面上活动散热。冬季，舍内热量的散失情况取决于外围护结构的保温隔热能力。

（1）舍内温度对鸭体的影响

① 影响鸭体健康　动物生命活动过程中伴随产热和散热两个过程，动物机体产热和散热是保持对立过程的动态平衡，只有保持动态平衡，才能维持鸭体体温恒定。鸭是恒温动物，在一定范围的环境温度下，通过自身的热调节过程能够保持体温恒定。当环境温度过高或过低，超出了调节范围，热平衡破坏，鸭的体温升高或降低，使鸭体受到直接伤害、严重的引起死亡。

舍内温度过高的情况下，体内的热量散失困难，体内蓄热，导致体温升高，发生热应激，严重者导致热射病引起死亡。如炎热夏季持续高温会引起鸭发生慢性热应激；短时过高温度会引起急性热应激，给生产带来巨大损失。温度过高，对雏鸭的不良影响：幼雏远离热源，匍匐地面，张口喘气，食欲不振，大量饮水，精神差；若幼雏长时间处于高温环境，则采食量下降，饮水频繁，鸭群体质减弱，生长缓慢。

舍内温度过低的情况下，如果饲料供应充足，鸭能够充足活动，对育成后期和成年鸭危害较小，但对雏鸭影响较大。急性的低温刺激，会使动物颤抖，产热超过散热，体温稍有升高，如果持续时间长，也可引起体温下降。因为雏鸭体温调节机能不健全，防寒能力差，所以低温能严重破坏雏鸭的热平衡，甚至引起死亡。低温时雏鸭表现：尽量靠近热源，拥挤扎堆，精神萎靡，影响觅食和运动，严重影响雏鸭的生长和成活率。

温度的忽高忽低，会使雏鸭的健康和生长产生严重的不良反应。如育雏期间温度不稳定，忽冷忽热，对雏鸭的生理活动影响很大。育雏温度的骤然下降，雏鸭会发生严重的血管反应，循环衰竭，窒息死亡；育雏温度的骤然升高，雏鸭体表血管充血，加强散热，消耗大量的能量，抵抗力明显降低。忽冷忽热，雏鸭很难适应，不仅影响生长发育，而且影响抗体水平，抵抗力差，易发生疾病。

温度影响鸭体的免疫状态。温度过低，沙门氏菌感染率增高，传染性呼吸道病容易发生等。同时，温度还可间接致病。一定的环境温度和湿度有利于病原体和媒介虫类的生存繁殖从而危害鸭体健康。如各种寄生虫卵及幼虫在体外存活时间明显受到环境影响。沙门氏菌，气温从28℃升高到37℃其复活率、感染率下降甚至失活。

天气炎热，鸭采食量下降，营养供应不足，最后导致营养不良，抵抗力下降，容易发病。饲料易酸败变质和发生霉变，饲料利用率下降，容易出现消化不良和发生曲霉菌病或曲霉菌毒素中毒。天气寒冷采食量升高，代谢增强，如饲料供应不足，也会造成营养不良，抵抗力下降。冬季一些块根块茎类、青绿多汁饲料容易冰冻或饮水的温度过低，鸭饮食后会消化不良、下痢；冬季鸭舍密封过紧，通风不良易引起呼吸道疾病等。

② 影响生产性能　不同种类、不同性别、不同饲养条件和不同饲养阶段的鸭对环境温度有不同的要求，如果温度不适宜，会影响生长和生产。如雏鸭出壳后需要29～31℃的温度，温度过高，雏鸭采食少，生长慢。温度过低，增重和饲料转化率降低。一般饲养管理条件下，鸭产蛋的适宜温度为5～27℃，如气温持续在30℃以上，管理不善，会影响到鸭的食欲和饲料转化率、产蛋率、孵化率等，甚至可以引起鸭的中暑和其他一些疾病。低温产蛋量也减少，当环境温度处于冰冻（0℃以下）时，鸭行动迟缓，产蛋量明显下降。

（2）适宜的舍内温度　雏鸭的适宜温度见表4-9；蛋鸭的适宜温度是5～27℃，最适宜温度是13～20℃。

表4-9　蛋用或种用雏鸭适宜温度

日龄/日	1～7	8～14	15～21	22～28	31～55
育雏器温度/℃	29～31	24～26	22～24		
室内温度/℃	26～28	23～25	19～21	15～17	16～14

（3）舍内温度的控制措施

① 育雏期舍内温度控制

a. 提高育雏舍的保温隔热性能。育雏舍的保温隔热应精心设计和施工。育雏舍的保温隔热性能不仅影响育雏温度的维持和稳定，而且影响燃料成本费用的高低。生产中，有的育雏舍过于简陋，如屋顶一层石棉瓦或屋顶很薄，大量的热量逸出舍外，育雏温度很难达到和保持。屋顶和墙壁是育雏舍最易散热的部位，要选择隔热材料，结构要合理，最好设置天棚。天棚可以选用塑料布、彩条布等隔热性能好、廉价、方便的材料。育雏舍要避开狭长谷地或冬季的风口地带，因为这些地方冬季风多风大，舍内温度不易稳定。

b. 供温设施要稳定可靠。根据本场情况选择适宜的供温设备。大中型鸭场一般选用热气、热水和热风炉供温，小型鸭场和专业户多选用火炉供温。无论选用什么样的供温设备，安装好后一定要试温，通过试温，观察能不能达到育雏温度，达到育雏温度需要多长时间，温度稳定不稳定，受外界气候影响大小等。如果不能达到要求的温度，一定要采取措施加以解决，雏鸭入舍后温度上不去再采取措施一方面不可能很快奏效，另一方面会影响一系列工作安排，如开食、饮水、消毒、疾病预防等，必然带来一定损失。观察开启供温设备后多长时间温度可以升到育雏温度，这样，可以在雏鸭入舍前适宜的时间开始供温，使温度提前上升到育雏温度，然后稳定 1 ～ 2 天再让雏鸭入舍。

c. 正确测定温度。育雏温度的测定用普通温度计即可，但育雏前应对温度计校正，作上记号；温度计的位置直接影响育雏温度测定的准确性，温度计位置过高测得的温度比要求的育雏温度低而影响育雏效果的情况生产中常有出现。使用保姆伞育雏，温度计挂在距伞边缘 15 厘米，高度与鸭背相平（大约距地面 5 厘米）处。暖房式加温，温度计挂在距地面、网面或笼底面 5 厘米高处。育雏期不仅要保证适宜的育雏温度，还要保证适宜的舍内温度。

d. 增强育雏人员责任心。育雏是一项专业性较强的工作，所以育雏前应对育雏人员进行培训或使其学习有关的育雏知识，提高技术技能。同时要实行一定的生产责任制，奖勤罚懒，提高工作积极性，增强责任心。

② 育成与成年鸭舍温度控制　育成与成年鸭舍温度容易受到季节

影响，如夏季气温高，天气炎热，鸭舍内的温度也高，鸭群容易发生热应激；而冬季，气温低，寒风多，舍内温度也低，影响饲料转化率。春季和秋季，舍外气温适中，舍内温度也较为适宜和容易控制。我国开放式和半开放式鸭舍较多，受舍外气温影响大，特别要做好冬季和夏季舍内温度的控制工作，即冬季要保温，夏季要降温，保证鸭舍温度适宜稳定。

a. 冬季的防寒保温措施。一般来说，成鸭怕热不怕冷，环境温度在 0 ～ 30℃的范围内变化，鸭自身可通过各种途径来调节其体温，对生产性能无显著影响，但温度较低时会增加饲料消耗，所以冬季要采取措施防寒保暖，使舍内温度维持在 10℃以上。

一是减少鸭舍散热量。冬季舍内外温差大，鸭舍内热量易散失，散失的多少与鸭舍墙壁和屋顶的保温性有关，加强鸭舍保温管理有利于减少舍内热量散失，使舍内温度稳定。冬季开放舍要用隔热材料如塑料布封闭敞开部分，北墙窗户可用双层塑料布封严；鸭舍所有的门最好挂上棉帘或草帘；屋顶可用塑料薄膜制作简易天花板，墙壁特别是北墙窗户晚上挂上草帘可增强屋顶和墙壁的保温性能，可提高舍温 3 ～ 5℃。密闭舍在保证舍内空气新鲜的前提下尽量减少通风量。

二是防止冷风吹袭机体。舍内冷风可以来自墙、门、窗等缝隙和进出气口、粪沟的出粪口，局部风速可达 4 ～ 5 米 / 秒，使局部温度下降，影响鸭的生产性能，冷风直吹机体，会增加机体散热，甚至引起伤风感冒。冬季到来前要检修好鸭舍，堵塞缝隙，进出气口加设挡板，出粪口安装插板，防止冷风对鸭体的侵袭。

三是防止鸭体淋湿。鸭的羽毛有较好的保温性，如果淋湿，保温性差，会极大增加鸭体散热，降低鸭的抗寒能力。要经常检修饮水系统，避免水管、饮水器或水槽漏水而淋湿鸭的羽毛和料槽中的饲料。

四是科学管理。舍内加厚垫料，保持舍内干燥，减少清粪次数，利用发酵产热提高舍内温度；提高饲养密度，每平方米可以饲养 8 ～ 9 只；提高日粮营养浓度，使用温水饮水和拌料（60℃的温水）；早上迟放鸭，晚上早关鸭，减少下水次数，在温度较高的上午和中午洗澡。

五是采暖保温。对保温性能差的鸭舍，鸭群数量又少，只靠鸭群自温难以维持所需舍温时，应采暖保温。有条件的鸭场可利用煤炉、热风机、热水、热气等设备供暖，以保持适宜的舍温，提高产蛋率，减少饲料消耗。

b. 夏季的防暑降温措施。鸭体缺乏汗腺，对热较为敏感，易发生热应激，影响生产，甚至引起死亡。如蛋鸭产蛋最适宜温度范围是18～23℃，高于30℃产蛋量会明显下降，蛋壳质量变差，高于38℃就可能由于热应激而引起死亡。因此应注重防暑降温。

一是通风降温。鸭舍内安装必要有效的通风设备，定期对设备进行维修和保养，使设备正常运转，提高鸭舍的空气对流速度，有利于缓解热应激。封闭舍或容易封闭的开放舍，可采用负压纵向通风，在进气口安装湿帘降温效果良好（市场出售的湿帘投资大，可自己设计砖孔湿帘）；不能封闭的鸭舍，可采用正压通风即送风，加大舍内空气流动，有利于减少死亡率。

二是喷水降温。在鸭舍内安装喷雾装置定期进行喷雾，水汽的蒸发可吸收鸭舍内大量热量，降低舍内温度；舍温过高时，可向鸭头、鸭冠、鸭身进行喷淋，促进体热散发，减少热应激死亡。也可在鸭舍屋顶外安装喷淋装置，使水从屋顶流下，形成湿润凉爽的小气候环境。喷水降温时一定要加大通风换气量，防止舍内湿度过高。

三是隔热降温。在鸭舍屋顶铺盖15～20厘米厚的稻草、秸秆等垫草，或设置通风屋顶，可降低舍内温度3～5℃；屋顶涂白增强屋顶的反射能力，有利于加强屋顶隔热；在鸭舍周围种植高大的乔木可遮阳，也可在鸭舍南侧、西侧种植爬壁植物，搭建遮阳棚，减少太阳的辐射热。

四是降低饲养密度。饲养密度降低，单位空间产热量减少，有利于舍内温度降低。夏季到来之前，淘汰停产鸭、低产鸭、伤残鸭、弱鸭、有严重恶癖的劣质鸭和体重过大过于肥胖的鸭，留下身体健康、生产性能好、体重适宜的鸭，这样既可降低饲养密度，减少死亡，又可降低生产成本。

五是科学管理。保证青绿饲料的供应，适当降低饲料中的代谢能水平，增加蛋白质、氨基酸、维生素和微量元素的含量；保证清凉的、充足的饮水，可在水中添加维生素C和小苏打；早放鸭，迟关鸭，增加放水次数，夜间可让鸭晚入舍或不入舍；保持环境和设备用具的清洁卫生。

其他季节可以通过保持适宜的通风量和调节鸭舍门窗面积来维持

鸭舍适宜的温度。

2. 舍内湿度控制

湿度是指空气的潮湿程度，养鸭生产中常用相对湿度表示。相对湿度是指空气中实际水气压与饱和水气压的百分比。鸭体排泄和舍内水分的蒸发都可以产生水汽而增加舍内湿度。舍内上下湿度大，中间湿度小（封闭舍）。如果夏季门窗大开，通风良好，差异不大。保温隔热不良的畜舍，空气潮湿，当气温变化大时，气温下降时容易达到露点，凝聚为雾。虽然舍内温度未达露点，但由于墙壁、地面和天棚的导热性强，温度达到露点，即在畜舍内表面凝聚为液体或固体，甚至由水变成冰。水渗入围护结构的内部，气温升高时，水又蒸发出来，使舍内的湿度经常很高。潮湿的外围护结构保温隔热性能下降，常见天棚、墙壁生长绿霉、灰泥脱落等。

（1）湿度对鸭体的影响　潮湿作为单一因子对鸭的影响不大，常与温度、气流等因素一起对鸭体产生一定影响。

① 高温高湿　高温高湿影响鸭体的热调节，加剧高温的不良反应，破坏热平衡。高温时，鸭体主要依靠蒸发散热，而蒸发散热量正比于鸭体蒸发面皮肤和呼吸道水气压与空气水气压之差，舍内空气湿度大，空气水气压升高，鸭体蒸发面（皮肤和呼吸道）水气压与空气水气压之差变小，不利于蒸发散热，将加重机体热调节负担，使热应激更严重。高温高湿，鸭体的抵抗力降低，有利于传染病发生，传染病的发生率提高，机体病后沉重。高温高湿，有利于病原的存活和繁殖，如有利于球虫病的传播，有利于细菌如大肠杆菌、布氏杆菌、鼻疽放线菌的存活，有利于病毒的存活，如无囊膜病毒，有利于真菌的滋生，如湿疹、疥癣、霉菌等的滋生繁殖。高温高湿的季节，鸭的寄生虫病、皮肤病和霉菌病及中毒症容易发生。

② 低温高湿　低温高湿时机体的散热容易，潮湿的空气使鸭的羽毛潮湿，保温性能下降，鸭体感到更加寒冷，加剧了冷应激。鸭易患感冒性疾病，如风湿症、关节炎、肌肉炎、神经痛等，以及消化道疾病（下痢）。寒冷冬季，相对湿度＞85%，对鸭的产蛋量有不利影响，饲料转化率会显著下降。

③ 低湿　高温低湿的环境，能使鸭体皮肤或外露的黏膜发生干

裂，降低了对微生物的防卫能力；低湿有利于尘埃飞扬，鸭吸入呼吸道后，尘埃可以刺激鼻黏膜和呼吸道黏膜，同时尘埃中的病原一同进入体内，容易感染或诱发呼吸道病，特别是慢呼。低湿造成雏鸭脱水，不利于羽毛生长，易发生啄癖。低湿有利于某些病原菌的成活，如白色葡萄球菌、金色葡萄球菌、鸭的沙门氏杆菌，以及具有包囊病毒的存活。

（2）舍内适宜的湿度　育雏第一周，舍内相对湿度应保持在65%左右，第二周在60%，第三周55%，其他鸭舍保持60%～65%。

（3）舍内湿度调节措施

① 湿度低时　舍内相对湿度低时，可在舍内地面洒水或用喷雾器在地面和墙壁上喷水，水的蒸发可以提高舍内湿度。如是雏鸭舍或舍内温度过低时可以喷洒热水；育雏期间要提高舍内湿度，可以在加温的火炉上放置水壶或水锅，使水蒸发提高舍内湿度，如此可以避免喷洒凉水引起的舍内温度降低或雏鸭受凉感冒。

② 湿度高时　当舍内相对湿度过高时，可以采取如下措施：

一是加大换气量。通过通风换气，驱除舍内多余的水汽，换进较为干燥的新鲜空气。舍内温度低时，要适当提高舍内温度，避免通风换气引起舍内温度下降。

二是提高舍内温度。舍内空气水汽含量不变，提高舍内温度可以增大饱和水气压，降低舍内相对湿度。特别是冬季或雏鸭舍，加大通风换气量对舍内温度影响大，因此可提高舍内温度。

③ 防潮措施　鸭较喜欢干燥，潮湿的空气环境与高温协同作用，容易对鸭产生不良影响。所以，应该保证鸭舍干燥。保证鸭舍干燥需要做好鸭舍防潮，除了选择地势高燥、排水好的场地外，可采取如下措施：

一是鸭舍墙基设置防潮层，新建鸭舍待干燥后使用，特别是育雏舍。有的刚建好育雏舍就立即使用，由于育雏舍密封严密，舍内温度高，没有干燥的外围护结构中存在的大量水分很容易蒸发出来，使舍内相对湿度一直处于较高的水平。晚上温度低的情况下，大量的水汽变成水在天棚和墙壁上附着，舍内的热量容易散失。

二是舍内排水系统畅通，粪尿、污水及时清理。

三是尽量减少舍内用水。舍内用水量大，舍内湿度容易提高。防

止饮水设备漏水，能够在舍外洗刷的用具可以在舍外洗刷或洗刷后的污水立即排到舍外，不要在舍内随处抛洒。

四是保持舍内较高的温度，使舍内温度经常处于露点以上。

五是使用垫草或防潮剂，及时更换污浊潮湿的垫草。

3. 光照控制

光照不仅影响鸭的生长发育，而且影响仔鸭培育期的性成熟时间和以后的产蛋。培育期光照时间过长，鸭性成熟时间早，种鸭开产早，产蛋小；产蛋期光照时间不足会使鸭产蛋减少。光照控制是要保证鸭舍内的光照强度和光照时数符合要求，并且光线均匀。鸭舍一般采用自然光照与人工补光相结合的方式（光照系统的设计和安装见光照设计部分）。

育雏期，光照强度可以大一些，光照时间可以长一些。第一周，光照时间 20 ～ 23 小时，第二周 18 小时，第三周起根据不同情况进行控制。若夏季育雏，白天利用自然光照，夜间用较暗的光线通宵照明，只在喂料时用较亮的光照 0.5 小时；如晚秋育雏，由于日照时间较短，可以在傍晚适当增加光照 1 ～ 2 小时，其余时间仍用较暗的灯光通宵照明，光线不能过强，控制在 5 瓦 / 米^2。

进入产蛋期，应逐渐增加光照时间和光照强度，每周增加光照时间 0.5 ～ 1 小时，直至达到每昼夜 16 ～ 17 小时。光照强度由弱增强，达到每平方米 8 勒克斯。达到要求后，光照时间和光照强度要稳定，不能忽照忽停、忽明忽暗；保持光照系统正常使用和清洁卫生。

4. 舍内有害气体控制

鸭舍内鸭群密集，呼吸、排泄物和生产过程的有机物分解，使有害气体成分要比舍外空气成分复杂和含量高。鸭舍中的有害气体主要有氨气、硫化氢、二氧化碳、一氧化碳和甲烷。在规模养鸭生产中，这些气体污染鸭舍环境，引起鸭群发病或生产性能下降，降低养鸭生产效益。

（1）舍内有害气体的种类和分布　见表 4-10。

（2）有害气体的危害

① 引起慢性中毒和中毒　氨和硫化氢含量高，鸭体质变弱，表现

表 4-10　舍内有害气体的种类、分布及标准

种类	理化特性	来源与分布	标准 /（毫克 / 米 ^{3}）
氨	无色，具有刺激性臭味，与同容积干洁空气比为 0.593，比空气轻，易溶于水，在 0℃时，1 升水可溶解 907 克氨	畜舍空气中的氨来源于家畜粪尿、饲料残渣和垫草等有机物分解的产物。舍内含量多少决定于家畜的密集程度、畜舍地面的结构、舍内通风换气情况和舍内管理水平。上下含量高，中间含量低	雏禽＜ 8；中成禽＜ 12
硫化氢	无色、易挥发的恶臭气体，与同容积干洁空气比为 1.19，比空气重，易溶于水，1 体积水可溶解 4.65 体积的硫化氢	舍内空气中的硫化氢来源于含硫有机物的分解。当家畜采食富含蛋白质饲料而又消化不良时排出大量的硫化氢。粪便厌氧分解也可产生，破损蛋腐败发酵也可产生。硫化氢产自地面和畜床，相对密度大，故越接近地面浓度越大	雏禽＜ 3；中成禽＜ 15
二氧化碳	无色、无臭、无毒、略带酸味气体。比空气重，相对密度为 1.524，分子量 44.01	鸭舍中的二氧化碳主要来源于鸭的呼吸。由于二氧化碳相对密度大于空气，因此聚集在地面上	≤ 2950
一氧化碳	无色、无味、无臭气体，相对密度 0.967	舍中的一氧化碳来源于火炉取暖的煤炭不完全的燃烧，特别是冬季夜间畜舍封闭严密，通风不良，可达到中毒程度	

精神萎靡，抗病力下降，对某些病敏感（如对结核病、大肠杆菌、肺炎球菌感染过程显著加快），采食量、生产性能下降，引起慢性中毒。二氧化碳和一氧化碳含量高，易造成缺氧，肉鸭生长缓慢，抵抗力减弱，容易发生腹水症。高浓度氨可以通过肺泡进入血流置换氧基破坏血液的运氧功能，可直接刺激体组织引起碱性化学性灼伤，使组织溶解坏死；还可引起中枢神经麻痹、中毒性肝病、心肌损伤等。高浓度的硫化氢可直接抑制呼吸中枢，引起窒息和死亡。

② 破坏局部黏膜系统　呼吸道黏膜是保护鸭体的第一道屏障，可以起到保护机体作用。另外黏膜还形成了局部免疫系统，产生局部抗体。如果黏膜破坏，屏障功能降低或消失，抗体不能有效地生成，鸭体抗病力降低，病原就容易侵袭，鸭体容易发生疾病。有害气体，

如氨、硫化氢等刺激鸭体呼吸道黏膜，黏膜遭到破坏，病原容易侵袭鸭体。

（3）消除措施

① 加强场址选择和合理布局，避免工业废气污染　合理设计鸭场和鸭舍的排水系统以及粪尿、污水处理设施。

② 加强防潮管理，保持舍内干燥　有害气体易溶于水，湿度大时易吸附于材料中，舍内温度升高时又挥发出来，因此应保持舍内干燥。

③ 加强鸭舍管理　地面平养在鸭舍地面铺上垫料，并保持垫料清洁卫生；保证适量的通风，特别是注意冬季的通风换气，应处理好保温和空气新鲜的关系；做好卫生工作，及时清理污物和杂物，排出舍内的污水，加强环境的消毒等。

④ 加强环境绿化　绿化不仅美化环境，而且可以净化环境。绿色植物进行光合作用可以吸收二氧化碳，生产出氧气。如每公顷阔叶林在生长季节每天可吸收1000千克二氧化碳，产出730千克氧气；绿色植物可大量地吸附氨，如玉米、大豆、棉花、向日葵以及一些花草都可从大气中吸收氨而生长；绿色林带可以过滤阻隔有害气体，有害气体通过绿色地带至少有25%被阻留，煤烟中的二氧化硫被阻留60%。

⑤ 采用化学物质消除　鸭的饲料中添加丝兰属植物提取物、沸石，或在鸭舍内撒布过磷酸钙、活性炭、煤渣、生石灰等具有吸附作用的物质，均可不同程度地消除空气中的臭味。另外，利用过氧化氢、高锰酸钾、硫酸亚铁、硫酸铜、乙酸等化学物质也可降低鸭舍空气臭味。如用4%硫酸铜和适量熟石灰混在垫料之中，或者用2%的苯甲酸或2%乙酸喷洒垫料，均可起到除臭作用。

⑥ 提高饲料消化吸收率　科学选择饲料原料；按可利用氨基酸需要量合理配制日粮；科学饲喂；利用酶制剂、酸制剂、微生态制剂、寡聚糖、草药添加剂等可以提高饲料利用率，减少有害气体的排出量。

5. 微粒的控制

微粒是以固体或液体微小颗粒形式存在于空气中的分散胶体。鸭舍中的微粒来源于鸭的活动、咳嗽、鸣叫，以及饲养管理过程，如清扫地面、分发饲料、饲喂及通风除臭等机械设备运行。鸭舍内有机微粒较多。

（1）微粒对鸭体健康的影响

① 影响散热和引起炎症　微粒落在皮肤上，可与皮脂腺、皮屑、微生物混合在一起，引起皮肤发痒、发炎，堵塞皮脂腺和汗腺，使皮脂分泌受阻，皮肤干，易干裂感染；影响蒸发散热。落在眼结膜上可引起尘埃性结膜炎。

② 损坏黏膜和感染疾病　微粒可以吸附空气中的水汽、氨、硫化氢、细菌和病毒等有毒有害物质造成黏膜损伤，引起血液中毒及各种疾病的发生。

（2）消除措施　要求鸭舍内的总悬浮物≤ 8 毫克 / 米 ^{3}，可吸入颗粒≤ 4 毫克 / 米 ^{3}。

① 改善畜舍和牧场周围地面状况，实行全面的绿化，种树、种草和农作物等。植物表面粗糙不平，多绒毛，有些植物还能分泌油脂或黏液，能阻留和吸附空气中的大量微粒。含微粒的大气流通过林带，风速降低，大径微粒下沉，小的被吸附。夏季可吸附 35.2% ～ 66.5% 的微粒。

② 减少粉尘产生。鸭舍远离饲料加工场，分发饲料和饲喂动作要轻；保持鸭舍地面干净，禁止干扫；更换和翻动垫草动作也要轻。

③ 保持适宜的湿度。适宜的湿度有利于尘埃沉降。

④ 保持通风换气，必要时安装过滤器。

6. 噪声的控制

物体呈不规则、无周期性震动所发出的声音叫噪声。鸭舍内的噪声来源主要有：外界传入；场内机械产生的和鸭自身产生的。鸭对噪声比较敏感，容易受到噪声的危害。

（1）噪声对鸭体健康的影响　噪声特别是比较强的噪声作用于鸭体，会引起严重的应激反应，不仅能影响生产，而且可使正常的生理功能失调，免疫力和抵抗力下降，危害健康，甚至导致死亡。

（2）改善措施　要求鸭舍内，噪声≤ 85 分贝。

① 选择场地　鸭场选在安静的地方，远离交通干道、工矿企业和村庄等噪声大的地方。

② 选择设备　选择噪声小的设备。

③ 搞好绿化　场区周围种植林带，可以有效地隔声。

四、严格的鸭场消毒

（一）消毒的方法

微生物多种多样，微生物种类以及所处的环境条件不同其适应力和抵抗力存在差异，需要不同的消毒方法。消毒方法一般有物理消毒法、化学消毒法及生物消毒法。

1. 物理消毒法

物理消毒法是指应用物理因素（如清除、辐射、煮沸、干热、湿热、火焰焚烧、过滤、超声波、激光、X射线等）杀灭或清除病原微生物及其他有害微生物的方法。常用于养殖场的场地、设备、卫生防疫器具和用具的消毒，该法简便经济。

2. 化学消毒法

化学消毒法就是利用化学药物（或消毒剂）杀灭或清除微生物的方法。微生物的形态、生长、繁殖、致病力、抗原性等特性都受外界环境因素，特别是化学因素的影响。各种化学物质对微生物的影响是不相同的，有的使菌体蛋白质变性或凝固而呈现杀菌作用，有的可阻碍微生物新陈代谢的某些环节而呈现抑菌作用，即使是同一种化学物质，由于其浓度、作用时的环境温度、作用时间的长短及作用对象等的不同，也表现出不同的作用效果。

（1）化学消毒的方法

① 浸洗或涂擦消毒法　是指将消毒的物品放在有消毒液的容器内浸泡或直接用消毒液擦拭涂抹的方法。如接种或打针时，对注射局部用酒精棉球、碘酒擦拭；对一些器械、用具、衣物等的浸泡。一般应将物体洗涤干净后再行浸泡，药液要浸过物体，浸泡时间应长些，水温应高些。养殖场入口和畜禽舍入口处消毒槽内，可用浸泡药物的草垫或草袋对人员的靴鞋消毒。

② 喷洒或喷雾消毒法　是指将稀释好的消毒液喷洒在消毒物品上或将消毒液倒进喷雾器后以喷射出的雾状微粒杀死病原微生物的方法，是生产中常用的消毒方法。喷洒后药液可以与消毒物体直接接触，杀

死病原微生物。喷雾时，气雾粒子是悬浮在空气中的气体与液体的微粒，直径小于200纳米，分子量极轻，能悬浮在空气中较长时间，可到处漂移穿透到鸭舍内的周围及其空隙，与微生物接触。喷洒地面、墙壁、舍内固定设备等，可用细眼喷壶或一般喷雾器，养殖场场地消毒可以使用手扶式喷洒机或雾粒粒径较大的喷雾器；对舍内空间消毒，则用喷雾器。喷洒或喷雾要全面，药液要喷到物体的各个部位。药液量100～300毫升/米^3，墙壁、顶棚，200～300毫升/米^2。常用的设备是手扶式喷洒机、背负式手动喷雾器、高压机动喷雾机等。

③ 熏蒸消毒法　是指在密闭的环境中，使消毒药物挥发为气体，杀死病原微生物的方法。适用于可以密闭的鸭舍和其他建筑物。这种方法简便、省事，对房屋结构无损，消毒全面，如育雏育成舍、饲料厂库等常用。常用的药物有福尔马林（40%的甲醛水溶液）、过氧乙酸水溶液。为加速蒸发，常利用高锰酸钾的氧化作用。实际操作中要严格遵守下面的基本要点：畜舍及设备必须清洗干净，因为气体不能渗透到畜禽粪便和污物中去，如不干净，不能发挥应有的效力；畜舍要密封，不能漏气，应将进出气口、门窗和排气扇等的缝隙糊严。

④ 撒布和拌和消毒法　撒布法是将粉剂型消毒药品均匀撒布在消毒对象表面。如用生石灰加适量水使之松散后撒布在潮湿地面、粪池周围及污水沟等进行消毒。拌和法是将消毒药品与消毒对象进行混合。如用漂白粉与粪便以1∶5的比例拌和均匀进行消毒。

（2）化学消毒剂的类型及特性　用于杀灭或清除环境中病原微生物或其他有害微生物的化学药物，称为消毒剂。消毒剂一般并不要求其能杀灭芽孢，但能够杀灭芽孢的化学药物是更好的。常用的消毒剂及其特性见附录附表。

3. 生物消毒法

生物消毒法是利用自然界中广泛存在的微生物在氧化分解污物（如垫草、粪便等）中的有机物时所产生的大量热能来杀死病原体的过程。在畜禽养殖场中最常用的是粪便和垃圾的堆积发酵，它是利用嗜热细菌繁殖产生的热量杀灭病原微生物的。但此法只能杀灭粪便中的非芽孢性病原微生物和寄生虫卵，不适用于芽孢菌及患危险疫病畜禽的粪便消毒。粪便和土壤中有大量的嗜热菌、噬菌体及其他抗

菌物质，嗜热菌可以在高温下发育，其最低温度界限为35℃，适温为50～60℃，高温界限为70～80℃。在堆肥内，开始阶段由于一般嗜热菌的发育使堆肥内的温度升高到30～35℃，此后嗜热菌便发育而将堆肥的温度逐渐提高到60～75℃，在此温度下大多数病毒、除芽孢以外的病原菌、寄生虫幼虫和虫卵在几天到3～6周内死亡。粪便、垫料消毒采用此法比较经济，消毒后不失其作为肥料的价值。生物消毒方法多种多样，在畜禽生产中常用的有地面泥封堆肥发酵法、地上台式堆肥发酵法以及坑式堆肥发酵法等。

（二）鸭场的消毒操作

消毒应是养殖场一项日常性工作。只有进行全面的、彻底的消毒，才能获得较好的效果。

1. 隔离消毒

（1）出入人员的消毒　人们的衣服、鞋子可被细菌或病毒等病原微生物污染，成为传播疫病的媒介。养殖场要有针对性地建立防范对策和消毒措施，防控进场人员，特别是外来人员传播疫病。为了便于实施消毒，切断传播途径，须在养殖场大门的一侧和生产区设更衣室、消毒室和淋浴室，供外来人员和生产人员更衣、消毒。要限制与生产无关的人员进入生产区。

生产人员进入生产区时，要更换工作服（衣、裤、靴、帽等），必要时进行淋浴、消毒，并在工作前后洗手消毒。一切可染疫的物品不准带入场内，凡进入生产区的物品必须进行消毒处理。要严格限制外来人员进入养殖场，经批准同意进入者，必须在入门处经喷雾消毒，再更换场方专用的工作服后方准进入，但不准进入生产区。此外，养殖场要谢绝参观，必要时安排在适当距离之外，在隔离条件下参观。

养殖场的入口处，设专职消毒人员和喷雾消毒器、紫外线杀菌灯（1～2瓦/米^{3}空间）、脚踏消毒池（池内放2%～5%的氢氧化钠溶液，每周更换2～3次。北方地区冬季严寒，可用新鲜的石灰粉代替消毒液），对出入的人员实施衣服喷雾或照射消毒和脚踏消毒。

脚踏消毒池消毒是国内外养殖场用得最多的消毒方法，但对消毒池的使用和管理很不科学，影响消毒效果。消毒池中有机物含量、消

毒液的浓度、消毒时间长短、更换消毒液的时间间隔、消毒前用刷子刷鞋子等对消毒效果都有影响。实际操作中要注意：一是消毒液要有一定的浓度；二是工作鞋在消毒液中浸泡时间至少达 1 分钟；三是工作人员在通过消毒池之前先把工作鞋上的粪便刷洗干净，否则不能彻底杀菌；四是消毒池要有足够深度，最好达 15 厘米深，使鞋子全面接触消毒液；五是消毒液要勤更换，一般大单位（工作人员 45 人以上）最好每天更换一次消毒液，小单位可每 7 天更换一次。

衣服消毒要从上到下，普遍进行喷雾，使衣服达到潮湿的程度。用过的工作服，先用消毒液浸泡，然后进行水洗。用于工作服的消毒剂，应选用杀菌、杀病毒力强，对衣服无损伤，对皮肤无刺激的消毒剂。不宜使用易着色，有臭味的消毒剂。通常可使用季铵盐类消毒剂、碱类消毒剂及过氧乙酸等做浸泡消毒，或用福尔马林做熏蒸消毒。

（2）出入车辆的消毒　运输饲料、产品等车辆，是养殖场经常出入的运输工具。这类车辆与出入的人员比较，不但面积大，而且所携带的病原微生物也多，因此对车辆更有必要进行消毒。为了便于消毒，生产区入口必须设置车辆消毒池，车辆消毒池的长度为进出车辆车轮 2 个周长以上（见图 4-14）。大、中型养殖场可在大门口设置与门同等宽的自动化喷雾消毒装置，小型养殖场配备喷雾消毒器，对出入车辆的车身和底盘进行喷雾消毒。消毒槽内铺草垫浸以消毒液（消毒池内放入 2% ～ 4% 的氢氧化钠溶液，每周更换 3 次），供车辆通过时进行轮胎消毒。有的在门口撒干石灰，那是起不到消毒作用的。

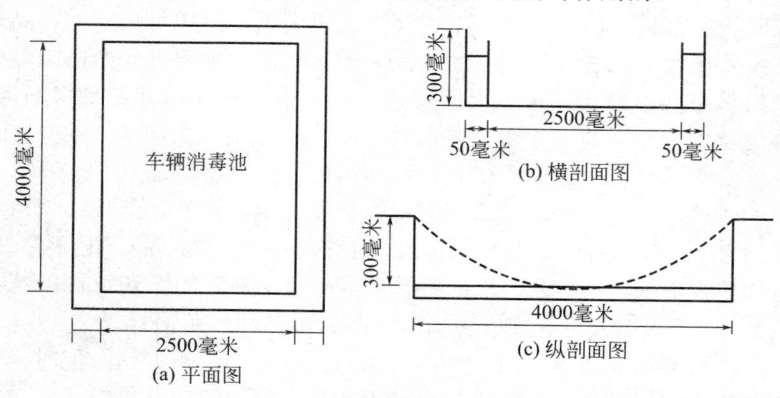

图 4-14　养殖场大门车辆消毒池

车辆消毒应选用对车体涂层和金属部件无损伤的消毒剂，具有强酸性的消毒剂，不适合用于车辆消毒。消毒槽（池）的消毒剂，最好选用耐有机物、耐日光、不易挥发、杀菌谱广、杀菌力强的消毒剂，并按时更换，以保持消毒效果。车辆消毒一般可使用博灭特、百毒杀、强力消毒王、优氯净、过氧乙酸、苛性钠、抗毒威及农福等。如车体的喷雾消毒可采用0.1 %百毒杀溶液、0.1%新洁尔灭溶液或0.5%过氧乙酸溶液等。

（3）出入设备用具的消毒　装运产品、动物的笼、箱等容器以及其他用具，都可成为传播疫病的媒介。因此，对由场外运入的容器与其他用具，必须做好消毒工作。为防疫需要，应在养殖场入口附近（和畜禽舍有一定距离），设置容器消毒室，对由场外运入的容器及其他用具等，进行严格消毒。消毒时注意勿使消毒废水流向畜禽舍，应将其排入排水沟。

用具消毒设备由淋浴和消毒槽两部分组成。在消毒槽内设有蒸汽装置，用以进行消毒液加温。消毒液须在每天开始作业前和午前10时与午后1时更换3次，与此同时拔掉槽底的塞子，将泥土、污物等排出洗净。消毒液经蒸汽加温，在冬季一般保持在60℃左右，能收到好的消毒效果。温度过高易烫伤消毒作业人员，浪费燃料。消毒时应注意以下几方面。一是保持消毒液的浓度、温度与作用时间。配制消毒液时须合理计算，按照要求配制；消毒液的温度一般保持在50～60℃，浸泡时间为15～20分钟，多数细菌和病毒可被杀死。二是适时更换消毒液。容器内常附着粪便和其他有机物，会降低消毒效果。三是充分进行水洗。容器内外常附着粪便和其他有机物，如果不洗干净，一些病原微生物不能被彻底消灭，所以消毒前要洗刷干净。

2. 场区环境消毒

（1）生活区的消毒　建立外源性病原微生物的净化区域。在鸭场生活区门口经过简单消毒后，进入生活区的人员和物品需要在生活区消毒和净化，所以生活区的消毒是控制疫病传播最有效的做法之一。生活区消毒的常规做法有：生活区的所有房间每天用消毒液喷洒消毒一次；每月对所有房间甲醛熏蒸消毒一次；对生活区的道路每周进行两次环境大消毒；外出归来的人员所带东西存放在外更衣柜内，必须

带入者需经主管批准；所穿衣服，先熏蒸消毒，再在生活区清洗后存放在外更衣柜中；入场物品需经两种以上消毒液消毒；在生活区外面处理蔬菜，只把洁净的蔬菜带入生活区内处理，制定严格的伙房和餐厅消毒程序。仓库只有外面有门，每进物品都需用甲醛熏蒸消毒一次。生活区与生产区只能通过消毒间进入，其他门口全部封闭。

（2）生产区的消毒　鸭场内消毒的目的是最大限度地消灭本场病原微生物的存在，制订场区内卫生防疫消毒制度，并严格按要求去执行。同时要在大风、大雾、大雨过后对鸭舍和周围环境进行一至两次严格消毒。生产区内所有人员不准走土地面，以杜绝泥土中病原体的传播。

每天对生产区主干道、厕所消毒一次，可用火碱加生石灰水喷洒消毒；每天对鸭舍门口、操作间清扫消毒一次；每周对整个生产区进行 2 次消毒，减少杂草上的灰尘，确保鸭舍周围 15 米内无杂物和过高的杂草；定期灭鼠，每月一次，育雏期间每月 2 次；确保生产区内没有污水集中之处，任何人不能私自进入污区；鸭场要严格划分净区与污区，这是鸭场管理的硬性措施。

（3）生产区土壤的消毒　病原微生物常随着病人及患病畜禽的排泄物、分泌物、尸体和污水、垃圾等污物进入畜禽运动场的土壤而使土壤污染。不同种类的病原微生物在土壤中生存的时间有很大的差别。一般无芽孢的病原微生物生存时间较短，从几小时到几个月不等；而有芽孢的病原微生物生存时间较长，如炭疽杆菌芽孢在土壤中存活可达十几年（表 4-11）。

表 4-11　几种微生物在土壤中生存的时间

病原微生物	在土壤中存活时间
结核杆菌	5 个月，甚至达 2 年之久
伤寒沙门氏菌	3 个月
化脓性球菌	2 个月
丹毒杆菌	166 天（土壤中尸体内）
巴氏杆菌	14 天（土壤表层）
布氏杆菌	100 天

土壤中病原微生物除了来自外界的污染以外，土壤中本身就存在着能够较长时间生活的病原微生物，如肉毒梭状芽孢杆菌等。土壤中的厌氧芽孢杆菌以芽孢形态存在于土壤中，在动物厌气性创伤感染中起着很大的作用。土壤中的病原微生物可通过水源、饲料等途径而传染给畜禽。因此，土壤的消毒，特别是对被病原微生物污染的土壤进行消毒是十分必要的。

在消灭土壤中的病原微生物时，生物学和物理学因素起着重要的作用。疏松土壤，可增强土壤中微生物间的拮抗作用，使其充分接受阳光中紫外线的照射。另外，种植冬小麦、黑麦、三叶草、大黄等植物也可杀灭土壤中的病原微生物，使土壤净化。

在实际工作中，除利用上述自然净化作用外，也可运用化学消毒法进行土壤消毒，以迅速消灭土壤中的病原微生物。化学消毒时，常用的消毒剂有漂白粉或5%～10%漂白粉澄清液、4%甲醛溶液、2%～4%氢氧化钠热溶液等。土壤的消毒根据被污染情况的不同，处理方式也不同。平常的预防消毒应经常清扫，保持场地清洁卫生，定期用一般性的消毒药喷洒即可。若发生了疫情，被污染土壤的消毒应在消毒前，首先对土壤表面进行机械清扫，被清扫的表土、粪便、垃圾等集中深埋或生物热发酵或焚烧，然后用消毒液进行喷洒，每平方米用消毒液1000毫升。如果是细菌芽孢污染的地面，在用1%漂白粉溶液或其他对芽孢有效的消毒药喷洒后，可将地面深翻30厘米左右，撒上漂白粉，并与土混合，按每平方米面积3～25千克，然后加水湿润、原地压平。

3. 鸭舍消毒

（1）空舍消毒　好的清洁工作可以清除场内80%的微生物，这将有助于消毒剂更好地杀灭余下的病原菌。应用合理的清理程序能有效地清洁畜禽舍及相关环境，提高消毒效果。

①清理　移走动物并清除地面和裂缝中的垫料后，将杀虫剂直接喷洒于舍内各处。彻底清理更衣室、卫生隔离栏栅和其他与禽舍相关场所；彻底清理饲料输送装置、料槽、饲料贮器和运输器以及称重设备。将废弃的垫料移至畜禽场外，如需存放在场内，则应尽快严密地盖好以防被昆虫利用并转移至临近畜禽舍。取出屋顶电扇以便更好地

清理其插座和转轴。在墙上安装的风扇则可直接清理，但应能有效地清除污物；清理供热装置的内部，以免当畜禽舍再次升温时，蒸干的污物碎片被吹入干净的房舍。

② 清洗和擦拭　将在畜禽舍内无法清洁的设备拆卸至临时场地进行清洗，并确保其清洗后的排放物远离禽舍。清洗工作服和靴子；干燥清理难以触及进气阀门的内外表面及其转轴，特别是积有更多灰尘的外层，对不能用水来清洁的设备，应该干拭后加盖塑料防护层。

③ 清除　清除在清理过并干燥后的畜禽舍中所残留粪便和其他有机物。

④ 冲洗　就水泥地板而言，用清洁剂溶液浸泡 3 小时以上，再用高压水枪冲洗。应特别注意冲洗不同材料的连接点和墙与屋顶的接缝，使消毒液能有效地深入其内部。饲喂系统和饮水系统也同样用泡沫清洁剂浸泡 30 分钟后再冲洗。在应用高压水枪时，出水量应足以迅速冲掉这些泡沫及污物，但注意不要把污物溅到清洁过的表面上。泡沫清洁剂能更好地黏附在天花板、风扇转轴和墙壁的表面，浸泡约 30 分钟后，用水冲下。由上往下，用可四周转动的喷头冲洗屋顶和转轴，用平直的喷头冲洗墙壁。

⑤ 检查　检查所有清洁过的房屋和设备，看是否有污物残留（清洗和消毒错漏过的设备）；重新安装好畜禽舍内的设备，包括通风设备（清洗消毒后）；关闭房舍，给需要处理的物体（如进气口）表面加盖好可移动的防护层。

⑥ 消毒药喷洒　畜禽舍冲洗干燥后，用 5% ～ 8% 的火碱溶液喷洒地面、墙壁、屋顶、笼具、饲槽等 2 ～ 3 次，用清水洗刷饲槽和饮水器。其他不易用水冲洗和用火碱消毒的设备可以用其他消毒液涂擦。

⑦ 移出设备的消毒　畜禽舍内移出的设备用具放到指定地点，先清洗再消毒。如果能够放入消毒池内浸泡的，最好放在 3% ～ 5% 的火碱溶液或 3% ～ 5% 的福尔马林溶液中浸泡 3 ～ 5 小时；不能放入池内的，可以使用 3% ～ 5% 的火碱溶液彻底全面喷洒。消毒 2 ～ 3 小时后，用清水清洗，放在阳光下暴晒备用。

⑧ 饮水系统的消毒　对于封闭的乳头饮水系统而言，可通过松开部分的连接点来确认其内部的污物。污物可粗略地分为有机物（如细菌、藻类或霉菌）和无机物（如盐类或钙化物）。可用碱性化合物或过

氧化氢去除前者，用酸性化合物去除后者，但这些化合物都具有腐蚀性。确认主管道及其分支管道均被冲洗干净。

封闭的乳头或杯形饮水系统先高压冲洗，再将清洁液灌满整个系统，并通过闻每个连接点的化学药液气味或测定其 pH 值来确认是否被充满。浸泡 24 小时以上，充分发挥化学药液的作用后，排空系统，并用净水彻底冲洗。

开放的圆形和杯形饮水系统用清洁液浸泡 2 ～ 6 小时，将钙化物溶解后再冲洗干净，如果钙质过多，则须刷洗。将带乳头的管道灌满消毒药，浸泡一定时间后冲洗干净并检查是否残留有消毒药；而开放的部分则可在浸泡消毒液后冲洗干净。

⑨ 熏蒸消毒　能够密闭的畜禽舍，特别是幼畜舍，将移出的设备和 / 或需要的设备用具移入舍内，密闭熏蒸后待用。熏蒸常用的药物用量与作用时间，随甲醛气体产生的方法与病原微生物的种类不同而有差异。在室温为 18 ～ 20℃，相对湿度为 70% ～ 90% 时，处理剂量见表 4-12。

表 4-12　甲醛熏蒸消毒处理剂量

产生甲醛蒸气方法	微生物类型	使用药物与剂量	作用时间 / 小时
福尔马林加热法	细菌繁殖体	福尔马林 12.5 ～ 25 毫升 / 米 ^{3}	12 ～ 24
	细菌芽孢	福尔马林 25 ～ 50 毫升 / 米 ^{3}	12 ～ 24
福尔马林高锰酸钾法	细菌繁殖休	福尔马林 42 毫升 / 米 ^{3}， 高锰酸钾 21 克 / 米 ^{3}	12 ～ 48
福尔马林漂白粉法	细菌繁殖体	福尔马林 20 毫升 / 米 ^{3}， 漂白粉 20 克 / 米 ^{3}	12 ～ 24
多聚甲醛加热法	细菌芽孢	多聚甲醛 10 ～ 20 克 / 米 ^{3}	12 ～ 24
醛氯消毒合剂	细菌繁殖体	醛氯消毒合剂 3 克 / 米 ^{3}	1
微囊醛氯消毒合剂	细菌繁殖体	微囊醛氯消毒合剂 3 克 / 米 ^{3}	1

生产中常用福尔马林溶液和高锰酸钾熏蒸，熏蒸时间为 24 ～ 48 小时，熏蒸后待用。经过甲醛熏蒸消毒后，舍内环境中的细菌减少 90%。熏蒸操作方法如下。

封闭鸭舍的窗和所有缝隙。如果使用的是能够关闭的玻璃窗，可

以关闭窗户，用纸条把缝隙粘贴起来，防止漏气。如果是不能关闭的窗户，可以使用塑料布封闭整个窗户。

准确计算药物用量。根据鸭舍的空间分别计算好福尔马林和高锰酸钾的用量。参考用量见表2-4，可根据鸭舍的污浊程度选用。如新的没有使用过的鸭舍一般使用Ⅰ或Ⅱ浓度熏蒸；使用过的鸭舍可以选用Ⅱ或Ⅲ浓度熏蒸。如果一个鸭舍面积100米^2，高度3米，则体积为300米^3，用Ⅱ浓度，需要福尔马林8400毫升，高锰酸钾4200克。

熏蒸。选择的容器一般是瓦制的或陶瓷的，禁用塑料的（反应腐蚀性较大，温度较高，容易引起火灾）。容器容积是药液量的8～10倍（熏蒸时，两种药物反应剧烈，因此盛装药品的容器应尽量大一些，否则药物流到容器外，反应不充分），鸭舍面积大时可以多放几个容器。把高锰酸钾放入容器内，将福尔马林溶液缓缓倒入，迅速撤离，封闭好门。熏蒸后可以检查药物反应情况。若残渣是一些微湿的褐色粉末，则表明反应良好。若残渣呈紫色，则表明福尔马林量不足或药效降低。若残渣太湿，则表明高锰酸钾量不足或药效降低。

熏蒸的最佳条件。熏蒸效果最佳的环境温度是24℃以上，相对湿度75%～80%，熏蒸时间24～48小时。熏蒸后打开门窗通风换气1～2天，使其中的甲醛气体逸出。不立即使用的可以不打开门窗，待用前再打开门窗通风。

停留指定时间到后，打开通风器，如有必要，升温至15℃，先开出气阀后开进气阀。可喷洒25%的氨水溶液来中和残留的甲醛，而通过开门来逸净甲醛则有可能使不期望的物质进入。

（2）带鸭消毒　饲养鸭的过程中，鸭舍内和鸭的体表存在大量的病原微生物，病原微生物不断地滋生繁殖，达到一定数量，引起鸭发生传染病。带鸭消毒就是对饲养着鸭的舍内的一切物品及畜禽体、空间用一定浓度的消毒液进行喷洒或熏蒸消毒，以清除鸭舍内的多种病原微生物，阻止其在舍内积累。带鸭消毒是现代集约化饲养条件下综合防病的重要组成部分，是控制鸭舍内环境污染和疫病传播的有效手段之一。实践证明，坚持每日或隔日对鸭群进行喷雾消毒，可以大大减轻疫病的发生。

① 带鸭消毒的作用　一是杀灭病原微生物。病原微生物能通过空气、饲料、饮水、用具或人体等进入鸭舍。通过带鸭消毒，可以彻底

全面地杀灭环境中病原微生物，并能杀灭鸭体表的病原微生物，避免病原微生物在舍内积累而导致传染病的发生。二是净化空气。带鸭消毒，能够有效地降低畜禽舍空气中浮游的尘埃和尘埃上携带的微生物，使舍内空气达到净化，减少畜禽呼吸道疾病的发生，确保畜禽健康。三是防暑降温。在夏季每天进行喷雾消毒，不仅能够减少鸭舍内病原微生物含量，而且可以降低舍内温度，缓解热应激，减少死亡率。

② 带鸭消毒药的选用原则　一是有广谱的杀菌能力。鸭舍内细菌种类多，选择的消毒药物具有广谱的杀菌能力，不仅可以减少鸭舍中细菌数量，而且可以减少细菌的种类。二是有较强的消毒能力。所选用的消毒药应能够在短时间内杀灭入侵养殖场的病原。病原一旦侵入动物机体，消毒药将无能为力。同时，消毒能力的强弱也体现在消毒药的穿透能力上。消毒药只有具有一定的穿透能力，才能真正达到杀灭病原的目的。三是廉价方便。养殖场应尽可能地选择低价高效的消毒药，消毒药的使用应尽可能的方便，以降低消毒成本。四是性质稳定。每个养殖场都贮备有一定数量的消毒药，且消毒药在使用以后还要求可长时间地保持杀菌能力。这就要求消毒药本身性质稳定，在存放和使用过程中不易被氧化和分解。五是无腐蚀性和无毒性。目前，养殖业所使用的养殖设备大多采用金属材料制成，所以在选用消毒药时，特别要注意消毒药的腐蚀性，以免造成鸭舍设备生锈。同时也应避免消毒引起的工作人员衣物蚀烂、皮肤损伤。带鸭消毒，舍内有鸭存在，消毒药液要喷洒、喷雾或熏蒸，如果毒性大，在杀灭病原的同时，可能造成工作人员和鸭中毒，危害工作人员和鸭的健康。六是不受有机物影响。鸭舍内脓汁、血液、机体的坏死组织、粪便和尿液等的存在，往往会降低消毒药物的消毒能力。所以选择消毒药时，应尽可能选择那些不受有机物影响的消毒药。七是无色无味无污染。有刺激性气味的消毒药易引起畜禽的应激；有色消毒药不利于圈舍的清洁卫生；有污染的消毒药不仅会污染环境，也会污染养殖场。

③ 带鸭消毒的方法

a. 喷雾法或喷洒法。消毒器械一般选用高压动力喷雾器或背负式手摇喷雾器，将喷头高举空中，喷嘴向上以画圆方式先内后外逐步喷洒，使药液如雾一样缓慢下落。要喷到墙壁、屋顶、地面，以均匀

湿润和鸭体表稍湿为宜，不得直喷鸭体。喷出的雾粒直径应控制在80～120微米之间，不要小于50微米。雾粒粒径过大易造成喷雾不均匀和鸭舍太潮湿，且在空中下降速度太快，与空气中的病原微生物、尘埃接触不充分，起不到消毒的作用；雾粒粒径太小则易被鸭吸入肺泡，引起肺水肿，甚至引发呼吸道病。同时必须与通风换气措施配合起来。

喷雾量应根据畜禽舍的构造、地面状况、气象条件适当增减，一般按50～80毫升/米^{3}计算（100～240毫升/米^2，以地面、墙壁、天花板均匀湿润和禽体表微湿的程度为宜）。最好每3～4周更换一种消毒药。冬季寒冷喷雾时应将舍内温度比平时提高3～4℃，不要把鸭体喷得太湿，也可使用温水稀释；夏季带鸭消毒有利于降温和减少热应激死亡。也可以使用过氧乙酸，每立方米空间用30毫升的纯过氧乙酸配成0.3%的溶液喷洒，选用大雾滴的喷头，喷洒鸭舍各部位、设备、鸭群。一般每周带鸭消毒1～2次，发生疫病期间每天带鸭消毒1次。进雏第一周，鸭舍和育雏器每天轻轻喷雾消毒1～2次，以后每周1～2次。育成期每周消毒一次，成禽可15～20天消毒一次，发生疫情时可每天消毒一次。

b. 熏蒸法。对化学药物进行加热使其产生气体，以达到消毒的目的。常用的药物有食醋或过氧乙酸。每立方米空间使用5～10毫升的食醋，加1～2倍的水稀释后加热蒸发；30%～40%的过氧乙酸，每立方米用1～3克，稀释成3%～5%溶液，加热熏蒸，室内相对湿度要在60%～80%，若达不到此数值，可采用喷热水的办法增加湿度，密闭门窗，熏蒸1～2小时，打开门窗通风。

④ 带鸭消毒的注意事项　一是消毒前进行清洁。带鸭消毒的着眼点不应限于鸭体表，而应包括整个鸭所在的空间和环境，否则就不能全面地杀灭病原微生物。先对消毒的鸭舍环境进行彻底的清洁，如清扫地面、墙壁和天花板上的污染物，清理设备用具上的污物，清除光照系统（电源线、光源及罩）、通风系统上的尘埃等，以提高消毒效果和节约药物的用量。

二是正确配制及使用消毒药。带鸭消毒过程中，根据鸭群体状况、消毒时间、喷雾量及方法等，正确配制和使用药物。注意不要随意增

高或降低药物浓度，有的消毒药要现配现用，有的可以放置一段时间，按消毒药的说明要求进行，一般配好消毒药不要放置过长时间再使用。如过氧乙酸是一种消毒作用较好、价廉、易得的消毒药。按正规包装应将30%过氧化氢及16%醋酸分开包装（称为二元包装或A、B液），用之前将两者等量混合，放置10小时后即可配成0.3%～0.5%的消毒液，A、B液混合后在10天内效力不会降低，但60天后消毒力下降30%以上，存放时间愈长愈易失效。选择带鸭消毒药时，不要随心所欲，要有针对性地选择。不要随意将几种不同的消毒药混合使用，否则会导致药效降低，甚至使药物失效。选择3～5种不同的消毒剂交替使用，因为不同消毒剂抑杀病原微生物的范围不同，交替使用可以相互补充，杀死各种病原微生物。

三是注意稀释用水。配制消毒药液应选择杂质较少的深井水或自来水，寒冷季节水温要高一些，以防水分蒸发引起家禽受凉而患病；炎热季节水温要低一些，并选在气温最高时消毒，以便消毒的同时起到防暑降温的作用。喷雾用药物的浓度要均匀，必须由兽医人员按说明规定配制，对不易溶于水的药应充分搅拌使其溶解。

四是免疫接种时慎用带鸭消毒。消毒药可以降低疫苗效价。在饮水、气雾和点眼滴鼻免疫时，前后2天内不要进行带鸭消毒，避免降低免疫效果。

（3）鸭舍中设备用具消毒

① 饲喂、饮水用具消毒　饲喂、饮水用具每周洗刷消毒一次，炎热季节应增加次数，饲喂雏鸭的开食盘或塑料布，正反两面都要清洗消毒。可移动的食槽和饮水器放入水中清洗，刮除食槽上的饲料结块，放在阳光下暴晒。固定的食槽和饮水器，应彻底水洗刮净、干燥，用常用阳离子清洁剂或两性清洁剂消毒，也可用高锰酸钾、过氧乙酸和漂白粉液等消毒，如可使用5%漂白粉溶液喷洒消毒。

② 拌饲料的用具及工作服　每天用紫外线照射一次，照射时间20～30分钟。

③ 医疗器械及其他用具　必须先冲洗后再煮沸消毒。

4. 工作人员消毒

工作人员进入场区时通过消毒室进行消毒；在接触鸭体、饲料、

用具等之前，须洗手，并用 1 ∶ 1000 的新洁尔灭溶液浸泡消毒 3 ～ 5 分钟。

5. 饮水消毒

鸭饮水应清洁无毒、无病原菌，符合人的饮用水标准，生产中使用干净的自来水或深井水。但饮水进入禽舍后，由于露在空气中，舍内空气、粉尘、饲料中的细菌可对其造成污染。病鸭可通过饮水系统将病原体传给健康者，从而引发呼吸系统、消化系统疾病。在病鸭舍的饮水器中，能检出大量的支原体病、大肠杆菌等疫病病原。如果在饮水中加入适量的消毒药物则可以杀死水中带的病原体。

临床上常见的饮水消毒剂多为氯制剂、碘制剂和复合季铵盐类等，但季铵化合物只适用于 14 周龄以下禽饮用水的消毒，不能用于产蛋禽。消毒药可以直接加入蓄水池或水箱中，用药量应以最远端饮水器或水槽中的有效浓度达该类消毒药的最适饮水浓度为宜。家禽喝的是经过消毒的水而不是喝的消毒药水，任意加大水中消毒药物的浓度或长期使用消毒药，除可引起急性中毒外，还可杀死或抑制肠道内的正常菌群从而影响饲料的消化吸收，对家禽健康造成危害，另外影响疫苗防疫效果。饮水消毒应该是预防性的，而不是治疗性的，因此消毒剂饮水要谨慎行事。在饮水免疫的前后 3 天，千万不要在饮水中加入消毒剂。

6. 垫料消毒

使用碎草、稻壳或锯屑作垫料时，须在进雏前 3 天用消毒液（如博灭特 2000 倍液、10% 百毒杀 400 倍液、新洁尔灭 1000 倍液、强力消毒王 500 倍液、过氧乙酸 2000 倍液）进行掺拌消毒。这不仅可以杀灭病原微生物，而且还能补充育雏器内的湿度，以维持适合育雏需要的湿度。垫料消毒的方法是取两根木椽子，相距一定距离，将农用塑料薄膜铺在上面，在薄膜上铺放垫料，掺拌消毒液，然后将其摊开（厚约 3 厘米）。采用这种方法，不仅可维持湿度，而且是一种物理性的防治球虫病措施，同时也便于育雏结束后，将垫料和粪便无遗漏地清除至舍外。

进雏后，每天对垫料还需喷雾消毒 1 次。湿度小时，可以使用消

毒液喷雾。如果只用水喷雾增加湿度，起不到消毒的效果，并有危害。这是因为育雏器内的适宜温度和湿度，适合细菌和霉菌急剧增加，成为呼吸道疾病发生的原因。

清除的垫料和粪便应集中堆放，如无传染病可疑时，可用生物自热消毒法。如确认有某种传染病时，应将全部垫料和粪便深埋或焚烧。

7. 防控球虫病的消毒

对养鸭场来说，还有个麻烦的问题，就是防控球虫病的消毒。球虫是鸭肠内寄生的原虫，是一种比细菌稍高级的微生物。球虫病的原虫在鸭肠道内增殖，随粪便排出后可使其他鸭经口感染，再增殖排出，如此连续不断地增殖，扩大感染。这种病能给养鸭生产造成较大损失。球虫卵经发育后可形成卵囊，球虫卵囊的活力很强：在 80℃水中 1 分钟死亡；在 70℃水中 15 分钟死亡；在常温（14 ～ 38℃）下，可存活 2 年；在阴干的鸭粪中，可存活 11 个月；在不向阳的林荫土壤中，可存活 18 个月；在向阳的沙土中，可存活 4 个月。

（1）杀灭球虫卵囊的消毒剂　球虫卵囊的表面有一层类似明胶样的硬质膜，所以多数消毒剂不能将其杀死。三氯异氰尿酸、强力消毒王及农福等消毒剂，对球虫卵囊有较强的杀灭作用。但是，也不如这类消毒剂对细菌和病毒等的杀灭能力强。原因是，球虫卵囊的抵抗力强，不仅需要较高浓度的消毒液，而且作用的时间也要长。

（2）防控球虫病消毒的注意事项　由于上述原因，对防控球虫病的消毒，应注意如下几方面。一是要使用高浓度的消毒液进行消毒，否则难以杀灭球虫卵囊，达不到防控球虫病的目的。通常三氯异氰尿酸在每升水中需加入 2 ～ 3 克；强力消毒王在每升水中需加入 3 ～ 5 克；农福在每升水中需加入 30 ～ 50 毫升。二是消毒作用时间要长，需要达到 6 小时以上，才能收到消毒效果。三是不要只限于鸭舍床面的消毒，床面消毒不可能全部杀灭球虫卵囊，还要靠消毒液排放到排水沟后，继续发挥消毒作用。因此，在排水口附近，要重点泼洒高浓度的消毒液。四是用火焰消毒的效果最好，可用火焰喷枪烧燎床面。但对进入水泥床面裂痕或小缝隙的球虫卵囊，往往火焰达不到，不能将其杀死。球虫卵囊在干热环境中（无水分状态）80℃时能存活 5 分钟，但在 80℃水中 1 分钟即可死亡。所以，用火焰喷烧

时，稍微加热是不够的，须分区段、小部分、逐个地充分喷烧才能奏效。五是处理好垫料和鸭粪，这是决定鸭舍消灭球虫病的关键，所以焚烧垫料是最好的处理方法。用火干燥或发酵鸭粪，能把粪中的球虫卵囊完全杀死。在作发酵处理时，要尽可能不使粪便撒落在鸭舍周围和道路上。

此外，常见在相同雏鸭、相同饲料、相同管理方式的情况下，有不发生球虫病的鸭舍，有常发生球虫病的鸭舍。后者多是由于床面凹陷、饮水器漏水、潮湿、换气不良等原因所造成的。因此，应注意改善鸭舍构造，去除球虫病发生的环境条件，这对防控球虫病是很重要的。

8. 发生疫病期间的消毒

发生传染病后，畜禽养殖场病原数量大幅增加，疫病传播流行会更加迅速，为了控制疫病传播流行及危害，需要更加严格消毒。

疫情活动期间消毒是以消灭病畜所散布的病原为目的而进行的。病畜禽所在的畜禽舍、隔离场地、排泄物、分泌物及被病原微生物污染和可能被污染的一切场所、用具和物品等都是消毒的重点。在实施消毒过程中，应根据传染病病原体的种类和传播途径的区别，抓住重点，以保证消毒的实际效果。如肠道传染病消毒的重点是畜禽排出的粪便以及被污染的物品、场所等；呼吸道传染病则主要是消毒空气、分泌物及被污染的物品等。

（1）一般消毒　养殖场的道路、畜舍周围用 5% 的氢氧化钠溶液或 10% 的石灰乳溶液喷洒消毒，每天一次。畜舍地面、畜栏用 15% 漂白粉溶液、5% 的氢氧化钠溶液等喷洒，每天一次。带畜消毒，用 0.25% 的益康溶液或 0.25% 的强力消杀灵溶液或 0.3% 农家福或 0.5 ～ 1% 的过氧乙酸溶液喷雾，每天一次，连用 5 ～ 7 天。粪便、粪池、垫草及其他污物化学或生物热消毒。出入人员脚踏消毒液，紫外线等照射消毒，消毒池内放入 5% 氢氧化钠溶液，每周更换 1 ～ 2 次。其他用具、设备、车辆用 15% 漂白粉溶液、5% 的氢氧化钠溶液等喷洒消毒。疫情结束后，进行全面的消毒 1 ～ 2 次。

（2）疫源地污染物的消毒　发生疫情后污染（或可能污染）的场所和污染物要进行严格的消毒。消毒方法见表 4-13。

表 4-13　疫源地污染物消毒方法

消毒对象	消毒方法	
	细菌性传染病	病毒性传染病
空气	甲醛熏蒸，福尔马林液 25 毫升，作用 12 小时（加热法）；2% 过氧乙酸熏蒸，用量 1 克 / 米 ^{3}，20℃作用 1 小时；0.2% ～ 0.5% 过氧乙酸或 3% 来苏儿喷雾，30 毫升 / 米 ^{2}，作用 30 ～ 60 分钟；红外线照射 0.06 瓦 / 厘米 ^{2}	甲醛熏蒸法（同细菌病）；2% 过氧乙酸熏蒸，用量 3 克 / 米 ^{3}，作用 90 分钟（20℃）；0.5% 过氧乙酸或 5% 漂白粉澄清液喷雾，作用 1 ～ 2 小时；乳酸熏蒸，用量 10 毫克 / 米 ^{3}，加水 1 ～ 2 倍，作用 30 ～ 90 分钟
排泄物（粪、尿、呕吐物等）	成型粪便加 2 倍量的 10% ～ 20% 漂白粉乳剂，作用 2 ～ 4 小时；对稀便，直接加粪便量 1/5 的漂白粉剂，作用 2 ～ 4 小时	成型粪便加 2 倍量的 10% ～ 20% 漂白粉乳剂，充分搅拌，作用 6 小时；稀便，直接加粪便量 1/5 的漂白粉剂，作用 6 小时；尿液 100 毫升加漂白粉 3 克，充分搅匀，作用 2 小时
分泌物（鼻涕、唾液、穿刺脓、乳汁汁液）	加等量 10% 漂白粉或 1/5 量干粉，作用 1 小时；加等量 0.5% 过氧乙酸，作用 30 ～ 60 分钟；加等量 3% ～ 6% 来苏儿液，作用 1 小时	加等量 10% ～ 20% 漂白粉或 1/5 量干粉，作用 2 ～ 4 小时；加等量 0.5% ～ 1% 过氧乙酸，作用 30 ～ 60 分钟
畜禽舍、运动场及舍内用具	污染草料与粪便集中焚烧。畜舍四壁用 2% 漂白粉澄清液喷雾（200 毫升 / 米 ^{3}），作用 1 ～ 2 小时。畜圈及运动场地面，喷洒漂白粉 20 ～ 40 克 / 米 ^{2}，作用 2 ～ 4 小时；或 1% ～ 2% 氢氧化钠溶液、5% 来苏儿溶液喷洒，1000 毫升 / 米 ^{3}，作用 6 ～ 12 小时。甲醛熏蒸，福尔马林 12.5 ～ 25 毫升 / 米 ^{3}，作用 12 小时（加热法）。0.2% ～ 0.5% 过氧乙酸、3% 来苏儿喷雾或擦拭，作用 1 ～ 2 小时。2% 过氧乙酸熏蒸，用量 1 克 / 米 ^{3}，作用 6 小时	与细菌性传染病消毒方法相同，一般消毒剂作用时间和浓度稍大于细菌性传染病消毒作用时间和用量

续表

消毒对象	消毒方法	
	细菌性传染病	病毒性传染病
饲槽、水槽、饮水器等	0.5%过氧乙酸浸泡30～60分钟；1%～2%漂白粉澄清液浸泡30～60分钟；0.5%季铵盐类消毒剂浸泡30～60分钟；1%～2%氢氧化钠热溶液浸泡6～12小时	0.5%过氧乙酸溶液浸泡30～60分钟；3%～5%漂白粉澄清液浸泡50～60分钟；2%～4%氢氧化钠热溶液浸泡6～12小时
运输工具	0.2%～0.3%过氧乙酸或1%～2%漂白粉澄清液，喷雾或擦拭，作用30～60分钟；3%来苏儿或0.5%季铵盐喷雾或擦拭，作用30～60分钟	0.5%～1%过氧乙酸、5%～10%漂白粉澄清液喷雾或擦拭，作用30～60分钟；5%来苏儿喷雾或擦拭，作用1～2小时；2%～4%氢氧化钠热溶液喷洒或擦拭，作用2～4小时
工作服、被服、衣物织品等	高压蒸汽灭菌，121℃ 15～20分钟；煮沸15分钟（加0.5%肥皂水）；甲醛25毫升/米^{3}作用12小时；环氧乙烷熏蒸，用量2.5克/升，作用2小时；过氧乙酸熏蒸，1克/米^3，在20℃条件下，作用60分钟；2%漂白粉澄清液或0.3%过氧乙酸或3%来苏儿溶液浸泡30～60分钟；0.02%碘伏浸泡10分钟	高压蒸汽灭菌，121℃ 30～60分钟；煮沸15～20分钟（加0.5%肥皂水）；甲醛25毫升/米^{3}熏蒸12小时；环氧乙烷熏蒸，用量2.5克/米^3，作用2小时；过氧乙酸熏蒸，用量1克/米^3，作用90分钟；2%漂白粉澄清液浸泡1～2小时；0.3%过氧乙酸浸泡30～60分钟；0.03%碘伏浸泡15分钟
接触病畜禽人员手消毒	0.02%碘伏洗手2分钟，清水冲洗；0.2%过氧乙酸泡手2分钟；75%酒精棉球擦手5分钟；0.1%新洁尔灭浸手5分钟	0.5%过氧乙酸洗手，清水冲净；0.05%碘伏泡手2分钟，清水冲净
污染办公品（书、文件）	环氧乙烷熏蒸，2.5克/升，作用2小时；甲醛熏蒸，福尔马林用量25毫升/米^3，作用12小时	同细菌性传染病
医疗器材、用具等	高压蒸汽灭菌，121℃ 30分钟；煮沸消毒15分钟；0.2%～0.3%过氧乙酸或1%～2%漂白粉澄清液浸泡60分钟；0.01%碘伏浸泡5分钟；甲醛熏蒸，50毫升/米^{3}作用1小时	高压蒸汽灭菌，121℃ 30分钟；煮沸30分钟；0.5%过氧乙酸或5%漂白粉澄清液浸泡，作用60分钟；5%来苏儿浸泡1～2小时；0.05%碘伏浸泡10分钟

五、科学的免疫接种

免疫接种通常使用疫苗和菌苗等生物制剂作为抗原接种于家禽体内，激发抗体产生特异性免疫力。目前，免疫接种仍是预防传染病的有效手段。

（一）常用疫苗

见表4-14。

表4-14　常用疫苗

名称	用途、用法用量	保存和有效期
雏鸭肝炎弱毒疫苗	按瓶签注明剂量，加生理盐水或灭菌蒸馏水按1∶100倍稀释，1日龄雏鸭皮下注射0.1毫升。也可用于种鸭免疫，在产蛋前10天，肌内注射0.5毫升，3～4个月后重复注射一次，可使雏鸭通过被动免疫，预防雏鸭肝炎。1日龄雏鸭免疫接种，免疫期约1个月	−15℃以下保存，有效期1年
鸭瘟鸡胚化弱毒疫苗	按瓶签注明的剂量，加生理盐水或灭菌蒸馏水按1∶200倍稀释，20日龄以上鸭肌内注射1毫升；5日龄雏鸭肌内注射0.2毫升（60日龄应加强免疫一次）。注射疫苗5～7天，即可产生免疫力，免疫期为6～9个月	在−15℃以下保存，有效期为18个月
鸭瘟鸭病毒性肝炎二联疫苗	①使用时按瓶签注明的剂量100羽、250羽份装，分别用稀释液100毫升、250毫升稀释均匀，1月龄鸭胸部或腿部皮下注射1毫升，鸭产蛋前进行第二次免疫。疾病流行严重地区可于55～60周龄时再加强免疫1次。②初免鸭瘟免疫期为9个月，鸭病毒性肝炎5个月；二免则均可达到9个月。③疫苗可用专门稀释液稀释，如没有该稀释液则可以用无菌生理盐水或无菌蒸馏水、冷开水等代替。④疫苗稀释后4小时内用完，隔夜无效	存放在−15℃以下有效期1.5年；0℃冻结状态下保存有效期1年；4～10℃保存有效期6个月；10～15℃保存有效期10天
番鸭细小病毒活疫苗	本疫苗适用于未经免疫种番鸭的后代雏番鸭的预防免疫接种。使用时按瓶签注明剂量稀释，给出壳后48小时内的雏番鸭，每羽皮下注射0.2毫升。接种7天后产生免疫力	放置在−15℃以下保存，有效期18个月

续表

名称	用途、用法用量	保存和有效期
鸭腺病毒蜂胶复合佐剂灭活苗	用时注意振荡均匀。3～25周龄每羽皮下注射0.5毫升。免疫注射后5～8天可产生免疫力	存放在10～25℃或常温下阴暗处，有效期1.5年
鸭传染性浆膜炎灭活苗	雏鸭每羽胸部肌内注射0.2～0.3毫升，用前充分摇匀。免疫期为3～6个月	放置在8～25℃保存，勿冻结，有效期为1年
鸭大肠杆菌疫苗	本苗用于后备鸭及种鸭的免疫。鸭免疫后10～14天产生免疫力，免疫期4～6个月。免疫注射后种鸭无不良反应，免疫期间，种蛋的受精率高，种母鸭的产蛋率及孵化率均将提高10%～40%以上，雏鸭成活率明显提高。使用本苗时，应注意振荡均匀。该苗的一个免疫剂量为每只鸭皮下注射1毫升。免疫程序为5周龄左右免疫注射1次，产蛋前2～4周免疫1次，必要时可于产蛋后4～5个月再免疫1次。注意抓鸭时，切忌动作粗暴而造成鸭体损伤、死亡或影响生产性能；如果鸭群正在发生其他疾病，则不能使用本苗	存放在10～25℃或常温下阴暗处，有效期12个月
鸭传染性浆膜炎（鸭疫里杆菌病）-雏鸭大肠杆菌病多价蜂胶复合佐剂二联灭活苗	使用本苗时，注意振荡均匀。1～10日龄雏鸭每羽皮下注射0.5毫升，本病流行严重地区可于17～18日龄再注射1次（0.5～1.0毫升）；20日龄以上鸭皮下注射1毫升。本苗产生免疫力时间快，免疫注射后5～8天可产生免疫力，注射后可显著提高雏鸭存活率	存放在10～25℃或常温下阴暗处，有效期1.5年
鸭巴氏杆菌A型苗	用时注意振荡均匀。一个免疫剂量为每羽皮下注射2毫升，如能分成2次注射（隔周1次）分别皮下注射1毫升则效果更好。免疫程序可采用5～7周龄免疫1次，产蛋前2～4周免疫1次，必要时可于产蛋后4～5个月再免疫1次	存放在10～25℃或常温下阴暗处，有效期2年
禽霍乱弱毒菌苗	按瓶签上注明的羽份，加入20%氢氧化铝胶生理盐水稀释并摇匀。3月龄以上的鸭，每羽肌内注射0.5毫升。免疫期为3～5个月	保存在10～15℃或常温下阴暗处，有效期2年
禽霍乱组织灭活苗	2月龄以上鸭，每羽肌内注射2毫升。免疫期3个月	放置在4～20℃常温保存，勿冻结，保存期1年

（二）疫苗的选择

疫苗质量的优劣对鸭群免疫效果起着决定作用。选择疫苗时应注意以下几方面。

1. 注意生产厂家

选择规模大、信誉度高、生物制品生产车间达到GMP认证标准的厂家。他们一般拥有完善的品控管理系统及先进的检测设备和实力雄厚的研发队伍，注重产品的质量和服务。向同行咨询，向专家咨询，了解不同厂家生产的疫苗的使用效果，为选择疫苗提供参考。

2. 注意销售单位

疫苗的销售单位众多，进货渠道和销售渠道广泛，疫苗的运输和保管缺乏监管等，都直接影响疫苗的质量，因此要到正规的疫苗销售单位（虽然现在实行专卖，但无证经营销售疫苗的单位和个人仍很多）购买疫苗，购买疫苗时需要索取票据。

3. 注意疫苗的包装

包装规范良好，包装上印有畜牧兽医行政管理部门核发的兽医生产批准文号。

4. 根据免疫程序安排选择不同种类的疫苗

例如，进行基础免疫（首免），应选用弱毒苗或选用弱毒苗与灭活苗结合免疫，如果加强免疫，可以选用中等毒力苗或灭活苗。

（三）疫苗使用中的注意事项

生产中，由于疫苗的运输、保管和使用不当引起免疫失败的情况时有发生，在使用过程中应注意如下方面。

1. 疫苗运输和保管得当

疫苗应低温保存和运输，避免高温和阳光直射，在夏季天气炎热时尤其重要。不同种类、不同血清型、不同毒株、不同有效期的疫苗应分开保存，先用有效期短的后用有效期长的。保存温度适宜，弱毒苗在冷冻状态下保存，灭活苗应在冷藏状态下保存。

2. 疫苗剂量适当

疫苗的剂量不足，不足以刺激机体产生足够的免疫效应，剂量过大可能引起免疫麻痹或毒性反应，所以疫苗使用剂量应严格按产品说明书进行。目前很多人为保险而将剂量加大几倍使用，是完全无必要的甚至是有害的（紧急免疫接种时需要4～5倍量）。过期或失效的疫苗不得使用，更不得用增加剂量来弥补。

3. 疫苗稀释科学

稀释疫苗之前应对使用的疫苗逐瓶检查，尤其是名称、有效期、剂量、封口等；对需要特殊稀释的疫苗，应用指定的稀释液。而其他的疫苗一般可用生理盐水或蒸馏水稀释。稀释液的用量在计算和称量时均应细心和准确。稀释过程应避光、避风尘和无菌操作，尤其是注射用的疫苗应严格无菌操作。稀释过程中一般应分级进行，对疫苗瓶一般应用稀释液冲洗2～3次，疫苗放入稀释器皿中要上下振摇，力求稀释均匀。稀释好的疫苗应尽快用完，尚未使用的疫苗也应放在冰箱或冰水桶中冷藏。

（四）免疫接种方法

家禽的免疫接种方法有饮水、滴眼滴鼻、肌内注射或皮下注射和气雾等，鸭群常用的是注射法，个别使用滴眼滴鼻法。

1. 肌内注射或皮下注射

肌内注射或皮下注射剂量准确，效果确切，作用迅速，但耗费劳力多，应激大。操作应注意以下方面：

（1）疫苗稀释液应是经消毒而无菌的，一般不要随便加入抗菌药物。

（2）疫苗的稀释和注射量应适当，量太小则操作时误差较大，量太大则操作麻烦，一般以每只0.2～1毫升为宜。

（3）使用连续注射器注射时，应经常核对注射器刻度容量和实际容量之间的误差，以免实际注射量偏差太大。

（4）注射器及针头用前均应消毒。

（5）皮下注射的部位一般选在颈部背侧，肌内注射部位一般选在胸肌或肩关节附近的肌肉丰满处。

（6）针头插入的方向和深度也应适当，在颈部皮下注射时，针头方向应向后向下，针头方向与颈部纵轴基本平行。对雏鸭的插入深度为0.5～1厘米，日龄较大的鸭可为1～2厘米。胸部肌内注射时，针头方向应与胸骨大致平行，插入深度雏鸭为0.5～1厘米，日龄较大的鸭可为1～2厘米。

（7）在将疫苗液推入后，针头应慢慢拔出，以免疫苗液漏出。

（8）在注射过程中，应边注射边摇动疫苗瓶，力求疫苗的均匀。

（9）在接种过程中，应先注射健康群，再接种假定健康群，最后接种有病的鸭群。

（10）关于是否一只鸭一个针头及注射部位是否消毒的问题，可根据实际情况而定。但吸取疫苗的针头和注射鸭的针头则应绝对分开，尽量注意卫生以防止经免疫注射而引起疾病的传播或引起接种部位的局部感染。

2. 滴眼滴鼻

滴眼滴鼻如果操作得当，效果比较确切，尤其是对一些预防呼吸道疾病的疫苗，免疫效果较好。当然，这种方法需要较多的人力，对鸭也会造成一定应激。但操作上稍有马虎，则往往达不到预期的目的，操作时应注意以下方面：

（1）稀释液必须用蒸馏水或生理盐水，最低限度应用冷开水，不要随便加入抗生素。

（2）稀释液的用量应尽量准确，最好根据自己所用的滴管或针头事先滴试，确定每毫升多少滴，然后再计算实际使用疫苗稀释液的用量。

（3）为了操作的准确无误，一手一次只能抓一只鸭，不能一手同时抓几只鸭。

（4）在滴入疫苗之前，应把鸭的头颈摆成水平的位置（一侧眼鼻朝天，一侧眼鼻朝地），并用一个手指按住向地面一侧的鼻孔。

（5）在将疫苗液滴加到眼和鼻上以后，应稍停片刻，待疫苗液确已吸入后再将鸭轻轻放回地面。

（6）应注意做好已接种鸭和未接种鸭之间的隔离，以免走乱。

（7）为减少应激，最好在晚上接种，如天气阴凉也可在白天适当关闭门窗后，在稍暗的光线下抓鸭接种。

（五）免疫程序制订

1. 免疫程序

鸭场根据本地区、本场疫病发生情况（疫病流行种类、季节、易感日龄）、疫苗性质（疫苗的种类、免疫方法、免疫期）和其他情况制订的适合本场的一个科学的免疫计划称作免疫程序。没有一个免疫程序是通用的和固定不变的，必须根据本场的实际情况，参考别人已成功的经验来制订适合本地或本场的免疫程序。

2. 制订免疫程序应考虑的因素

一是本地或本场的疫情。对目前威胁本场的主要传染病应进行免疫接种。对本地和本场尚未证实发生的疾病，必须证明确实已受到严重威胁时才能计划接种，对强毒型的疫苗更应非常慎重，非不得以不引进使用。二是母源抗体的水平。三是疫苗的生产厂家。四是所用疫苗毒（菌）株的血清型、亚型或毒株。疫苗剂型的选择，例如活苗或灭活苗、湿苗或冻干苗、细胞结合型和非细胞结合型疫苗之间的选择等。五是不同疫苗之间的干扰、某些疫苗的联合使用、同一种疫苗根据毒力先弱后强安排（如 IB 疫苗先 H_{120} 后 H_{52}）及同一种疫苗的先活苗后灭活油乳剂疫苗的安排。六是疫苗剂量、稀释量和接种途径的确定。七是根据免疫监测结果及突发疾病的发生所作的必要修改和补充等。

3. 免疫参考程序

肉种鸭和商品肉鸭免疫参考程序见表 4-15 及表 4-16。

表 4-15　樱桃谷肉种鸭免疫程序

接种日龄	疫苗名称	疫苗用量	使用方法	备注
1 日龄	鸭肝疫苗或抗体	2 头份或 1 毫升	颈背部皮下注射	
7 日龄	浆膜炎 + 大肠杆菌二联苗	0.5 毫升 / 羽	摇匀，颈部皮下注射	

续表

接种日龄	疫苗名称	疫苗用量	使用方法	备注
12 日龄	禽流感单联油苗 H5N1	0.5 毫升 / 羽	摇匀，颈部皮下注射	
17 日龄	鸭瘟冻干苗 3 头份	0.5 毫升	肌内注射	生理盐水
25 日龄	禽流感单联油苗 H5N1	0.5 毫升 / 羽、2 头份	摇匀，颈背部皮下注射	
40 日龄	鸭瘟冻干单联苗	1 毫升 / 羽、4 头份	摇匀，肌内皮下注射	生理盐水
60 日龄	大肠杆菌 + 霍乱二联苗	0.5 ～ 1 毫升 / 羽	摇匀，胸部肌肉或颈背部皮下注射	
70 日龄	禽流感二联苗 H5H9	1 毫升 / 羽	摇匀，颈背部皮下注射	
130 日龄	减蛋综合征 + 副黏病毒二联蜂胶苗	1 毫升 / 羽	摇匀，胸部肌内或颈部皮下注射	
137 日龄	禽流感二联苗 H5H9	1 ～ 1.5 毫升 / 羽	摇匀，颈背部皮下注射	
144 日龄	禽霍乱 + 大肠杆菌二联苗	1 毫升 / 羽	摇匀，颈背部皮下注射	
151 日龄	禽流感二联联 H5H9	1 ～ 1.5 毫升 / 羽	摇匀，颈背部皮下注射	
158 日龄	鸭瘟冻干苗	1 毫升 / 羽、4 头份 / 羽	摇匀，肌内注射	生理盐水

注：30 日龄和 120 日龄内外施打虫药驱虫一次。

表 4-16　商品肉鸭的免疫参考程序

日龄	疫苗	接种方法	剂量	备注
1 日龄	副伤寒福尔马林菌苗	胸肌注射	0.5 毫升	10 天后重复 1 次
	鸭瘟 - 鸭病毒性肝炎二联弱毒疫苗	胸肌注射	1 ～ 2 个剂量	父母代没有进行正规接种或种蛋购于市场的接种；2 周和 4 周再各接种一次

续表

日龄	疫苗	接种方法	剂量	备注
1～3日龄	鸭传染性浆膜炎（鸭疫巴氏杆菌病）-雏鸭大肠杆菌病多价蜂胶复合佐剂二联苗	皮下注射	0.5毫升	父母代没有进行正规接种或种蛋购于市场的接种
7～10日龄		皮下注射	0.5毫升	父母代进行正规接种的在7～10日龄接种
21日龄		皮下注射	0.5毫升	二次免疫
65日龄左右	禽霍乱菌苗	皮下注射	0.5～1毫升	120日龄再接种一次

六、合理的药物防治

药物（兽药）是用于预防、诊断和治疗畜禽疾病并提高畜禽生产能力的物质。药物有天然药物和人工合成药物两大类。如果选药不当，剂量过大，用法错误或用药时间过长等，对机体也能产生毒害作用，应用时必须加以注意。

（一）肉鸭保健方案

见表4-17。

表4-17　肉鸭保健方案

日龄	预防疾病	方案
1～4日龄	预防垂直传播的鸡白痢、脐炎、大肠杆菌、支原体等疾病，同时阻断病原体在雏鸭群内传播	丁胺卡那霉素或氟苯尼考，每100千克水10～12克；5%的糖水或电解质水（消除雏鸡因长途运输引起的疲劳并能使其尽快恢复体力）
8～10日龄	防止因接种疫苗所引起的应激性呼吸道病	泰乐菌素混水任鸭自由饮水，预防量为0.05%（治疗量为0.1%～0.2%），连用3～5天；或泰牧霉素，预防与治疗时的用量混水时为（125～250）×0.000001%

续表

日龄	预防疾病	方案
10～12日龄	预防球虫	磺胺间六甲氧嘧啶（SMM）按 0.1% 混于饲料中，或复方磺胺间六甲氧嘧啶（SMM+TMP，以 5 ∶ 1 比例）按 0.02%～0.04% 混于饲料中，连喂 5 天，停 3 天，再喂 5 天； 磺胺甲基异噁唑（SMZ）按 0.1% 混于饲料，或复方磺胺甲基异噁唑（SMZ+TMP，以 5 ∶ 1 比例）按 0.02%～0.04% 混于饲料中，连喂 7 天，停 3 天，再喂 3 天
15～29日龄	预防新城疫、传染性法氏囊病的发生	混饲，每 1000 千克饲料添加本品 1.5 千克（即每袋 1 千克），充分混匀，全天饲喂，连用 3～5 天。治疗时加倍
35～40日龄	预防病毒性传染病	混饲，每 1000 千克饲料添加本品 1.5 千克（即每袋 1 千克），充分混匀，全天饲喂，连用 3～5 天。治疗时加倍

（二）蛋鸭保健方案

见表 4-18。

表 4-18　蛋鸭药物保健方案

日龄	疾病	方案
1～6日龄	防治鸭沙门氏杆菌、葡萄球菌感染	入舍后饮 5% 糖 + 维生素 C（10 克 /100 千克）水，并在水中加入 0.005% 恩诺沙星，连用 3 天；然后饮用阿莫西林（0.2 克 / 升）3 天或庆大霉素 2 万～4 万单位 / 升饮水
7～12日龄	大肠杆菌病及鸭伤寒等	注射鸭病毒性肝炎疫苗、头孢噻呋钠或恩诺沙星
13～50日龄	鸭浆膜炎、大肠杆菌病、鸭支原体病、流感、鸭瘟等	做好免疫。每隔 3～5 天，即用黄芪多糖 + 氟苯尼考（也可用一些抗菌、抗病毒西药）连用 3 天。肠道病使用硫酸新霉素、林可霉素等治疗；呼吸道病用酒石酸泰乐菌素、强力霉素等治疗
51～120日龄	同 13～50 日龄	做好免疫。每隔 10 天，用黄芪多糖 + 氟苯尼考（也可用一些抗菌、抗病毒西药）连用 3 天。其他同 13～50 日龄

续表

日龄	疾病	方案
开产前	预防生殖系统疾病	用阿莫西林，连用3天以上
120日龄以后	预防鸭输卵管炎	（1）每月用黄芪多糖4～5天，以提高抗病力，防止发病。 （2）每月定期预防输卵管炎一次，使用抗菌药，如阿莫西林或头孢噻呋钠，连用3天。 （3）发现产蛋下降、产软皮蛋、产沙皮蛋、蛋小、异形蛋等，首先要分析病因。有生殖系统疾病时，用阿莫西林；有病毒时，黄芪多糖配合金刚烷胺或利巴韦林等使用；没有疾病症状时，可用黄芪多糖配合阿莫西林应用。一般5～6天可提高机体免疫力和预防输卵管炎

第五招 尽量降低生产消耗

【提示】

产品的生产过程就是生产的耗费过程，企业要生产产品，就是发生各种生产耗费。生产过程的耗费包括劳动对象（如饲料）的耗费、劳动手段（如生产工具）的耗费以及劳动力的耗费等。在产品产量一定情况下，降低生产消耗就可以增加效益；在消耗一定的情况下，增加产品产量也可以增加效益；同样规模的鸭养殖企业，生产水平和管理水平高，产品数量多，各种消耗少，就可以获得更好的效益。

一、注重生产运行过程中的管理

（一）科学制订操作程序和劳动定额

1. 制订技术操作规程

技术操作规程是鸭场生产中按照科学原理制订的日常作业的技术

规范。鸭群管理中的各项技术措施和操作等均通过技术操作规程加以贯彻。同时，它也是检验生产的依据。不同饲养阶段的鸭群，按其生产周期制订不同的技术操作规程，如育雏（或育成鸭、蛋鸭、肉鸭）技术操作规程。

技术操作规程的主要内容包括：对饲养任务提出生产指标，使饲养人员有明确的目标；指出不同饲养阶段鸭群的特点及饲养管理要点；按不同的操作内容分段列条、提出切合实际的要求等。技术操作规程的指标要切合实际，条文要简明具体，易于落实执行。

2. 制订日工作程序

规定各类鸭舍每天从早到晚各个时间段内的常规操作，以使饲养管理人员有规律地完成各项任务，见表 5-1。

表 5-1　鸭舍每日工作日程

<table>
<tr><th colspan="2">雏鸭舍每日工作程序</th><th colspan="2">育成舍每日工作程序</th><th colspan="2">蛋鸭舍每日工作程序</th></tr>
<tr><th>时间</th><th>工作内容</th><th>时间</th><th>工作内容</th><th>时间</th><th>工作内容</th></tr>
<tr><td rowspan="2">8:00</td><td rowspan="2">喂料。检查饲料质量，饲喂均匀，饲料中加药，避免断料</td><td rowspan="2">8:00</td><td rowspan="2">喂料。检查饲料质量，饲喂均匀，饲料中加药，避免断料</td><td>6:00</td><td>开灯，放鸭，捡蛋</td></tr>
<tr><td>6:40</td><td>观察鸭群和设备运转情况</td></tr>
<tr><td rowspan="3">9:00</td><td rowspan="3">检查温湿度，清粪，打扫卫生，巡视鸭群。检查照明、通风系统并保持卫生</td><td rowspan="3">9:00</td><td rowspan="3">检查温湿度，清粪，打扫卫生，巡视鸭群，检查照明、通风系统并保持卫生</td><td>7:30</td><td>喂料</td></tr>
<tr><td>9:00</td><td>匀料，观察环境条件；拣出死鸭</td></tr>
<tr><td>10:00</td><td>清理鸭舍，将外面的蛋捡起</td></tr>
<tr><td>10:00</td><td>喂料，检查舍内温湿度，检查饮水系统，观察鸭群</td><td>10:00</td><td>检查舍内温湿度和饮水系统，观察鸭群</td><td>11:30</td><td>喂料，观察鸭群和设备运转情况</td></tr>
<tr><td>11:30</td><td>午餐休息</td><td>11:30</td><td>午餐休息</td><td>15:00</td><td>喂料</td></tr>
<tr><td>13:00</td><td>喂料，观察鸭群和环境条件</td><td>13:00</td><td>喂料，观察鸭群和环境条件</td><td>16:00</td><td>洗刷饮水和饲喂系统，打扫卫生</td></tr>
<tr><td>15:00</td><td>检查笼门，调整鸭群；观察温湿度，个别治疗</td><td>15:00</td><td>检查笼门，调整鸭群；观察温湿度，个别治疗。清粪</td><td>17:00</td><td>记录和填写相关表格，进行环境消毒等</td></tr>
</table>

续表

雏鸭舍每日工作程序		育成舍每日工作程序		蛋鸭舍每日工作程序	
16:00	喂料，做好各项记录并填写表格；做好交班准备	16:00	喂料，做好各项记录并填写表格	18:00	鸭入舍。观察鸭群
17:00	夜班饲养人员上班工作	17:00	下班	20:00	喂料，2 小时后关灯

3. 制订综合防疫制度

为了保证鸭群的健康和安全生产，场内必须制订严格的防疫措施，规定对场内外人员与车辆、场内环境、装蛋放鸭的容器进行及时或定期的消毒，以及鸭舍在空出后的冲洗、消毒，各类鸭群的免疫，种鸭群的检疫等。

4. 劳动定额和劳动组织

（1）劳动定额　见表 5-2。

表 5-2　劳动定额标准

工种	工作内容	定额（只 / 人）	工作条件
肉种鸭育雏育成（平养）	饲养管理，一次清粪	1800 ～ 3000	饲料到舍；自动饮水，人工供暖或集中供暖
肉种鸭育雏育成（笼养）	饲养管理，经常清粪	1800 ～ 3000	
肉种鸭网上 - 地面饲养	饲养管理，一次清粪	1800 ～ 2000	人工供料、捡蛋，自动饮水
肉种鸭平养	饲养管理	1500	自动饮水。人工供料、捡蛋
肉仔鸭（1 日龄至上市）	饲养管理	5000	人工供暖、喂料，自动饮水
蛋鸭 1 ～ 28 天育雏（舍饲、半舍饲）	饲养管理，第一周值夜班	3000	人工供暖，辅助免疫
蛋鸭 29 ～ 140 天（半舍饲）	饲养管理	5000	自动饮水，人工喂料、清粪
蛋鸭（半舍饲）	饲养管理	3000 ～ 5000	人工喂料、捡蛋、清粪
孵化	由种蛋入库到出售雌雄鉴别的雏鸭	10000 枚 / 人	蛋车式，全自动孵化器

（2）劳动组织

① 生产组织精简高效　生产组织与鸭场规模大小有密切关系，规模越大，生产组织就越重要。规模化鸭场一般设置有行政、生产技术、供销财务和生产班组等组织部门，部门设置和人员安排尽量精简，提高直接从事养鸭生产的人员比例，最大限度地降低生产成本。

② 人员的合理安排　养鸭是一项脏、苦而又专业性强的工作，所以必须根据工作性质来合理安排人员，知人善用，充分调动饲养管理人员的劳动积极性并提高其专业技术水平。

③ 建立健全岗位责任制　岗位责任制规定了鸭场每一个人员的工作任务、工作目标和标准。完成者奖励，完不成者被罚，不仅可以保证鸭场各项工作顺利完成，而且能够充分调动劳动者的积极性，使生产完成得更好，生产的产品更多，各种消耗更少。

（二）制订管理计划

计划是决策的具体化，计划管理是经营管理的重要职能。管理计划就是根据鸭场确定的目标，制订各种计划，用以组织协调全部的生产经营活动，达到预期的目的和效果。

鸭场的计划主要包括鸭群周转计划、产品生产计划、饲料消耗计划、孵化计划和其他计划。鸭群周转计划是制订其他各项计划的基础，只有制订好周转计划，才能制订饲料计划、产品计划和引种计划。

1. 鸭群的周转计划

制订鸭群周转计划，应综合考虑鸭舍、设备、人力、成活率、鸭群的淘汰和转群移舍时间、数量等，以保证各鸭群的增减和周转能够完成规定的生产任务，又可最大限度地降低各种劳动消耗。鸭群的周转计划表见表 5-3、表 5-4。

表 5-3　蛋鸭群周转计划表

月份	入舍数	死亡淘汰数	转出数	存栏数	存活率
1					
2					
3					

续表

月份	入舍数	死亡淘汰数	转出数	存栏数	存活率
4					
5					
6					
7					
8					
9					
10					
11					
12					

表 5-4　肉鸭群周转计划表

批次	购入		出栏				成活率/%
	日期	数量/只	日期	数量/只	总重量/千克	平均体重/千克	
1							
2							
3							
4							

2. 产品计划

肉鸭场根据周转计划中肉鸭的出栏时间、出栏数量和出栏体重制订肉鸭的产品计划；商品蛋鸭场的主要生产指标是商品蛋的产量。蛋鸭群周转计划内确定了每月的蛋鸭存栏量，可以根据蛋鸭每天产蛋重量计算出每一个月的蛋品生产量。如表 5-5 所示。

3. 饲料计划

饲料供应计划应根据各类鸭耗料标准和鸭群周转计划，计算出各种饲料的需要量。若是自己加工饲料，可根据饲料配方计算出各种原料的需要量。饲料或原料要有一定的库存量（能保证有一个月的用量）并保持来源的相对稳定。但进料不宜过多，以防止因饲料发热、虫蛀、霉变而造成不必要的损失。饲料供应计划表见表 5-6。

表 5-5　产蛋计划表

月份	均饲数	月天数	日单产 / 克	日总产 / 千克	月总产 / 千克
1					
2					
3					
4					
5					
6					
7					
8					
9					
10					
11					
12					
合计					

表 5-6　饲料供应计划表

月份	月计划饲养量 / 只	月计划用料量 / 千克	原料用量 / 千克						全价料 / 千克	饲料供应量 / 千克	盈缺 / 千克
			玉米	麸皮	豆粕	鱼粉	矿物质	添加剂			
1											
2											
3											
4											
5											
6											
7											
8											
9											
10											
11											
12											
合计											

4. 产品计划

产品计划表见表5-7。

表5-7　产品计划表

产品名称	年内各月产品量												总计
	1	2	3	4	5	6	7	8	9	10	11	12	
雏鸭/只													
肉鸭/千克													
种蛋/枚													
商品蛋/千克													
淘汰鸭/千克													

5. 年财务收支计划

年财务收支计划表见表5-8。

表5-8　年财务收支计划表

收入		支出		备注
项目	金额/元	项目	金额/元	
种蛋		雏鸭费		
商品蛋		饲料费		
肉鸭		折旧费（建筑、设备）		
肉鸭产品加工		燃料、药品费		
粪肥		基建费		
其他		设备购置维修费		
		水电费		
		管理费		
		其他		
合计				

（三）记录管理

记录管理就是将鸭场生产经营活动中的人、财、物等消耗情况及有关事情记录在册，并进行规范、计算和分析。鸭场缺乏记录资料，导致管理者和饲养者对生产经营情况都不清楚，不利于成本核算和提高经济效益。

1. 记录管理的作用

（1）鸭场记录反映鸭场生产经营活动的状况　完善的记录可将整个鸭场的动态与静态记录无遗。管理者和饲养者通过记录不仅可以了解现阶段鸭场的生产经营状况，而且可以了解过去鸭场的生产经营情况，有利于对比分析和进行正确的预测和决策。

（2）鸭场记录是经济核算的基础　详细的鸭场记录包括了各种消耗、鸭群的周转及死亡淘汰等变动情况、产品的产出和销售情况、财务的支出和收入情况以及饲养管理情况等，这些都是进行经济核算的基本材料。

（3）鸭场记录是提高管理水平和效益的保证　通过详细的鸭场记录，并对记录进行整理、分析和必要的计算，可以不断发现生产和管理中的问题，并采取有效的措施来解决和改善，不断提高管理水平和经济效益。

2. 鸭场记录的原则

（1）及时准确　及时是根据不同记录要求，在第一时间认真填写，不拖延、不积压，避免出现遗忘和虚假；准确是按照鸭场当时的实际情况进行记录，不夸大，也不缩小，实实在在。数据要真实，不能虚构。如果记录不精确，将失去记录的真实可靠性，这样的记录也是毫无价值的。

（2）简洁完整　记录工作烦琐就不易持之以恒地去实行。所以设置的各种记录簿册和表格力求简明扼要，通俗易懂，便于记录；记录要全面系统，最好设计成不同的记录册和表格，并且填写完全、工整，使易于辨认。

（3）便于分析　记录的目的是为了分析鸭场生产经营活动的情况，因此在设计表格时，要考虑记录下来的资料是否便于整理、归类和统计，为了与其他鸭场横向比较和与本鸭场的过去纵向比较，还应注意记录内容的可比性和稳定性。

3. 鸭场记录的内容

鸭场记录的内容因鸭场的经营方式与所需的资料而有所不同，一般应包括以下内容。

（1）生产记录

① 鸭群生产情况记录　鸭的品种、饲养数量、饲养日期、死亡淘汰情况、产品产量等。

② 饲料记录　将每日不同鸭群（或以每栋或栏或群为单位）所消耗的饲料按其种类、数量及单价等记载下来。

③ 劳动记录　记载每天出勤情况，工作时数、工作类别以及完成的工作量、劳动报酬等。

（2）财务记录

① 收支记录　包括出售产品的时间、数量、价格、去向及各项支出情况。

② 资产记录　固定资产类，包括土地、建筑物、机器设备等的占用和消耗；库存物资类，包括饲料、兽药、在产品、产成品、易耗品、办公用品等的消耗数、库存数及价值；现金及信用类，包括现金、存款、债券、股票、应付款、应收款等。

（3）饲养管理记录

① 饲养管理程序及操作记录　包括饲喂程序、光照程序、鸭群的周转、环境控制等。

② 疾病防治记录　包括隔离消毒情况、免疫情况、发病情况、诊断及治疗情况、用药情况、驱虫情况等。

4. 鸭场生产记录表格

（1）育雏育成记录表　见表5-9。

表 5-9　育雏育成鸭周报表

周龄<u> 1 </u>　批次______　品种______　数量______　鸭舍栋号______　填表人______

日期	日龄	鸭数	死淘数	喂料量	温度	湿度	通风	光照	其他
	1								
	2								
	3								

续表

日期	日龄	鸭数	死淘数	喂料量	温度	湿度	通风	光照	其他
	4								
	5								
	6								
	7								

标准体重________ 平均体重________ 平均体重均匀度________

（2）产蛋和饲料消耗记录表　见表 5-10。

表 5-10　产蛋和饲料消耗记录表

品种__________ 鸭舍栋号__________ 填表人__________

日期	日龄	鸭数/只	死亡淘汰/只	饲料消耗/千克		产蛋量				饲养管理情况	其他情况
				总耗量	只耗量	数量/枚	重量/千克	破蛋率/%	只日产蛋量/克		

（3）收支记录表　见表 5-11。

表 5-11　鸭场收支记录表

收入		支出		备注
项目	金额/元	项目	金额/元	
合计				

5. 鸭场记录的分析

通过对鸭场的记录进行整理、归类，可以进行分析。分析是通过一系列分析指标的计算来实现的。利用成活率、母鸭存活率、蛋重、日产蛋率、饲料转化率等技术效果指标来分析生产资源的投入和产出

产品数量的关系以及分析各种技术的有效性和先进性。利用经济效果指标分析生产单位的经营效果和赢利情况，为鸭场的生产提供依据。

二、加强资产管理

（一）流动资产管理

流动资产是指可以在一年内或者超过一年的一个营业周期内变现或者运用的资产。流动资产是企业生产经营活动的主要资产。主要包括鸭场的现金、存款、应收款及预付款、存货（原材料、在产品、产成品、低值易耗品）等。随着生产的进行，流动资产的形态不断变化，由货币转化为材料物资，再由材料物资转化为在产品和产成品，最后由产成品转化为货币，这种周而复始的循环运动，形成了流动资产的周转。流动资产周转状况影响产品的成本。加快流动资产周转的措施如下。

1. 加强物资采购和保管

采购物资要有计划性，合理地贮备物资，避免积压资金；加强物资的保管，定期对库存物资进行清查，防止鼠害和霉烂变质。

2. 科学地组织生产过程

采用先进技术，尽可能缩短生产周期，节约使用各种材料和物资，减少在产品资金占用量。

3. 及时销售产品

缩短产成品的滞留时间，减少流动资金占用量。

4. 及时清理债权债务

可以加速应收款限的回收，减少成品资金和结算资金的占用量。

（二）固定资产管理

固定资产是指使用年限在1年以上，单位价值在规定的标准以上，并且在使用中长期保持其实物形态的各项资产。鸭场的固定资产主要包括建筑物、道路、种鸭、产蛋鸭以及其他与生产经营有关的设备、器具、工具等。固定资产的价值补偿是其实物更新的必要条件，不积累足够的货币准备基金就没有可能实现固定资产的实物更新。因此，鸭场应有计划地提取、分配和使用固定资产的折旧基金。

1. 固定资产的折旧

固定资产在长期使用中，要发生损耗。损耗可分为有形损耗（指由于使用或者由于自然力的作用，使固定资产物质上发生的磨损）和无形损耗（由于劳动生产率提高和科学技术进步而引起的固定资产价值的损失）。固定资产在使用过程中，由于损耗而发生的价值转移，称为折旧，由于固定资产损耗而转移到产品中去的那部分价值叫折旧费或折旧额，用于固定资产的更新改造。

2. 折旧的计算方法

鸭场提取固定资产折旧，一般采用平均年限法和工作量法。

① 平均年限法　它是根据固定资产的使用年限，平均计算各个时期的折旧额，因此也称直线法。其计算公式如下：

固定资产年折旧额 =［原值 －（预计残值 － 清理费用）］/ 固定资产预计使用年限

② 工作量法　它是按照使用某项固定资产所提供的工作量，计算出单位工作量平均应计提折旧额后，再按各期使用固定资产所实际完成的工作量，计算应计提的折旧额。这种折旧计算方法，适用于一些机械等专用设备。其计算公式为：

单位工作量（单位里程或每工作小时）折旧额 =（固定资产原值 － 预计净残值）/ 总工作量（总行驶里程或总工作小时）

3. 提高固定资产利用效果的途径

（1）合理购置固定资产　根据轻重缓急，合理购置和建设固定资产，把资金使用在经济效果最大而且在生产上迫切需要的项目上；购置和建造固定资产要量力而行，做到与单位的生产规模和财力相适应。

（2）各类固定资产务求配套完备　注意加强设备的通用性和适用性，保证固定资产配套完备，充分发挥固定资产效用。

（3）建立严格的使用、保养和管理制度　合理地使用、保养和管理固定资产，对不需用的固定资产应及时采取措施，注意提高机器设备的时间利用强度和它的生产能力利用程度，提高使用效率。

三、强化成本核算

产品的生产过程实际是生产的耗费过程。生产过程的耗费包括劳动对象（如饲料）的耗费、劳动手段（如生产工具）的耗费以及劳动力的耗费等。企业为生产一定数量和种类的产品而发生的直接材料费（包括直接用于产品生产的原材料、燃料动力费等）、直接人工费用（直接参加产品生产的工人工资以及福利费）和间接制造费用的总和构成产品成本。

产品成本是一项综合性很强的经济指标，它反映了企业的技术实力和整个经营状况。鸭的品种是否优良，饲料质量好坏，饲养技术水平高低，固定资产利用的好坏，人工耗费的多少等，都可以通过产品成本反映出来。所以，鸭场通过成本和费用核算，可发现成本升降的原因，降低成本费用耗费，提高产品的竞争能力和盈利能力。

（一）做好成本核算的基础工作

1. 建立健全各项原始记录

原始记录是计算产品成本的依据，直接影响着产品成本计算的准确性。如原始记录不实，就不能正确反映生产耗费和生产成果，就会使成本计算变为“假账真算”，成本核算就失去了意义。所以，饲料、燃料动力的消耗，原材料、低值易耗品的领退，生产工时的耗用，畜禽变动，畜群周转，畜禽死亡淘汰，产出产品等原始记录都必须认真如实地登记。

2. 建立健全各项定额管理制度

鸭场要制订各项生产要素的耗费标准（定额）。不管是饲料、燃料动力，还是费用工时、资金占用等，都应制订比较先进、切实可行的定额。定额的制订应建立在先进的基础上，对经过十分努力仍然达不到的定额标准或不需努力就很容易达到的定额标准，要及时进行修订。

3. 加强财产物资的计量、验收、保管、收发和盘点制度

财产物资的实物核算是其价值核算的基础。做好各种物资的计量、收集和保管工作，是加强成本管理、正确计算产品成本的前提条件。

（二）鸭场成本的构成项目

1. 饲料费

指饲养过程中耗用的自产和外购的混合饲料和各种饲料原料。凡是购入的按买价加运费计算，自产饲料一般按生产成本（含种植成本和加工成本）进行计算。

2. 劳务费

从事养鸭的生产管理劳动，包括饲养、清粪、捡蛋、防疫、捉鸭、消毒、购物运输等所支付的工资、资金、补贴和福利等。

3. 新母鸭培育费

从雏鸭出壳养到140天的所有生产费用。如是购买育成新母鸭，按买价计算。自己培育的按培育成本计算。

4. 医疗费

指用于鸭群的生物制剂、消毒剂及检疫费、化验费、专家咨询服务费等。但已包含在育成新母鸭成本中的费用和配合饲料中的药物及添加剂费用不必重复计算。

5. 固定资产折旧维修费

指禽舍、笼具和专用机械设备等固定资产的基本折旧费及修理费。根据鸭舍结构、设备质量和使用年限来计损。如是租用土地，应加上租金；土地、鸭舍等都是租用的，只计租金，不计折旧。

6. 燃料动力费

指饲料加工、鸭舍保暖、排风、供水、供气等耗用的燃料和电力费用，这些费用按实际支出的数额计算。

7. 利息

是指对固定投资及流动资金一年中支付利息的总额。

8. 杂费

包括低值易耗品费用、保险费、通信费、交通费、搬运费等。

9. 税金

指用于养鸭生产的土地、建筑、设备及生产销售等一年内应交税金。

以上九项构成了鸭场生产成本，从构成成本比重来看，饲料费、新母鸭培育费、人工费、折旧费、利息五项价额较大，是成本项目构成的主要部分，应当重点控制。

（三）成本的计算方法

成本的计算方法分为分群核算和混群核算。

1. 分群核算

分群核算的对象是每种畜的不同类别，如蛋鸭群、育雏群、育成群、肉鸭群等，按鸭群的不同类别分别设置生产成本明细账户，分别归集生产费用和计算成本。鸭场的主产品是鲜蛋、种蛋、毛鸭，副产品是粪便和淘汰鸭的收入。鸭场的饲养费用包括育成鸭的价值、饲料费用、折旧费、人工费等。

（1）鲜蛋成本

每千克鲜蛋成本（元 / 千克）=［蛋鸭生产费用 − 蛋鸭残值 − 非鸭蛋收入（包括粪便、死淘鸭等收入）］/ 入舍母鸭总产蛋量（千克）

（2）种蛋成本

每枚种蛋成本（元 / 枚）=［种鸭生产费用 − 种鸭残值 − 非种蛋收入（包括鸭粪、商品蛋、淘汰鸭等收入）］/ 入舍种母鸭出售种蛋数

（3）雏鸭成本

每只雏鸭成本 =（全部的孵化费用 − 副产品价值）/ 成活一昼夜的雏鸭数

（4）肉鸭成本

每千克肉鸭成本 =（基本鸭群的饲养费用 − 副产品价值）/ 禽肉总重量

（5）育雏鸭成本

每只育雏鸭成本 =（育雏期的饲养费用 − 副产品价值）/ 育雏期末存活的雏鸭数

（6）育成鸭成本

每只育成鸭成本 =（育雏育成期的饲养费用 − 粪便、死淘鸭收入）/ 育成期末存活的鸭数

2. 混群核算

混群核算的对象是每类畜禽，如牛、羊、猪、鸭等，按畜禽种类设置生产成本明细账户，分别归集生产费用和计算成本。资料不全的小规模鸭场常用。

（1）种蛋成本

每个种蛋成本（元 / 个）= [期初存栏种鸭价值 + 购入种鸭价值 + 本期种鸭饲养费 − 期末种鸭存栏价值 − 出售淘汰种鸭价值 − 非种蛋收入（商品蛋、鸭粪等收入）] / 本期收集种蛋数

（2）鸭蛋成本

每千克鸭蛋成本（元 / 千克）= [期初存栏蛋鸭价值 + 购入蛋鸭价值 + 本期蛋鸭饲养费用 − 期末蛋鸭存栏价值 − 淘汰出售蛋鸭价值 − 鸭粪收入]（元）/ 本期产蛋总重量（千克）

（3）肉鸭成本

每千克鸭肉成本（元 / 千克）= [期初存栏鸭价值 + 购入鸭价值 + 本期鸭饲养费用 − 期末鸭存栏价值 − 淘汰出售鸭价值 − 鸭粪收入]（元）/ 本期产蛋总重量（千克）

【提示】开办鸭场获得较好收益需从市场竞争、提高产量和降低生产成本三方面着手。一是生产适销对路的产品。进行市场调查和预测，根据市场变化生产符合市场需求的、质优量多的产品。二是提高资金

的利用效率。合理配备各种固定资产，注意适用性、通用性和配套性，减少固定资产的闲置和损毁。加强采购计划制订，及时清理回收债务等。三是提高劳动生产率。购置必要的设备减轻劳动强度，制订合理劳动指标和计酬考核办法，多劳多得，优劳优酬。四是提高产品产量。选择优良品种，创造适宜条件，合理饲喂，应用添加剂，科学管理，加强隔离卫生和消毒等，控制好疾病，促进生产性能的发挥。五是制订好鸭场周转计划，保证生产正常进行，一年四季均衡生产。六是降低饲料费用。购买饲料要货比三家，选择质量好、价格低的饲料。利用科学饲养技术，创造适宜的饲养环境，严格细致地观察和管理，制订周密饲料计划，及时淘汰老弱病残鸭等，减少饲料的消耗和浪费。

第六招 增加产品价值

【提示】

生产优质产品，充分利用副产品，增加产品价值，促进产品销售，才能在激烈的市场竞争中获得较好效益。

一、提高产品质量

（一）提高肉鸭质量

肉鸭质量主要包括外在质量和内在质量。外在质量（如肉鸭皮肤的完整性、色泽、腿部健康等）影响肉鸭的屠宰率和商品率；内在质量（如体脂、风味、药物和有毒有害物质残留以及病原微生物污染等）影响肉鸭产品的安全和国内国外的销售。提高肉鸭质量就是提高屠宰率和商品率，避免药物和有毒有害物质残留以及病原微生物污染，保证肉鸭产品安全。

1. 提高肉鸭外在质量

生产中，肉鸭容易发生皮肤损伤、红斑、软腿等，应该加强这些方面的控制，减少残次品率，提高屠宰率。影响外在质量的因素及控制措施见表 6-1。

表 6-1　影响外在质量的因素及控制措施

出现的问题及影响因素		控制措施
胴体有红斑、次斑和皮下溃疡、破皮等	管理不善	饲养密度不可过大，过大容易引起肉鸭惊群，相互拥挤、碰伤，造成鸭体损伤；夏季对于地面平养的肉鸭，遇到连日阴雨加上蚊虫叮咬，容易造成肉鸭皮下溃疡
	出栏装卸粗暴	肉鸭出栏时，每次赶鸭只数不超过 200 只，不得一次赶鸭太多，严禁用脚踢、用硬器赶及用手摔，以免造成鸭体伤痕；装卸时，一只手只能抓一只鸭子，过多易造成肉鸭红须。同时注意要轻抓轻放，以防鸭体受伤
	屠宰不当	点刀部位要准，一刀点准避免红颈、红头、红身。浸烫温度一般控制在 60 ～ 65℃，浸烫时间 2 ～ 3 分钟，避免浸烫温度过高或浸烫时间过长造成破皮；在打毛过程中，应根据当日鸭子大小及时调整打毛机间隙，以防间隙过大打不干净，过小造成破皮及断翅等现象，严禁二次打毛；小毛加工中，应严格按小毛要求操作，严禁人为拔毛造成破皮等
腿病	管理不当	肉鸭日常管理中，应尽量避免惊群。对久卧不起的鸭子应经常轰赶，使其行走，以免腿部和其他部位淤血或瘫软，胸腹部出现挫伤等。抓鸭时，不宜抓腿，如果抓腿，容易导致肉鸭腿受到伤害而致残，因此，宜抓鸭的颈部
	营养缺乏	饲料中缺乏钙、磷、维生素 D_3，或钙、磷比例失衡能导致肉鸭发生腿病。按照肉鸭钙、磷、维生素 D_3 的需要量为肉鸭饲料补充，并注意钙、磷比例协调一致。缺乏烟酸、生物素、锰，肉鸭行走时腿软，腿部关节弯曲肿大。应在肉鸭饲料中添加丰富的维生素和微量元素
	疾病	舍内外地面、运动场、网面等要平整，便于鸭子采食、饮水、活动，防止因外伤导致葡萄球菌病发生
胴体绝食不清（胴体内有饲料残留，尤其在消化道膨大部以上 3 厘米处）		在肉鸭宰前绝食 12 小时以上，并充分供应饮水，以加快排泄。另外，这样也有利于延长冻鸭的保存期，提高肉鸭品质

2. 提高肉鸭内在质量

肉鸭内在质量的优劣，直接影响肉鸭产品的营养价值和销售价格。影响内在品质的因素及控制措施见表6-2。

表 6-2　影响内在品质的因素及控制措施

出现的问题及影响因素		控制措施
体脂含量高	品种。生产中，一般生长速度快的大型肉鸭品种其皮脂率和腹脂率较高	大型肉鸭品种北京鸭、福建泉州的丽佳鸭、樱桃谷超级肉鸭、法国奥百星等体脂含量高。可通过遗传手段培育脂肪含量低且生长速度快的肉鸭新品种
	饲料。特别是后期日粮中能量含量高	一方面应调整饲养后期日粮配方；另一方面在饲养后期适当限制饲养，延长屠宰日龄，尤其对大型肉鸭（体重在2.6～2.7千克）
胴体异味	饲料。肉鸭饲养后期使用对胴体有不良影响的饲料原料	肉鸭饲养后期应尽量少用对胴体有不良影响的饲料原料，如鱼粉、大豆、米糠、饼粕等。鱼粉含量应控制在3%以内，鱼粉含量过多，肉鸭生长速度较快，但肉鸭体脂高，且肉鸭胴体很可能有鱼腥味
	药物。预防用药使用气味较浓的添加剂、抗生素等	少用或不用如大蒜素等气味较浓的添加剂和药物。饲料中添加一些有香味的草药饲料，以减少胴体中粪臭素的含量，使其保持特有的鲜味；饲喂牧草、蔬菜和土壤表层腐叶，可以使肉鸭的风味更好
	应激因素。肉鸭发生应激时，机体氧化能力增强，引起脂质氧化	饲料中添加维生素E（100～200毫克/千克）、矿物质、α-胡萝卜素、3%的绿茶粉等能增强机体抗氧化能力，减少脂质氧化，改善鸭肉风味
	加工。如水污染、松香脱毛等	肉鸭加工过程中也应尽量排除一切可能造成胴体有异味的因素，如不使用受污染的河水，不用松香脱毛等
	保存。冷藏库不卫生、冷藏物混放、有腐败变味的冻鸭等	冻鸭在冷藏库中保存时应与墙壁距离不少于30厘米，与地面距离不少于10厘米，与天花板保持一定距离，并分垛存放。库内不得存放有碍卫生的物品，同一库内不得存放相互污染或有异味、串味的食品。对长期堆放，有可能发生腐败变味的冻鸭，尤其是贴到墙壁、地面的冻鸭或经多次解冻而未能及时销售的冻鸭，切不可放在库中以免造成其他鸭产生异味

续表

出现的问题及影响因素		控制措施
药物残留	饲料中使用药物添加剂。饲料厂家在饲料中添加药物添加剂或饲养者在饲料中长期添加抗生素和抗球虫药物	严格执行《药物饲料添加剂使用规范》。少用或不用抗生素；使用绿色添加剂来防治疾病。一是使用微生态制剂。微生态制剂能有效补充畜禽肠道内的有益微生物，改善消化道的菌群平衡，迅速提高机体抗病能力、代谢能力和饲料的吸收利用能力，从而达到防病治病、提高饲料利用率、提高动物生产性能的作用。微生态制剂具有无毒、无害、无残留、无污染等优点，克服了抗生素所产生的菌群失调、二重感染和耐药性等缺点，是理想的饲料添加剂。微生态制剂用于肉鸭，可提高日增重和饲料转化率，减少疾病，对此已有很多报道。二是使用草药添加剂。它是天然药物添加剂，草药添加剂在配方、炮制和使用时，注重整体观念、阴阳平衡、扶正祛邪等中兽医辨证理论，以求调动动物机体内的积极因素，提高免疫力，增强抗病能力，提高生产性能。三是使用海洋活性物质。如使用GD生命素、海生素、N6生命素、海富康等系列产品，可以完全代替抗生素
	不按规定使用药物，滥用抗生素和抗球虫药物。没有按照休药期停药	25～30日龄内可用复方敌菌净（DVD+SMD）、复方新诺明（SMZ），但30日龄后禁用；宰前7～14天根据病情可继续选用土霉素、强力霉素、北里霉素、红霉素、恩诺杀星（普杀平、百病消）、环丙杀星、氧氟杀星、泰乐菌素、氟哌酸，其药量按规定要求使用；送宰前14天禁止使用青霉素、卡那霉素、氯霉素、链霉素、庆大霉素、新霉素、痢特灵；送宰前7天停用一切药物，最后一周所用饲料必须不含任何药物；预防球虫药可选用二硝苯酰胺（球痢灵）、氯苯肌、拉沙里霉素（球安）、马杜拉霉素（加福、球杀死）、三嗪酮（百球清），宰前7天停药。临近出栏时，如果对个别散发病鸭给予药物治疗，会引起药物残留，出售时再混入鸭群中，会影响全群产品质量。对这样的病鸭要淘汰或病鸭康复后过了休药期（药残安全期）再出售
	非法使用违禁药物	严禁使用假药、不合格药品，严禁使用有致畸、致癌、致突变和未经农业部批准的药物，严禁使用已被淘汰的或会对环境、对人类造成严重污染的药物，严禁使用激素类药物（己烯雌酚、醋酸甲孕酮等）、镇静药、催眠药（安眠酮、氯丙嗪、地西泮等），还有其他如瘦肉精、氯霉素等

续表

出现的问题及影响因素		控制措施
药物残留	疾病。发病时盲目大量使用药物	一是在肉鸭整个饲养过程中，科学管理，注意通风、温度、湿度等，创造一个适宜的生长环境；二是建立合理的免疫程序和消毒制度，尽量减少疾病的发生，减少因病突发用药；三是可根据实际情况制订一个合理的用药保健程序，减少抗生素的使用，确保出栏时无药残
有毒有害物质污染	饲料污染。生长过程中受到各种农药、杀虫剂、除草剂、消毒剂、清洁剂以及工矿企业所排放的“三废”污染；新开发利用的石油酵母饲料、污水处理池中的沉淀物饲料与制革业下脚料等蛋白饲料中含有致癌物质	饲料。严把饲料原料质量，保证原料无污染；对动物性饲料要采用先进技术进行彻底无菌处理；对有毒的饲料要严格脱毒并控制用量。完善法律法规，规范饲料生产管理，建立完善的饲料质量卫生监测体系，杜绝一切不合格的饲料上市；夏季避免肉鸭后期料中加入的肉渣酸败和被微生物污染等
	配合饲料在加工调制与贮运过程中，加热、化学处理等不当，导致饲料氧化变质和酸败。香味剂因含有易氧化的醚、醛、酯等物质可加快饲料酸败	特别是一些含油脂较高的饲料，如玉米、花生饼、肉骨粉等，在加工、调制贮运中易氧化、酸败和霉变产生有毒物质等，所以要科学合理地加工保存饲料；饲料中添加抗氧化剂和防霉剂防止饲料氧化和霉变（已证明霉菌毒素次生代谢产物AFT的毒性很强，致癌强度是“六六六”的两万倍）；慎用香味剂
	饮用水被有害有毒物质污染，如被重金属、农药污染	注意水源选择和保护，保证饮用水符合标准。定期检测水质，避免水受到污染，肉鸭饮用后在体内残留
	肉鸭临近出栏时，用敌百虫、敌敌畏等有机磷类药物灭蝇	出栏前禁用敌百虫、敌敌畏等有机磷类药物灭蝇，避免有毒有害物质残留
微生物污染	饲料污染。使用微生物污染的屠宰场下脚料；在后期料中添加动物肉渣，特别是在夏季易出现微生物污染；配合饲料在加工调制与贮运过程中被微生物污染	选择优质的无污染的饲料（避免被大肠杆菌、葡萄球菌、沙门氏菌、结核杆菌、禽流感病毒等污染）；使用的肉渣和鱼粉要严格检疫，避免微生物含量超标；配合饲料科学处理

续表

出现的问题及影响因素		控制措施
微生物污染	饮用水污染。饮用水被生活污水、畜产品加工厂和医院、兽医院和病畜隔离区污水污染等	注意水源选择和保护，保证饮用水符合标准。定期检测水质，避免水受到污染
	饲养过程污染。饲养环境差、空气微粒和微生物含量超标	加强环境卫生消毒，保持洁净的环境和清新的空气
	疫病，如沙门氏菌、大肠杆菌、禽流感病毒感染发病导致污染	加强种禽和引种的检疫；加强肉鸭场的隔离、消毒、卫生和免疫接种

（二）提高鸭蛋质量

1. 鸭蛋的质量要求

鸭蛋来自按 GB/T 18407.3—2001 及 NY 5039—2005 的要求组织生产的养殖场（户）。感官指标符合 GB 2749—2015 的要求。理化指标和微生物指标符合表 6-3 要求。

表 6-3　理化指标和微生物指标　　单位：毫克 / 千克

项目	指标
理化指标	
汞（Hg）	≤ 0.03
铅（Pb）	≤ 0.1
砷（As）	≤ 0.5
铬（Cr）	≤ 0.1
镉（Cd）	≤ 0.05
六六六（BHC）	≤ 0.1
滴滴涕（DDT）	≤ 0.1
金霉素	≤ 0.2
土霉素	≤ 0.2

续表

项目	指标
理化指标	
磺胺类（以磺胺类总量计）	≤ 0.1
呋喃唑酮	不得检出
四环素	≤ 0.1
微生物指标	
菌落总数 /（菌群 / 克）	$\leqslant 5\times10^4$
大肠杆菌群 /（MPN/ 克）	≤ 1
致病菌（沙门氏菌、志贺氏菌、葡萄球菌、溶血性链球菌）	不得检出

2. 提高鸭蛋的外观质量

（1）鸭蛋的外观质量主要包括蛋的外形（大小、形状、洁净度等）和蛋壳质量（蛋壳的强度、颜色、质地等）。鸭蛋外观品质受遗传、环境、健康状况和日粮等多种因素的影响（表 6-4）。

表 6-4　影响鸭蛋外观质量的因素及控制措施

影响外观质量的因素			控制措施
蛋的大小与形状（蛋的大小和形状关系到蛋的分级，影响到蛋品的销售和价值）	遗传因素	不同品种和品系蛋的大小不同，如卡基·康贝尔鸭蛋重 65 ～ 77 克，江南 1、2 号和金定鸭 71 ～ 72 克，而一些小型鸭品种 60 ～ 63 克	选择优良的品种；保证品种的优良纯正
	年龄	蛋重随年龄增长而变大；开产时产软蛋较多，畸形蛋也多	产蛋后期适当控制采食量，因蛋过大蛋壳质量差
	开产体重	开产时体格和体重的大小影响开产初期乃至整个周期的产蛋成绩。开产时体重和体格在标准偏上，母鸭所产的蛋较大，反之则小	加强培育期的饲养和管理，保证饲料优质，使体重符合标准，并保证开产初期有适宜的增重
	开产日龄	日龄越大蛋重越大。开产时蛋重较小（40 克左右），随日龄增加蛋重迅速增加，到 200 日龄达到标准蛋重的 80%，到 250 日龄达到标准蛋重	科学饲养、合理光照，使蛋鸭在适宜的周龄开产，避免早产

续表

影响外观质量的因素			控制措施
蛋的大小与形状（蛋的大小和形状关系到蛋的分级，影响到蛋品的销售和价值）	营养因素	饲料的质量好坏影响蛋的大小。能量和亚油酸供给不足，蛋重减轻（能量不足蛋白质充足，蛋重小，产蛋率不降低）；钙不足引起软壳蛋和畸形蛋比例增加	保证各种营养物质的充足供给；夏季提高日粮蛋白质水平或添加脂肪均可增加蛋重；保证充足钙和保持钙磷平衡
	管理因素	受饲养方式影响，网上饲养蛋重大。鸭舍温度超过30℃时采食量降低，产蛋量、蛋重和蛋壳品质都下降。饮水不足以及水质不好影响蛋重	蛋鸭笼养或网上平养。蛋鸭舍保持适宜的温度，夏季可以采用喷淋系统或湿帘-通风降温系统降低舍内温度。保证供给充足的、洁净的饮水
	应激	突然应激（包括恐吓）会使蛋重不规律；用药不当也会使蛋重减轻。畸形蛋主要是由于壳腺发育不成熟、疾病、干扰和拥挤造成的。如突然的关灯和缩短光照时间可以引起畸形蛋	环境要安静，密度要适宜，光照制度要稳定；产蛋期禁用痢特灵、磺胺类、喹乙醇等药物
	疾病	发生了禽流感，鸭群的产蛋率从90%直降到40%，而且长时间不回升，这时可见到蛋形变长。腺病毒感染鸭，蛋畸形；鸭感染大肠杆菌或沙门氏菌等均可引起卵巢和输卵管的炎症，使产蛋率严重下降甚至停产，畸形蛋比例增高	做好禽流感、腺病毒病的预防接种工作，搞好隔离卫生和消毒等，加强饲养管理，避免禽流感、腺病毒病等疫病发生；饲料或饮水中定期使用抗菌药物防治大肠杆菌或沙门氏菌病
蛋壳强度（蛋壳强度高有利于收集和运输时减少蛋破损，有利于保存和销售）	遗传	不同品种的鸭蛋壳强度不同。如青壳鸭蛋的蛋壳强度好于白壳鸭蛋	根据市场需求和销售情况选择蛋壳质量好的、适合本地的优良品种
	年龄	老龄鸭群的薄壳蛋、破壳蛋、软壳蛋多。因为蛋壳腺所分泌的钙是恒定的，而蛋重却随鸭龄增加而增加，尤以产蛋后期增加量最为显著。蛋重增加使蛋表面积增大，致使蛋壳变薄。另外产蛋后期母鸭的蛋壳腺脂肪沉积较多，对活性维生素 D_3 的合成减少，钙的吸收和存留能力降低	产蛋后期增加日粮中的钙含量（达到4.5%～4.8%）；产蛋后期提供适宜、卫生的环境条件；老龄鸭强制换羽后再利用

续表

影响外观质量的因素			控制措施
蛋壳强度（蛋壳强度高有利于收集和运输时减少蛋破损，有利于保存和销售）	管理因素	密度过大（过分拥挤导致蛋与喙和脚趾接触，拥挤时母鸭产蛋往往采用高位蹲姿而引起蛋被碰破）、通风不良、光照不合理都影响蛋壳质量；阳光不足影响体内维生素D的利用	通风良好、密度和光照适宜；避免光照过强，让鸭适量的晒太阳（皮肤中的7-脱氢胆固醇在紫外线照射下形成维生素D_3）
		一切应激因素（热应激或冷应激、疫苗接种、噪声、惊吓等）都会影响肠道对营养物质的吸收利用和蛋壳的正常形成，致使出现薄壳蛋或软壳蛋	尽量降低或减少应激，饲料中可使用抗应激药物或电解多维
		高温影响蛋壳质量。主要是因为钙摄入量随采食量减少而减少。高温下鸭对钙消化吸收力差，血钙较低；CO_2参与合成，高温呼吸次数激增，排出大量CO_2，结果血液中HCO_3^-减少，蛋壳形成受阻	高温季节要适当提高日粮中钙和碳酸氢钠的含量，日粮中添加0.5%的碳酸氢钠，有助于提高蛋壳质量和缓解热应激；添加维生素C等抗热应激添加剂，并且提高蛋白质的含量
		拾蛋不勤。每4小时捡蛋1次，破损率为2%～3%。每1小时捡蛋1次，破损率只有0.2%～0.3%	每天集蛋3～4次；集蛋、搬运等动作要轻柔，方法要得当
	营养	营养是影响蛋壳质量的重要因素。如果钙磷不足或不平衡（产蛋母鸭对钙的需要因产蛋率、鸭的年龄、气温、采食量和钙源不同而不同。磷决定蛋壳的弹性，而钙决定了蛋壳的脆性）、缺镁、缺锌、缺锰（沙皮蛋、浅色蛋比例增多）、缺铜、缺碘、钠和氯的含量比例不适宜、缺乏维生素D、缺乏维生素C和烟酸以及缺乏阳光照射等，都可能降低蛋壳质量；必需氨基酸不平衡	保持适宜的钙磷含量和比例，产蛋鸭日粮中最佳含钙量为3.2%～3.5%，在高温或产蛋率高的情况下，含钙量可加到3.6%～3.8%。磷以0.45%最佳。由于蛋壳的质量是随鸭的周龄和采食量不同而变化的，所以，应相应地调节日粮中钙的水平。保证微量元素和多种维生素的供给，特别是维生素D、维生素C等的供给
	疾病	禽流感、鸭前殖吸虫病、腺病毒感染鸭，软壳蛋、薄壳蛋增多，并出现大量薄壳蛋和畸形蛋	做好疫病的免疫接种工作，避免疫病的发生和流行

续表

影响外观质量的因素			控制措施
蛋壳强度（蛋壳强度高有利于收集和运输时减少蛋破损，有利于保存和销售）	药物	呋喃类、磺胺类药物，如果使用不当或长期使用，能抑制子宫腺上皮细胞内碳酸酐酶的活性，影响蛋壳强度。在产蛋期间接种各种疫（菌）苗时，由于机体对疫（菌）苗产生反应，产蛋量减少，蛋的破损率显著上升	合理用药。产蛋期间尽量不用呋喃类、磺胺类药物；接种前后两天投喂氯丙嗪，剂量为雏鸭30毫克/千克体重，成年鸭50毫克/千克体重，可减轻鸭对疫（菌）苗的应激反应
蛋壳洁净度（蛋壳上有污染物和微生物，直接影响食品卫生）	母鸭带菌	种鸭群被沙门氏菌、大肠杆菌和霉形体污染，导致雏鸭、蛋鸭和蛋鸭所产蛋被细菌污染	种鸭群进行净化；商品鸭定期使用抗菌药物杀菌
	环境差	舍内空气中微粒、微生物含量高，导致蛋壳被细菌污染；垫料、产蛋箱或集蛋带污浊	保持舍内空气和设备用具洁净；保持舍内适宜的湿度，定期进行消毒
	疾病	产蛋鸭群发生伤寒、大肠杆菌病、腹泻、输卵管炎以及禽流感等疾病而污染鸭蛋	做好免疫接种工作；定期使用敏感的、允许使用的抗菌药物预防
	管理	收蛋不勤；产蛋箱不够，没有对蛋鸭进行训练等，使蛋表面沾有粪尿污物和微生物；产出蛋保存前没有清洗消毒	提供充足的产蛋箱，并放置假蛋，训练蛋鸭到产蛋箱内产蛋；勤收蛋；保存前要清洗消毒
	蛋破损	蛋破损后流出的蛋液污染其他蛋的蛋壳	减少破蛋，发现流汤的破蛋要及时捡出，放在指定容器内

（2）提高鸭蛋的内部质量　鸭蛋的内部质量指标主要有气室高度、蛋黄指数、哈夫单位、血斑和肉斑率、蛋黄色泽、内容物的气味和滋味、营养物质的含量以及药物残留等。内部质量影响蛋品的营养价值和蛋品安全。影响鸭蛋内部质量的因素及控制措施见表6-5。

表 6-5　影响鸭蛋内部质量的因素及控制措施

影响内部质量的因素			控制措施
蛋白高度（蛋白由浓蛋白与稀蛋白两种生理成分构成。一般通过测量浓蛋白的黏度 - 哈夫单位表示，来确定其质量）	遗传	品种对蛋白品质的影响较大	注意品种选择
	贮存	鲜蛋的哈夫单位每月下降 1.5 到 2 个单位；高温高湿的贮存环境会使蛋白黏性降低	将蛋覆油以防止空气和水分通过蛋壳交换。鸭蛋包装时应使气室向上，防止贮存期间对蛋白造成压力；保持适宜的贮存环境
	营养	某些微量元素可以影响蛋白黏度	铬能显著降低卵黄胆固醇水平和提高哈夫单位；氯化铵可导致蛋清高度增加，并且浓蛋白量增加
蛋黄颜色（蛋黄颜色是由脂溶性色素在卵形成期间沉积到蛋黄中形成的。利用测色仪测定蛋黄颜色，但罗氏比色扇简单实用）	饲料	蛋黄中的色素来自饲料。饲喂黄玉米、苜蓿草粉、干藻粉等含叶黄素较高的饲料，蛋黄颜色较深，反之蛋黄颜色就会变淡。维生素 A、β- 胡萝卜素、维生素 E 与生殖道黏膜上皮的发育和完整有关，影响色素吸收和沉积而影响蛋黄颜色	饲料中添加抗氧化剂，有利于防止色素氧化，提高色素对蛋黄的着色作用。鸭生产中，添加人工合成色素。常用的人工合成色素有辣椒红、叶黄体、紫黄质、玉米黄质等。由于叶黄素溶于脂类，所以饲料中添加油脂有利于叶黄素在蛋黄中的沉积而增加蛋黄的颜色
		由于棉籽饼、菜籽饼（粕）含游离棉酚、环丙烯脂肪酸、芥酸、硫葡萄糖苷等多种有害物质，在动物体内的代谢过程不同程度地影响了类胡萝卜素的吸收与代谢，使蛋黄的色素沉积效果大大降低	选择优质的、脱毒的棉籽饼、菜籽饼（粕），并控制其用量
		日粮营养不平衡会影响叶黄素在肠道吸收，从而导致皮肤苍白综合征，并且蛋黄颜色也会变浅。饲料中维生素 E、蛋氨酸、胆碱、微量元素、能量水平不当都会造成着色不良	保持饲料营养平衡；保证微量元素、氨基酸、胆碱以及维生素 E 的充足供给

续表

影响内部质量的因素			控制措施
蛋黄颜色（蛋黄颜色是由脂溶性色素在卵形成期间沉积到蛋黄中形成的。利用测色仪测定蛋黄颜色，但罗氏比色扇简单实用）	饲料	饲料中盐分过高、硝酸盐过高也会影响着色效果	避免盐分和硝酸盐含量过高
		过量的石粉、贝壳粉、膨润土，由于导致消化道的pH值发生较大的改变，钙离子等矿物质元素与饲料中的脂溶性物质较易发生络合反应，形成不被吸收的皂化物，严重影响色素的吸收利用；氧化酸败的油脂在代谢过程中严重影响类胡萝卜素的代谢沉积；日粮中的维生素A含量过高或过低，都会直接影响类胡萝卜素的吸收及代谢	避免过量使用石粉、贝壳粉、膨润土等；日粮中添加抗氧化剂和维生素E有助于改善蛋黄颜色；保持适宜的维生素A含量；饲粮中添加油脂可提高蛋黄颜色，特别是在饲粮色素含量低时，效果明显
		饲料产品加工制粒时蒸气温度越高、加工时间越长，叶黄素损失量越大，使皮脂和蛋黄着色度降低	避免温度过高和加工时间过长
	疾病	常见的呼吸道和消化道疾病均会严重影响类胡萝卜素的吸收与代谢	避免有关疾病的发生；注意观察，发生后及时治疗
	污染	饲料受霉菌毒素污染会降低蛋黄着色，因为毒素影响鸭的代谢和吸收途径。某些药品（尼卡巴醇）可致蛋黄杂色或变色	不喂发霉变质的饲料；尽量不使用影响蛋黄着色的药物
	品种、性别、年龄和管理	不同品种的禽类对类胡萝卜素衍生物在蛋黄或外皮组织中的沉积亦不同。老龄鸭随年龄增大，肠道吸收类胡萝卜素衍生物的功能逐渐减退，色素沉积能力日趋变小；放养鸭蛋黄颜色深	注意选择品种和适宜的饲养方式；老龄鸭饲料中适当添加的天然色素

续表

影响内部质量的因素			控制措施
鸭蛋味道	饲养方式	如放养鲜鸭蛋风味好，口感独特	选择适宜的饲养方式
	饲料原料	鸭蛋一般不受饲料气味影响，但较浓的气味如葱味、蒜味、鱼腥味、蚕蛹油味、牛油味等可直接影响蛋味道。饲粮中过量应用的鱼粉、菜籽饼和胆碱常与蛋产生腥臭味有关	鱼粉用量在日粮 5% 以下。蚕蛹应先进行脱脂处理再作饲料，或控制用量在日粮的 5% 以下；菜籽饼应脱毒，并控制用量在日粮 5% 以下；用大麦作饲料时，应添加 β-葡聚糖酶，以促进 β-葡聚糖水解为葡聚糖和低聚合度的物质，降低肠道内容物的黏度，促进营养物质吸收
	饲料添加剂	抗球虫药氯苯胍可使禽蛋产生特异气味；鱼油属于脂肪类饲料添加剂，添加过多可使禽蛋产生鱼腥味	产蛋期禁用氯苯胍；鱼油添加量控制在 1% 以下
蛋内营养成分（蛋内营养含量关系到蛋的营养价值）	饲料营养	蛋中的营养含量受到饲料的影响，特别是一些微量成分的含量受饲料影响比较明显，微量元素和维生素不足可影响其在蛋中的含量	饲料中保持适宜的微量元素和维生素；饲料中增加维生素 A、维生素 D 或一些 B 族维生素和铁、铜、碘、锰、钙等矿物元素均可使它们在鸭蛋中的相应含量得到提高，生产出功能蛋
	添加剂	氨基酸、微量元素、草药以及某些物质等添加剂可影响蛋内某些营养成分变化	将党参、杜仲、姜黄、郁金等草药分别制成粉剂，生产中药蛋；添加 2% ～ 4% 的海藻粉，还可使鸭产高碘蛋，有食疗保健功能；添加 1% 红辣椒粉和少量苜蓿粉、植物油，产出的蛋富含胡萝卜素和维生素 C，食后既有利于养颜美容，又能预防坏血酸病等症

续表

<table>
<tr><th colspan="3">影响内部质量的因素</th><th>控制措施</th></tr>
<tr><td rowspan="6">药物及其他有害物残留</td><td rowspan="3">药物残留</td><td>使用药物添加剂或使用抗生素滤渣配制饲料</td><td>严格按《饲料及饲料添加剂管理条例》及有关法规及行业标准设计、配合和使用饲料</td></tr>
<tr><td>药物使用不合理及未执行休药期的规定，如药物的剂量、用药途径、用药动物种类等不符合要求，造成药物在蛋中残留</td><td>合理使用药物预防和治疗疾病，严格执行各种药物规定的休药期</td></tr>
<tr><td>使用违禁药物或标准规定不允许使用的药物。如使用硫酸新霉素、复方磺胺嘧啶、地克珠利、莫能菌素钠、马杜霉素铵、尼卡巴嗪等禁用的药物或药物添加剂。此外，使用磺胺类、呋喃类及金霉素等药物会影响蛋壳质量，使用某些药物还能造成鸭蛋中存在异味等</td><td>严格按照《兽药管理条例》《饲料及饲料添加剂使用规范》《食品动物禁用的兽药及其他化合物清单》《禁止在饲料和动物饮水中使用的兽药品种目录》使用兽药和添加剂；禁止使用阿散酸、洛克沙胂和土霉素药渣等以增强蛋黄色泽和蛋壳光泽</td></tr>
<tr><td rowspan="3">有害物质残留</td><td>饲料污染。如饲料及其原料被病原菌、病毒及毒素、重金属、有毒化学物质污染，饲料储存不当被污染等</td><td>严格遵守蛋鸭饲料卫生要求；选择优质无污染的饲料原料；科学保存和使用饲料；避免鼠害</td></tr>
<tr><td>饲养环境污染。工业废水、废渣、废气、土壤中重金属超标等</td><td>避免工业废水、废气污染饲养环境和土壤，保证饲养环境洁净卫生</td></tr>
<tr><td>动物饮用水受到重金属、有毒化学物质、病原污染</td><td>定期检测水源，根据水质情况进行净化和消毒处理</td></tr>
</table>

（三）羽绒的质量要求和采集

1. 质量要求

见表 6-6。

表 6-6　收购品质规格要求

项目	一级干毛（冬春毛）	二级干毛（夏秋毛）
质量要求	绒朵、毛大而完整，毛性柔软，弹性强，含苞欲放，有较少的血管毛，粗翅毛根部头圆；纯毛的叶片状，略呈弧形，根部羽毛丝疏散；纯绒的绒朵芦花状，羽枝丰密，羽丝纤细柔软。灰鸭毛，一级原始干毛，每 100 千克含毛绒总和不低于 50 千克，其中纯绒 7 千克；白鸭毛，一级原始干毛，每 100 千克含毛绒总和不低于 49 千克，其中纯绒 9 千克，毛片 40 千克	绒朵、毛片大小不一，色泽较差，弹性弱，含有较多的血管毛，粗翅毛根部大多不完整；纯毛的叶片状，略呈弧形，根部羽毛丝疏散；纯绒的绒朵芦花状，羽枝丰密，羽丝纤细柔软。白鸭毛，二级干毛，每 100 千克含毛绒总和不低于 46 千克，其中纯绒 6.5 千克，毛片 39.5 千克

2. 羽绒的采集

羽绒是我国的重要出口物资。我国传统的活拔羽绒技术简单易行，羽绒产量高、质量好。活鸭拔毛是根据羽毛自然脱落和再生的生物学特征，在不影响其生产性能的情况下，采用人工强制拔毛的方法从活鸭身上拔毛。活体拔毛具有许多优点，如羽绒质量好、杂质少、产毛量多。经屠宰烫煺毛的羽绒，由于受高温水烫，破坏了羽绒内的脂肪，降低了羽绒的弹性和保温性，所以鸭经活体拔毛具有很大的经济效益。

（1）活拔毛绒鸭的选择和次数　用于活体拔毛的鸭品种以白色羽毛的为最佳。一般情况下，青年鸭 90 日龄时羽毛生长丰满，肌肉组织生长完全，此时进行第 1 次拔毛，再过 40 ～ 50 天进行第 2 次拔毛，经过补充营养，恢复体力，在开产前新的羽毛又能长齐，不影响产蛋量。

（2）拔毛前的准备　在进行活体拔毛时，要选择无风的晴天，场地要背风无灰尘，如没有水泥地面，可在地面上铺上塑料布，以防羽毛被尘土杂质污染。对活体拔毛的鸭群，头 1 天要下水清洗，去掉其身上的污物，并停食不停水，拔毛当天要停水，以免拔毛时排便。为了使鸭在拔毛时安静，毛囊扩张，羽毛容易拔出，可在拔毛前每只鸭灌服 10 毫升左右白酒，并准备好拔伤皮肤时所用的消毒药水、药棉等。操作人员要穿工作服、戴口罩和帽子、系围裙等。

（3）操作方法

① 保定　在拔毛操作时，对鸭要进行保定。鸭的保定方法有双腿保定、卧地式保定和半站立式保定三种。双腿保定即操作者坐在凳子

上，用麻绳捆住鸭的双脚，使鸭头朝向操作者，背部置于操作者腿上，用双腿夹住鸭子，腹朝上即可拔毛；卧地式保定就是操作者坐在凳子上，左手抓鸭颈，右手抓住鸭的两脚，将鸭侧着横放在操作者前面的地面上，用左脚踏在鸭颈肩交界处，然后开始拔毛；半站立式保定就是操作者坐在凳子上用手抓住鸭颈上部，使鸭呈站立姿势，然后开始拔毛。

② 拔毛　拔毛顺序是：胸部、腹部、颈部、两肋背部，可先拔毛后拔绒，也可毛、绒一起全拔。拔毛时用拇指食指和中指捏住羽毛拔，用力既均匀又迅猛快速，一次拔的羽毛不能太多，以免撕破皮肤，拔毛时顺毛为好，并要求按部位拔。为了减少活体拔毛的痛苦和节省人力、物力，可采用药物脱毛的先进方法，即用复方脱毛灵，又称复方磷酰胺，用量为每千克体重 40 ～ 45 毫克灌服即可，13 ～ 15 天后开始拔毛，由于药物作用，拔毛非常容易。拔毛后 5 ～ 7 天可以下水，8 ～ 10 天后长出新羽毛，2 个月后再进行第 2 次药物脱毛。

③ 注意事项　拔毛后应注意以下几点。一是拔不动时不能硬拔，这说明羽毛尚未成熟，应该再等几天。拔毛过程中如拔破皮肤而致出血时，应用红药水消毒，皮肤破口大时应消毒缝合，拉破的部位不能再拔毛，受伤的鸭要单独关养，不能下水，不能淋雨，不能关在潮湿的鸭舍里，不能暴晒。二是拔毛后的头三天不能放鸭下水，不在烈日下暴晒，舍内厚垫干草，进行圈养或在鲜嫩的草地上放牧。三是拔毛后适当补充精饲料（以豆饼碎米为好）以恢复体质，促进新羽毛生长，一星期后可以放水。四是拔毛的鸭群如有灰白两种羽色应将两种羽毛分别放置，不能混杂。五是活拔的鸭毛比宰杀后拔的鸭毛含绒量高一倍以上，质量好、售价高，这两种毛也要分别存放。

（四）生产鸭肥肝

鸭肥肝是用发育良好、体格健壮的鸭，经人工强制填饲玉米等高能量饲料，快速育肥，促使肝脏大量积贮脂肪，形成的特大脂肪肝，具有极高的附加值。这种特殊的肥肝比正常的肝要大 3 ～ 5 倍，甚至 8 倍以上。肥肝质地鲜嫩，脂香醇厚，味美独特，营养丰富，可滋补身体。脂肪占 40% ～ 50%，其脂肪酸组成：软脂酸 21% ～ 22%，硬脂酸 11% ～ 12%，亚油酸 1% ～ 2%，16- 烯酸 3% ～ 4%，肉豆蔻酸 1%，不饱和脂肪酸 65% ～ 68%。还含有卵磷脂约 4.5% ～ 7%，脱氧核糖核酸和核糖核酸 8% ～ 13.5%，与普通的鸭肝相比，卵磷脂高 4 倍，核酸高 1 倍，酶的活性高 3 倍多。还富含多种维生素、微量元素及磷脂。具有降低血脂、软化血管、延缓衰老、防治心脑血管疾病发生的功效。生产鸭肥肝，不仅可以得到肥肝，而且还可得到鸭肉、鸭毛和血等价值较高的副产品，具有可观的经济效益和发展前景。

1. 填肥鸭的选择

（1）填肥鸭品种的选择　鸭肥肝的大小是多种因素相互作用的结果，其中鸭种群质量是首要因素。肉用性能越好，体型越大的鸭种，肥肝平均重越大，而兼用型次之，蛋用小型鸭种通常肥肝较小，一般不用来生产鸭肥肝。因此培育肥肝鸭应选择生长速度快和抗病力强的品种，比如肉用型的樱桃谷鸭、番鸭、北京鸭、靖西大麻鸭，兼用型的昆山麻鸭、高邮鸭、巢湖麻鸭、固始鸭等品种。大量填饲实验证明部分纯种鸭存在不耐填饲的缺陷，时间长了伤残率高，使得填饲时间过短，肥肝产量低；杂种生活力强，填饲期可长些。有些养殖户就采用杂交肉用型品种作为填饲的对象，比如以番鸭为父本，我国地方产蛋率高的鸭种为母本进行杂交，产生的后代鸭，它们具有高抗病性、生长速度快、饲料转化率高等特点，使杂交优良后代成为生产肥肝的首选品种。

（2）性别和年龄　鸭的性别对肝脏重影响较小，鸭的性别不限，公母均可填饲，但一般公鸭的肥肝形成效率高于母鸭。母鸭由于分泌雌激素，比公鸭易肥，母鸭又娇嫩些，耐填性和抗病力比公鸭差。不管是何品种开填时都要基本达到体成熟，此时吸收的养分不需用于一般体组织的生长，除了维持需要外，其余部分较多地用于转化成脂肪沉积，同时胸腹腔较大，消化能力强，肝细胞数量较多，肝脂肪合成酶的活力较强，有利于填肥，利于鸭肥肝增大。一般开填日龄在 70 ～ 90 日龄，早熟品种、体况好的品种开填日龄可短一些，晚熟、体瘦的品种开填日龄可大些。不同的鸭种生长发育规律不一样，一般填饲体重宜在 2.5 千克以上。体重较小的鸭发育年龄相对较短，生长发育过程中消耗养分相对较多，养分能转化为脂肪在肝脏中沉积的部分就较少，而且体重小的鸭胸腹部容量、食道容积较小，能填饲的饲

料较少，肝脏可增大的空间也小，生产的肥肝当然就小。成年和老年鸭同样可以用来生产肥肝，但常常需将成年或老年鸭在填饲前进行一段时间的科学饲养，使体格健壮，大约需要预饲2～3周。

（3）肉仔鸭品质 肉仔鸭的品质直接影响鸭肥肝的产量和质量。在待填鸭的培育上，大多采用公司加农户的方式放养，即由公司提供鸭苗、饲料、兽药、技术服务等，按约定天数论数量（只）或重量（千克）回收。回收来用于填饲的肉仔鸭，由于来源不同，体况有一定差异，需预饲3～4周，使肉仔鸭更加健壮便于填饲。也有少量的个别企业建立自己的肉鸭示范场，这对肥肝生产的计划性有一定保证。个别企业采用密闭式饲养种鸭，通过人工控制小环境，实现种鸭的反季节生产，这为鸭肥肝全年均衡生产、上市创造了先决条件。

2. 填饲饲料的调剂

（1）填喂饲料的选择 鸭肥肝填喂饲料主要是用高淀粉的碳水化合物饲料。玉米是生产肥肝最理想的饲料：一是玉米含氮浸出物高达72%，其中主要是容易消化的淀粉，易转化为脂肪，而粗纤维含量仅为2%；二是粗脂肪含量高，一般为3.5%～4.5%，是小麦或大麦的2倍。玉米含亚油酸较高，如果玉米在配合饲料中达50%以上，就可满足动物对亚油酸的需要。陈玉米的水分含量少，胆碱含量低，有利于脂肪在肝中沉积，形成肥肝。研究试验证明，用玉米做填饲饲料，生产的肥肝重量均比用稻谷、大麦、薯干作饲料的高。玉米组的平均肥肝重量比稻谷高20%，比大麦组高31%，比薯干组高45%，比碎米组高27%。

（2）饲料调制方法 因为玉米粉碎后部分成为粉状，不利于操作，而且容易造成浪费，以黄玉米颗粒料生产肥肝的效果最好。颗粒玉米经过加工后方便填饲而对鸭食道的刺激减少。

① 煮玉米法 把过筛除去混杂物的玉米倒入开水锅中，使水面浸没玉米5～10厘米，煮3～5分钟，捞出沥干水分。每千克玉米经煮熟后重量约为1.2～1.3千克。然后趁热加入占玉米重量1%～2%的猪油和0.5%～1%的食盐，充分搅拌均匀即可用于填饲。

② 炒玉米法 将过筛除去混杂物的玉米放入铁锅中用文火不停翻炒，直至玉米粒颜色变为深黄色，八成熟为宜，切忌炒熟、炒煳。炒

完后装袋备用，填饲前用温水浸泡 1 ～ 1.5 小时，直至玉米粒表皮展开为宜。随后沥干水分，加入 0.5% ～ 1% 的食盐，搅匀后填饲。

③ 蒸煮法　先把玉米放在容器里浸泡 3 ～ 4 小时，在浸泡时要搅拌几次，清除漂浮的杂物和空粒，再放入锅里蒸煮 15 分钟，待玉米柔软可剥开即可捞出冷却，加入 1.0% ～ 1.5% 的食盐、1% ～ 2% 的植物油充分拌匀备用。

④ 浸泡法　将过筛除去混杂物的玉米粒置于冷水中浸泡 24 小时，随后沥干水分，加入 0.5% ～ 1% 的食盐和 1% ～ 2% 的动（植）物油。

上述加工玉米的 4 种调制方法相比较，以浸泡法最为经济且简便易行。在填肥试验和生产中，用于填饲的玉米加油与不加油均能取得良好效果，但加油可增加填料中的热能和润滑度。为了减少应激，通常在填饲前 1 周的日粮中加入维生素 A 和维生素 C。同时还应在饲料中加点消化酶制剂和抗生素 0.5%。

3. 填饲的方法

（1）填饲量　填饲量是生产肥肝的关键，直接关系到肥肝的增重和质量，填饲量不足，脂肪主要沉积在皮下和腹部，形成大量的皮下脂肪和腹脂，而肥肝增重慢，肥肝质量等级低；填得过多，影响消化吸收，填饲量又不得不降下来，对肥肝增重不利，还容易造成鸭的伤残。填饲量应由少到多，逐渐增加，直至填饱，以后维持这样的水平。填饲前应先用手触摸鸭的膨大部，了解消化情况，如已空，说明消化良好，应适当增加填饲量；如食道膨大部有饲料积贮，说明填饲过量，消化不良，应用手指帮助把积贮的玉米捏松，以利于消化，并适当减少填饲量。如因填料量过多等原因造成食道损伤，连续几天食道中玉米还未消化，应立即宰杀淘汰。鸭的填饲量因品种和个体而存在差异，北京鸭等大型肉鸭一般日填饲量 500 ～ 600 克，建昌鸭等小型鸭一般日填饲量为 400 ～ 500 克。填完料后，如鸭精神良好，活动正常，展翅高叫，喜爱饮水，说明填料合适；如果鸭拼命摇头，欲将玉米甩出，说明量太大。

（2）填饲操作方法　填饲操作方法分为手工填饲和机械填饲。

① 手工填饲　填饲人员用左手握住鸭头并用手指打开鸭喙，右手将玉米粒塞入鸭口腔内，并由上而下将玉米粒捻向食道膨大部，直至

距咽喉约 5 厘米。也可以用管子和漏斗制成进料器，将管子末端直接插入到食道膨大部，然后在漏斗中加入玉米，用棒子将玉米直接推入食道膨大部。此进料器外壁和底端应光滑，防止划伤食道。手工填饲费力费时，目前，国内外已采用填饲机代替手工强制填饲，大大提高了劳动生产率，填饲量多而均匀，适宜肥肝批量生产的需要。

② 机械填饲　一般需要两人配合，协同操作。先将调制好的饲料倒入填饲机的料斗中，然后把填饲鸭驱赶到填饲室的一角，用围篱圈定，助手将填鸭捧到填饲机前的一侧坐下，把填鸭放在填料管下的固禽器上，两手的大拇指紧紧按住填鸭的两翅，其余四指抱住鸭体，不让其挣脱并迫使鸭的两腿向后伸。填饲员坐在填饲机前，开填时，先用食用油涂抹填料管，使其润滑，然后用右手抓住鸭头，拇指和食指轻压鸭喙基部两侧，迫使鸭嘴张开，接着左手食指伸进鸭的口腔内压住舌基部，将填料管插入口腔，沿咽喉、食道直插至食道膨大部。此时，填饲员左手固定鸭头，左脚踩动填饲开关踏板，螺旋推动器运转，玉米从填饲管中向食道膨大部推进，填饲员左手仍固定鸭头，右手触摸食道膨大部，待玉米填满时，边填料边退出填饲管，自下而上填饲，直至距咽喉约 5 厘米，左脚松开脚踏开关，玉米停止输送，将咽部慢慢从填饲管中退出。

③ 填饲时的注意事项　一是插管时必须小心，填饲管插入口腔后，连续使填饲管缓慢通过咽喉部和食道部，如感觉有阻力，说明方向不对，应退出重插，要随时推拉颈部使其伸直，以保证填饲管顺利进入。在整个填饲期间，每只鸭需要插管 28 ～ 42 次，甚至更多，任何一次疏忽和粗心，都会给鸭造成伤害，使伤残率增高。填饲时应注意手脚协调并用，脚踩填饲开关填饲玉米应与鸭食道从填饲管中退出的速度一致，退慢了会使食道局部膨胀形成堵塞，甚至使食道破裂；退得太快又填不满食道，影响填饲量，进而影响肥肝增重。当鸭挣扎颈部弯曲时，应松开脚踏开关，停止送料，待恢复正常体位时再继续填饲，以避免填饲事故发生。

二是在填饲过程中，鸭用嘴吸气时，可能使玉米进入喉头，导致窒息。玉米突然进入气管的症状是呼吸时发出鼾声或鸣产，此时应将鸭放在桌上，使头向下垂，牢固地将鸭体固定住，然后开始探找玉米粒，从颈部的中段起，直到胸部的入口处，拇指和食指猛烈挤压气管，

可使玉米上升一些。大玉米粒可以在手指间感觉到，这时，左手应该按住玉米粒，右手打开鸭口腔，设法将玉米抖出来。如果抖不出来，可以突然地，但不持续地挤压鸭颈，迫使鸭咳嗽，在这一瞬间，设法移动玉米位置，使玉米粒随气流的力量排出。

三是饲料不应过分结实地堵塞食道，因为这会引起食道破裂。鸭在前期经过锻炼的食道，可容 300 ～ 600 克玉米，这是获得大肝的重要因素之一。但应考虑到这是机体生理负担的极限，不能再加大。

（3）填饲次数和时间　在正式填饲前，应该有一个预饲期，是从仔鸭到填饲鸭的过渡阶段，时间长短不一。如果仔鸭放牧饲养，预饲期应略长一些，使鸭逐步适应新的填饲环境；如果是圈养仔鸭，预饲期可略短些。一般预饲期 3 ～ 7 天，在这个过程中，要停止放牧，全部采用圈养，全部喂精料，以玉米为主。预饲期后几天，可开始适应性填饲；一般每天填 1 ～ 2 次，填量较少，为正式开填做好适应性过渡。

填料量应循序渐进，当其适应后应尽量多填、填足。填饲期一般 2 ～ 4 周，具体长短视品种、消化能力、增重而定，特别是依据肥育成熟与否而定。纯种不耐填，时间长了伤残率高，填饲期应短些；杂种生活力强，填饲期可长些。

填饲次数关系到日填饲量，进而影响到肥肝增重。填料次数太少，填料量不足，肥肝增重慢；填饲次数太多会影响鸭体的休息和消化吸收，给饲养管理工作带来不便，也不利于肥肝增重。应根据鸭的消化能力，掌握每次填料到下次填料以前，食道正好无饲料为宜，但又要填饱不欠料。一般鸭每天填 3 次。

一般操作时间及次数如下：第一周或 1 ～ 5 天，每天 2 次，每次 100 ～ 200 克，时间是 7 时和 17 时；第二周或 6 ～ 14 天，每天 3 次，每次 150 ～ 250 克，时间是 7 时、14 时和 21 时；第二周以后，每天 4 次，每次 200 ～ 300 克，时间是 7 时、12 时、18 时和 23 时。

填料时间应准时、有规律，不得任意提前或延后，以免影响肥肝生长或引起应激。填饲期的长短根据鸭的生理特点和鸭肥肝增重规律，一般填 3 ～ 4 周。具体时间还得根据品种、消化能力、增重情况而定。

4. 填饲鸭的管理

（1）饲养环境　肥肝生产不宜在炎热的季节进行。填饲季节的最

适温度为 10 ～ 15℃，在 20 ～ 25℃尚可进行，超过 25℃则不适宜，因为填饲时用的填料是高能量饲料，鸭的皮下积贮着大量脂肪，不利于体内热量的散发，故环境温度不宜过高。相反，填饲鸭对低温的适应性较强。在 4℃气温条件下对肥肝生产无不良影响，即使环境温度低于 0℃时，只要做好防冻工作仍可填饲，生产肥肝。但是在低温下，填肥鸭需要消耗更多的能量来维持自身的需要以及抵抗低温。

舍内要求地面平坦、无硬物，适当垫草，并保持垫草干燥，防止潮湿，通风良好，空气新鲜，清洁卫生，为鸭提供一个良好的休息环境。填饲后期，肥肝已延伸到腹部，如圈舍地面不平，极易造成肝脏机械损伤，使肥肝局部淤血或有血斑，影响肥肝的质量。舍内光线宜暗，保持环境安静，适当活动，限制下水洗浴，减少惊扰，使鸭得到充分休息，减少能量消耗，以利于肥肝生长。

填饲鸭应实行小圈饲养，尽量限制填饲鸭的活动，减少饲料消耗量，加速填饲鸭的肥育和肝内脂肪的沉积。舍内要围成小群，每小群养鸭不超过 20 只，饲养密度为 3 ～ 4 只 / 米 ^{2}。如果采用笼养，可以防止鸭群间的挤压等问题。也可以将鸭养在双层个体笼内，这样可以减少抓鸭过程中出现的堆积、挤压、惊群等所造成的伤残，而且方便捕捉，节省劳力。但笼养则加大了资金投入。

（2）疾病防治　在预饲期开始时接种疫苗和驱虫，饲料中适当添加防治疾病、增强抵抗力、促进生长的药物。常用的有土霉素、金霉素、青霉素、呋喃唑酮、敌菌净等，尤以土霉素用得最为普遍，它的性能稳定，抗菌范围广，其用量占日粮的 0.01% ～ 0.05%。但是要注意，使用抗生素会在鸭体内残留或产生耐药性，因此一定要注意添加的剂量，并在正式填饲或者填饲前期停止饲喂。强制填饲前 1 周注射禽霍乱菌苗，并做好驱虫工作。

在填饲期间，如果发现其他疾病的鸭只，需对其治疗，康复后才能继续填饲。

（3）平时观察和检查　由于鸭在填饲期间体重的迅速增加和肥肝的逐步形成，填饲时驱赶鸭应缓慢，防止相互挤压碰撞，防止惊吓，减少对鸭的惊扰，捕捉时轻提、轻放。在填饲期间，每次填饲时应检查鸭的状况，如用手抚摸感到鸭翅膀下皮肤松散，有皮下脂肪形成，食道没有积食，说明消化正常，填饲量适当；如发现食道还有积食，说明填饲量过多，应减少或停填1次；如发现皮肤很紧，没有皮下脂肪形成，食道中又无饲料，说明填饲料过少，应增加用量。若发现消化不良时，每次可服一些有助于消化的辅助药。在填饲过程中，供应充足饮水，水盆或水槽要经常清洗，保持随时都有清洁水供饮用。但在填料后半小时内不能让鸭饮水，以减少它们甩料。

平时仔细观察鸭群的精神情况，特别是填饲10天后，根据具体情况决定是否紧急屠宰，减少损失。一旦发现呼吸极端困难、不能或很少行走、严重滞食、眼睛凹陷、嘴壳发白者应随时屠宰。饲料基本不见消化或者停填滞食3天以上的要屠宰。另外，填喂期如果观察到有已成熟者可先屠宰。相反，已到既定填喂期但未成熟者可适当延期。

5. 适时屠宰

填饲期一般2～4周，由于个体间存在差异，有的早熟，所以生产肥肝与生产肉用仔鸭不同，不能确定统一的屠宰期。填饲到一定时期后，应注意观察鸭群，分别对待，成熟一批，屠宰一批。成熟的特征为：体态肥胖，腹部下垂，两眼无神，精神萎靡，呼吸急促，行动迟缓，步态蹒跚，跛行，甚至瘫痪，羽毛潮湿而零乱，出现积食和腹泻等消化不良症状，此时应及时屠宰取肝，否则轻则填料量减少，肥肝不但未增重，反而萎缩，重则死亡，给肥肝生产带来损失。对精神好，消化能力强，还未充分成熟的可继续填饲，待充分成熟后屠宰。

6. 肥肝鸭的运输

填肥鸭在肥肝成熟时，肝脏脂肪沉积较多，肥肝较大，而且长时间超额营养，新陈代谢不正常，肥肝压迫影响呼吸系统的功能，体质很弱，活力较差，经不住长途和不舒适的运输，最好采用就地屠宰、取肝，以保证肥肝的完整，提高肥肝的等级。但是一般的养殖户，没有取肝的经验和条件，故只能将鸭运输到工厂进行肥肝的采取。故在运输前应该停止强制填饲6小时以上，在驱赶、捕捉过程中所有的动作都要敏捷谨慎，以免鸭体和肥肝受损。在运输过程中必须小心谨慎，以免在装运过程中死亡或肥肝淤血，装运的笼子垫草应铺厚些，汽车运输应平稳行驶，防止颠簸，装卸时应双手提住鸭的双翅，轻提轻放。

7. 屠宰取肝

肥肝是珍贵的食品，其质量不仅与填饲技术有关，而且受屠宰加工技术的影响也很大。屠宰取肝及保存是肥肝生产的最后工序。为了避免肥肝的损伤，整个加工过程都要细心操作。

（1）宰杀　宰杀之前，应将填肥鸭停食 12 小时，但要供给充分的饮水以便放血充分，尽量排净肝脏淤血，以保证肝脏的质量。宰杀时，抓住鸭的两腿，倒挂在屠杀架上，使鸭头部朝下，采用人工割断气管和血管的方式放血。一般放血的时间为 5 ～ 10 分钟。如放血不充分，肥肝淤血影响其质量。

（2）浸烫　放血后立即浸烫，烫毛的水温一般为 65 ～ 70℃，时间 3 ～ 5 分钟。水温过高、时间过长，鸭皮容易破损，严重时可影响肥肝的质量；水温太低又不易拔毛。屠体必须在热水中翻动，使身体各部位的羽毛都能完全湿透，受热均匀。

（3）脱毛　使用脱毛机容易损坏肥肝，一般采用手工拔毛。拔毛时将鸭体放在桌子上，趁热先将鸭胫、蹼和嘴上的表皮捋去，然后左手固定鸭体，右手依次拔翅羽、背尾羽、颈羽和胸腹部羽毛。然后将鸭体放入水池中洗净。不易拔净的绒毛，可用酒精灯火焰燎除。拔毛时不要碰撞腹部，也不要将鸭体推压，以免损伤肥肝。

（4）预冷　刚煺毛的鸭体平放在特制的金属架上，背部向下，腹部朝上，放在温度为 0 ～ 4℃的冷库中预冷 10 ～ 18 小时，使内脏温度降低。不预冷就取肝会使腹部脂肪流失，还容易将肝脏抓坏。因此应将鸭体预冷，使其干燥、脂肪凝结、内脏变硬而又不冻结才便于取肝。

（5）破腹取肝　将预冷后的鸭体放置在操作台上，腹部向下，尾部朝操作者。用刀从龙骨前端沿龙骨脊左侧向龙骨后端划破皮脂，然后用刀从龙骨后端向肛门处沿腹中线割开皮脂和腹膜，从裸露胸骨处，用外科骨钳或大剪刀从龙骨后端沿龙骨脊向前剪开胸骨，打开胸腔，使内脏暴露。胸腔打开以后，将肥肝与其他脏器分离，取肝时要特别小心。操作时不能划破肥肝，分离时不能划破胆囊，以保持肝的完整。如果不慎将胆囊碰破，应立即用水将肥肝上的胆汁冲洗干净。操作人员每取完 1 只肥肝，用清洁水冲洗一下双手。取出的肥肝应适当整修处理，用小刀切除附在肝上的神经纤维、结缔组织、残留脂肪和胆囊下的绿色渗出物，切除肝上的淤血、出血斑和破损部分，放在0.9%的盐水中浸泡10分钟，捞出沥干，放在清洁的盘上，盘底部铺有油纸，称重分级。正常肥肝要求肝叶均匀，轮廓分明，表面光滑而富有弹性，色泽一致为淡黄色或粉红色。优质肥肝要求质地柔软，没有破损，无血斑，色泽淡黄，肝重为佳品。

（6）鸭肥肝分级　根据肥肝重量和感官评定品质的优劣。重量分级为：特级肝脏重量600～900克，一级肥肝350～600克，二级肥肝250～350克，三级肥肝150～250克，150克以下的为级外肝（瘦肝）。现在国内批量生产的鸭肥肝以一级居多。

优质肥肝感官评定标准是：色泽为浅黄色或粉红色，内外无斑痕，色泽一致；组织结构应表面光滑，质地有弹性，软硬适中，无病变；有独特的芳香味，无异味。良好肝呈灰白色，大而结实。合格肝白色，大而质软。废弃肝呈白色，有淤血或血斑。癌变肝呈苍白色，肿大而质硬，或有大小不等的癌瘤病灶。

8. 产品保存

将洗净且在0.9%盐水中浸泡过的鲜肝用二氧化碳或氮气等惰性气体充气，最后包装放置在2℃左右贮藏，即可保鲜。如果立即销售或者运到加工场生产肥肝酱的鲜肝，可以用饮水制的碎小冰块先铺一层，加上一层油纸，然后放上一层肝。每箱以三层碎冰块夹两层肝为宜。每箱肝重不超过20千克，然后放在0～4℃的温度下，保存期不应超过三天。也可把分级后的肥肝放在−28℃条件下速冻，包装后放在−20～−18℃条件下，可保存2～3个月。

二、提高粪便的利用价值

（一）生产优质有机肥

1. 堆粪法

堆粪法是一种简单实用的处理方法。鸭粪是优质的有机肥，经过堆积腐熟或高温发酵干燥处理后，体积变小、松软、无臭味，不带病原微生物，常用于果林、蔬菜、瓜类和花卉等经济作物，也用于无土

栽培和生产绿色食品。

在距鸭场 100 ～ 200 米或以外的地方设一个堆粪场，在地面挖一浅沟，深约 20 厘米，宽 1.5 ～ 2 米，长度不限，随粪便多少确定。先将非传染性的粪便或垫草等堆至厚 25 厘米，其上堆放欲消毒的粪便、垫草等，高达 1.5 ～ 2 米，然后在粪堆外再铺上厚 10 厘米的非传染性的粪便或垫草，并覆盖厚10厘米的沙子或土，如此堆放3周至3个月，即可用以肥田，如图 6-1 所示。当粪便较稀时，应加些杂草，太干时倒入稀粪或加水，使其不稀不干，以促进迅速发酵。

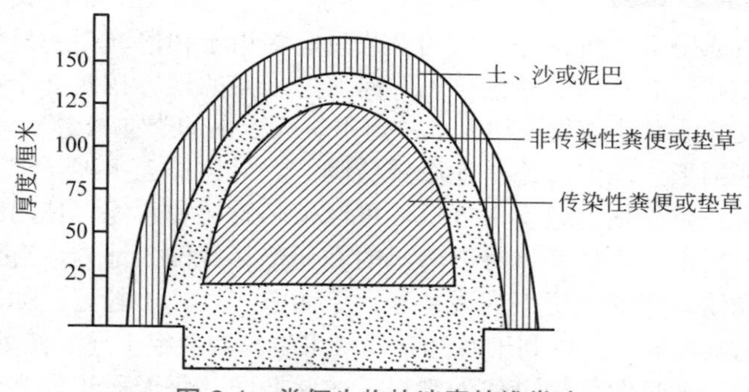

图 6-1　粪便生物热消毒的堆粪法

2. 干燥

新鲜鸭粪主要成分是水，通过脱水干燥，可使其含水量达到 15% 以下。这样，一方面减少了鸭粪的体积和重量，便于包装、运输和应用；另一方面也可有效地抑制鸭粪中微生物的生长繁殖，从而减少了营养成分特别是蛋白质的损失。

（1）高温快速干燥　采用以回转圆筒炉为代表的高温快速干燥设备，可在短时间内（10 分钟左右）将含水量 70% 的湿鸭粪迅速干燥成含水量仅为 10% ～ 15% 的鸭粪加工品。烘干温度适宜的范围在 300 ～ 900℃之间。这种处理方法的优点是：不受季节、天气的限制，可连续生产，设备占地面积比较小；烘干的鸭粪营养损失量小于 6%，并能达到消毒、灭菌、除臭的目的，可直接变成产品以及作为生产配合饲料和有机无机复合肥的原料。但该法在整个加工过程中耗能较高，尾气和烘干后的鸭粪均存在不同程度的二次污染问题，对含水量大于

75% 的湿鸭粪，烘干成本较高，而且一次性投资较大。

（2）自然干燥法　将新鲜鸭粪收集起来，摊在水泥地面或塑料布上，阳光下暴晒，随时翻动以使其晒干或自然风干，干燥后过筛去除杂质，装袋内或堆放于干燥处备用，作饲料时可按比例添加。该法投资小，成本低，操作方法简单，但易受天气和气候状况影响且不能彻底杀死病原体，从而易于导致疾病的发生和流行，只适合于无疾病发生的小型鸭场鸭粪的处理。

3. 发酵池发酵

此法适用于大量饲养畜禽的农牧场，多用于稀薄粪便的发酵。在距农场 200 ～ 250 米以外无居民、河流、水井的地方挖筑 2 个或 2 个以上的发酵池（池的数量和大小决定于每天运出的粪便数量）。池可筑成方形或圆形，池的边缘与池底用砖砌，然后再抹上水泥，使其不透水。如果土质干枯、地下水位低，可以不必用砖和水泥。使用时先在池底倒一层干粪，然后将每天清出的粪便垫草等倒入池内，直到快满时，在粪便表面铺一层干粪或杂草，上面盖一层泥土封好。如条件许可，可用木板盖上，以利于发酵和保持卫生。粪便经上述方法处理后，经过 1 ～ 3 个月即可掏出作为肥料。在此期间，每天所积的粪便可倒入另外的发酵池，如此轮换使用。

（二）生产动物蛋白

利用粪便生产蝇蛆、蚯蚓等优质高蛋白物质，既减少了污染，又提高了鸭粪的使用价值，但缺点是劳动力投入大，操作不便。近年来，美国科学家已成功在可溶性粪肥营养成分中培养出单细胞蛋白。家禽粪便中含有矿物质营养，啤酒糟中含有一定的碳水化合物，而部分微生物能够以这些营养物质为食。研究人员发现一种拟内孢霉属的细菌和一种假丝酵母菌能吃下上述物质产生细菌蛋白，这些蛋白可用于制造动物饲料。

（三）生产沼气

鸭粪是沼气发酵的优质原料之一，尤其是高水分的鸭粪。鸭粪和草或秸秆以（2 ～ 3）：1 的比例，在碳氮比（13 ～ 30）：1，pH 为

6.8 ～ 7.4 条件下，利用微生物进行厌氧发酵，产生可燃性气体。发酵后的沼渣可用于养鱼、养殖蚯蚓、栽培食用菌、生产优质的有机肥和土壤改良剂。

三、加强产品的销售管理

（一）销售预测

规模鸭场的销售预测是在市场调查的基础上，对产品的趋势作出正确的估计。产品市场是销售预测的基础，市场调查的对象是已经存在的市场情况，而销售预测的对象是尚未形成的市场情况。产品销售预测分为长期预测、中期预测和短期预测。长期预测指 5 ～ 10 年的预测；中期预测一般指 2 ～ 3 年的预测；短期预测一般为每年内各季度月份的预测，主要用于指导短期生产活动。进行预测时可采用定性预测和定量预测两种方法。定性预测是指对对象未来发展的性质方向进行判断性、经验性的预测。定量预测是通过定量分析对预测对象及其影响因素之间的密切程度进行预测。两种方法各有所长，应从当前实际情况出发，结合使用。鸭场的产品多种多样，要根据市场需要和销售价格，结合本场情况有目的地进行生产，以获得更好的效益。

（二）销售决策

影响企业销售规模的因素有两个：一是市场需求，二是鸭场的销售能力。市场需求是外因，是鸭场外部环境对企业产品销售提供的机会；销售能力是内因，是鸭场内部自身可控制的因素。对具有较高市场开发潜力，但目前在市场上占有率低的产品，应加强产品的销售推广宣传工作，尽力扩大市场占有率。对具有较高的市场开发潜力，且在市场有较高占有率的产品应有足够的投资维持市场占有率。但由于其成长期潜力有限，过多投资则无益。对那些市场开发潜力小，市场占有率低的产品，因考虑调整企业产品组合。

（三）销售计划

鸭产品的销售计划是鸭场经营计划的重要组成部分，科学地制订

产品销售计划，是做好销售工作的必要条件，也是科学地制订鸭场生产经营计划的前提。主要内容包括销售量、销售额、销售费用、销售利润等。制订销售计划的中心问题是要完成企业的销售管理任务，能够在最短的时间内销售产品，争取到理想的价格，及时收回贷款，取得较好的经济效益。

（四）销售形式

销售形式指产品从生产领域进入消费领域，由生产单位传送到消费者手中所经过的途径和采取的购销形式。依据不同服务领域和收购部门经销范围的不同而各有不同，主要包括国家预购、国家订购、外贸流通、鸭场自行销售、联合销售、合同销售 6 种形式。合理的销售形式可以加速产品的传送过程，节约流通费用，减少流通过程的消耗，更好地提高产品的价值。目前，鸭场自行销售已经成为主要的渠道，自行销售可直销，销售价格高，但销量有限；也可以选择一些大型的商场或大的消费单位进行销售。

（五）销售管理

鸭场销售管理包括销售市场调查、营销策略及计划的制订、促销措施的落实、市场的开拓、产品售后服务，等等。市场营销需要研究消费者的需求状况及其变化趋势。在保证产品质量并不断提高的前提下，利用各种机会、各种渠道刺激消费、推销产品，应做好以下三个方面的工作。

1. 加强宣传，树立品牌

有了优质产品，还需要加强宣传，将产品推销出去。广告是被市场经济所证实的一种良好的促销手段，应很好地利用。一个好企业，首先必须对企业形象及其产品包装（含有形和无形）进行策划设计，并借助广播电视、报刊等各种媒体做广告宣传，以提高企业及产品的知名度。在社会上树立起良好的形象，创造产品品牌，从而促进产品的销售。

2. 加强营销队伍建设

一是要根据销售服务和劳动定额，合理增加促销人员，加强促销

力量，不断扩大促销辐射面，使促销人员无所不及。二是要努力提高促销人员业务素质。促销人员的素质高低，直接影响着产品的销售。因此，要经常对促销人员进行业务知识的培训和职业道德、敬业精神的教育，使他们以良好素质和精神面貌出现在用户面前，为用户提供满意的服务。

3. 积极做好售后服务

售后服务是企业争取用户信任，巩固老市场，开拓新市场的关键。因此，种鸭场要高度重视，扎实认真地做好此项工作。要学习“海尔”集团的管理经验，打服务牌。在服务上，一是要建立售后服务组织，经常深入用户做好技术咨询服务；二是对出售的种鸭等提供防疫、驱虫程序及饲养管理等相关技术资料和服务跟踪卡，规范售后服务，并及时通过用户反馈的信息，改进鸭场的工作，加快发展速度。

第七招 注意细节管理

【提示】

古人云：天下难事，必作于易；天下大事，必作于细。微细管理在养殖生产中很重要，它可避免由于技术人员的疏忽和饲养人员的惰性而造成的失误，从而减少损失，降低成本。

一、鸭场设计建设中的细节

（一）做好前期调研和论证

建设鸭场前要进行前期调研，了解养鸭业生产状况、销售情况和市场行情，做到有的放矢，心中有数。然后对鸭场的性质、规模、占地面积、饲养方式、鸭舍形式、设备以及投入等进行论证，避免盲目上马。

（二）做好鸭场场址选择和规划

首先考虑电、水、路等是否顺畅、符合要求，增加开通网络、有

线电视，进出鸭场的道路要平坦，着重考虑雨雪天气等影响因素。鸭场要求远离交通要道1000米以上，远离工矿企业、村镇、学校，尤其要远离养殖场、屠宰场、垃圾场和污水沟2～3千米以上。鸭场南北向200～300米，东西向160米，建设6～10栋/场，规模10万羽左右为宜，鸭舍间距10米左右。按照国家的法律规定，办理有关手续，条件具备最好签订10年以上有效的土地租赁或承包合同。

（三）鸭场地势要高燥、排水良好

如果鸭场建在一个地势较为低洼的地方，生产过程中的污水就难以顺利排放，雨后的积水时间会很长，而且周围水流向鸭场。长期积水会造成鸭场场地污染，鸭舍地基松软，导致舍内湿度过高。所以，一定要将场建在地势高燥、排水良好的地方。

（四）鸭场要避开西北方向的谷底或山口

西北方向的谷底或山口容易聚风引起冬季风力过大，不利于鸭场或鸭舍温热环境的维持。特别是育雏舍或育雏场，一定要注意，否则，冬季育雏时，场区风力很大，影响育雏温度的上升和维持，导致育雏效果差，甚至会由于温度的不稳定而诱发疾病。

（五）鸭场与村庄、主干道和其他养殖场保持一定距离

村庄、主干道和集市人员和车辆来往比较多，而人员和车辆都是病原的携带者，离这些地方太近，则人员和车辆携带的病原容易侵入鸭场，危害鸭群健康。其他养殖场也是污染严重的场所，而且养殖过程中会产生传染病，如果相距太近，病原容易通过空气、飞鸟、啮齿动物、落叶和粉尘等进入本场，威胁鸭群安全。

（六）注意鸭舍布局

鸭舍间距问题，如果考虑到侧向通风，鸭舍间距相对大一些好。如果是联体鸭舍或没有侧向通风的情况下，鸭舍间距4米左右就可以。

按照国家商检局要求进行设计，如兽医工作室、焚烧炉、沉淀池、粪场等；生产生活区分开，中间设置隔离区、二道门（场内二次

消毒）。对于冲刷鸭舍的污水要统一流入沉淀池消毒后再排放或重复利用。

（七）注重绿化

养鸭场周围可以栽植花椒等代替围墙，场内空闲地栽植树木，如速生杨、梧桐、法桐等，用于遮阴、遮挡风沙、净化空气等，养鸭期间不能喷施有害鸭群或有农药残留的药物。

生活区周围空闲地可以种植多种蔬菜、水果改善员工生活；对于土建以后定点取土的地方经过处理后建设成鱼塘，栽藕养鱼。

（八）注重鸭舍的保温隔热设计

鸭舍保温隔热设计符合标准，可能会增加一次性投资，但由于冬季保温和夏季隔热，可避免舍内温度过低或过高而对生产性能的影响。节省的燃料费和电费，增加的产品产量和减少的死亡淘汰等效益要远远大于投入，可以说是“一劳永逸”。

（九）鸭舍环境控制设备

鸭舍环境控制设备要配套，科学安装，并注意设备选型。笼养鸭舍饲养密度高，对环境要求条件也高，必须配套安装环境控制设备，以保证舍内适宜的温度、湿度、光照、气流和新鲜的空气，特别是极端寒冷的冬季和炎热的夏季，环境控制设备更加重要。如果环境控制设备不配套，或者虽有各种设备，但安装不科学，都会影响其控制效果，则鸭舍内的环境条件就不能满足鸭的要求，就会影响鸭的生长和生产。设备选型时，应注意选择效率高和噪声低的设备。

二、种鸭的选择和雏鸭引进的细节

（一）种公鸭的选择

公鸭饲养至8～10周龄时，可根据外貌特征进行第一次初选。饲养至6～7月龄时，进行第二次选择。此时应进行个体采精，以精液量及精液品质作为判定优劣的标准，精液应呈乳白色，若呈透明的稀

薄状不宜留种。

1. 蛋用型种公鸭具体选择标准

头大颈粗，眼大、眼亮有神，喙宽而齐，身长体宽，羽毛紧密而富有光泽，性羽分明，两翼紧贴体躯，胫粗而高，健康结实，体重符合标准，第二性征明显。

2. 肉用型种公鸭具体选择标准

体型呈长方形，头大，颈粗，背平直而宽，胸腹宽而略扁平，腿略高而粗，蹼大而厚，两翅不翻，羽毛光洁整齐，生长快，体重符合标准，配种能力强。

（二）了解鸭品种的概况和市场需求

选择品种时，要了解本地区消费特点、消费习惯、市场需求、发展趋势以及本场饲养条件等，选择适销对路的适宜品种。

（三）掌握供种单位情况

同样的品种，供种单位不同，其品质、价格等可能都有较大差异。所以，在引进鸭种时，要全面了解掌握供种单位的情况，如供种单位的设施条件、饲料质量、管理水平、隔离卫生和防疫情况以及引种渠道等，应选择饲养条件好，隔离卫生好，引种渠道正规，信誉高，服务质量好的供种单位引种。

（四）按照生产计划订购雏鸭

鸭的种蛋从入孵到出雏需要 28 天的时间（鸭的孵化期为 28 天），所以要按照生产计划提前订购雏鸭。自己孵化可以按照饲养时间提前 28 天上蛋孵化；外购雏鸭应按照饲养时间提前 1 个月订购，如果是在雏鸭供应紧张的情况下，应更早订购，否则可能订购不到或供雏时间推迟而影响生产计划。

到有种禽种蛋经营许可证、信誉度高的种鸭场或孵化厂订购雏鸭，并要签订购雏合同（合同形式见表 7-1）。

表 7-1　禽产品购销合同范本

甲方（购买方）：____________

乙方（销售方）：____________

为保证购销双方利益，经甲乙双方充分协商，特订立本合同，以便双方共同遵守。

1. 产品的名称和品种：____________；数量：________（必须明确规定产品的计量单位和计量方法）。

2. 产品的等级和质量：____________（产品的等级和质量，国家有关部门有明确规定的，按规定标准确定产品的等级和质量；国家有关部门无明文规定的，由双方当事人协商确定）；产品的检疫办法：_____________（国家或地方主管部门有卫生检疫规定的，按国家或地方主管部门规定进行检疫；国家或地方主管部门无检疫规定的，由双方当事人协商检疫办法）。

3. 产品的价格（单价）：______；总货款：______；货款结算办法：__________。

4. 交货期限、地点和方式：____________。

5. 甲方的违约责任

（1）甲方未按合同收购或在合同期中退货的，应按未收或退货部分货款总值的______%（5% ～ 25% 的幅度），向乙方偿付违约金。

（2）甲方如需提前收购，商得乙方同意变更合同的，甲方应给乙方提前收购货款总值的______% 的补偿，甲方因特殊原因必须逾期收购的，除按逾期收购部分货款总值计算向乙方偿付违约金外，还应承担供方在此期间所支付的保管费或饲养费，并承担因此而造成的其他实际损失。

（3）对通过银行结算而未按期付款的，应按中国人民银行有关延期付款的规定，向乙方偿付延期付款的违约金。

（4）乙方按合同规定交货，甲方无正当理由拒收的，除按拒收部分货款总值的______%（5% ～ 25% 的幅度）向乙方偿付违约金外，还应承担乙方因此而造成的实际损失和费用。

6. 乙方的违约责任

（1）乙方逾期交货或交货少于合同规定的，如是甲方仍然需要的，乙方应如数补交，并应向甲方偿付逾期不交或少交部分货物总值______%（由甲乙方商定）的违约金；如甲方不需要，乙方应按逾期或应交部分货款总值的______%（1% ～ 20% 的幅度）付违约金。

（2）乙方交货时间比合同规定提前，经有关部门证明理由正当的，甲方可考虑同意接收，并按合同规定付款；乙方无正当理由提前交货的，甲方有权拒收。

（3）乙方交售的产品规格、卫生质量标准与合同规定不符时，甲方可以拒收。乙方如经有关部门证明确有正当理由，甲方仍然需要乙方交货的，乙方可以迟延交货，不按违约处理。

7. 不可抗力。合同执行期内，如发生自然灾害或其他不可抗力的原因，致使当事人一方不能履行、不能完全履行或不能适当履行合同的，应向对方当事人通报理由，经有关主管部门证实后，不负违约责任，并允许变更或解除合同。

8. 解决合同纠纷的方式。执行本合同发生争议，由当事人双方协商解决。协商不成，双方同意由______仲裁委员会仲裁（当事人双方不在本合同中约定仲裁机构，事后又没有达成书面仲裁协议的，可向人民法院起诉）。

9. 其他________________。

当事人一方要求变更或解除合同，应提前通知对方，并采用书面形式由当事人双方达成协议。接到要求变更或解除合同通知的一方，应在七天之内做出答复（当事人另有约定的，从约定），逾期不答复的，视为默认。

违约金、赔偿金应在有关部门确定责任后十天内（当事人有约定的，从约定）偿付，否则按逾期付款处理，任何一方不得自行用扣付货款来充抵。

本合同如有未尽事宜，须经甲乙双方共同协商，做出补充规定，补充规定与本合同具有同等效力。

本合同正本一式三份，甲乙双方各执一份，主管部门保存一份。

甲方：________（公章）；　　　　　　　　代表人：________（盖章）

乙方：________（公章）；　　　　　　　　代表人：________（盖章）

________年____月____日订

（五）加强雏鸭选择

雏鸭选择直接关系到雏鸭的成活率和生长发育。雏鸭出壳后总会有一部分属于弱雏，这些弱雏无论是由于病原体感染造成的或是孵化不良造成的或是种蛋质量不好造成的，都属于先天性缺陷，这些弱雏都应该淘汰处理，坚决不能购买和饲养。

选择雏鸭时要注意以下几方面。一要注意品种，所选品种应具有生长速度快或产蛋多的潜力。二要注意雏鸭来源。来源于信誉高、质量好的种鸭场或孵化场，批次的孵化率和健雏率要高。三是雏鸭的品质优良。雏鸭应由经过净化的相同日龄和品系的种鸭所产的且大小一致的种蛋孵化出来，保证统一雏鸭体重（较高的均匀度）、统一抗体水平（提高特异性免疫力）、统一健康状况和统一品种品系。

三、鸭群饲料的选择和饲养中的细节

（一）注意饲料选择和加工

1. 不使用发霉变质的饲料

霉变的饲料饲喂鸭，可以引起曲霉菌病或霉菌毒素中毒，轻者影响鸭的生长和生产，严重的则危害鸭的健康而引起死亡。鸭饲料配制过程中使用的饲料原料容易发霉变质的是玉米、花生饼等，要严格注意其质量变化。被霉菌污染、发霉变质后不要使用，如使用，要进行彻底的除霉脱毒处理。

2. 选择优质全价饲料和预混料

饲料要选购优质的全价饲料和预混料，饲料质量要有保证，选名牌厂家的饲料，不能贪图便宜，购买三无产品。饲料质量有保证，鸭的生长速度快，抗病力强。一定要注意饲料的饲用方法，应根据不同日龄和生长发育需要使用不同营养标准的饲料。根据鸭在不同阶段的需要，提供全价饲料，充分满足其营养物质的需求，特别是维生素和微量元素，不可忽视，禁止喂发霉变质饲料。

3. 注意非常规饲料原料的用量

目前，饲料原料价格较高，特别是豆粕、鱼粉等优质蛋白质饲料原料价格，许多养殖场和饲料厂家为降低饲料成本，大量使用非常规饲料原料，如棉籽粕、菜籽粕、蓖麻粕、芝麻粕、羽毛粉、制革粉等，严重影响了饲料质量和饲养效果。在配制饲料时，要注意非常规饲料原料的用量，可以适当使用，但不能过量使用。

（二）饮水卫生

在养鸭生产中，饮水是一个非常重要的环节。俗话说“病从口入”，经过调查，有一半以上的疫病都是由于饮水不洁而引起的，鸭场饲养员对水槽一般都擦得很干净，但在水槽的上边缘和水槽开头处却是易被遗忘的角落，成了细菌附着的好场所。因此，对水槽的各个角落都要擦净，并且要进行定期消毒。封闭的饮水系统要注意定期进行消毒。

（三）雏鸭的细节管理

1. 开水

刚孵出的小鸭第一次饮水称为开水。一般在出壳后 24 小时进行为宜。当气温超过 15℃时，可直接在冷水中开水，开水时将小鸭圈赶至

水刚没过雏鸭脚趾的浅水中，让雏鸭在水中站立活动 5 ～ 10 分钟。这时雏鸭受水刺激，十分活跃，一边饮水，一边嬉戏，使生理上处于兴奋状态，可促进新陈代谢及胎粪排出。

2. 开食

常在开水后 15 分钟左右进行，一般都将雏鸭放在塑料布上，将干粉料加水拌湿（一般料水比为 10 ∶ 4，即拌后的湿料，手握成团，松手即散即可），然后均匀地撒布在塑料布上。为了让雏鸭尽快认识饲料，可将饲料撒在雏鸭的后背上，这样雏鸭在互相追逐嬉戏时能吃到料，很快就会采食了。第一次开食不要让雏鸭吃得过饱，以免伤食或出现消化不良。对弱雏和不吃食的雏鸭要分开进行饲养，以免采食时将其压死。

3. 饲喂量

雏鸭喂给全价营养的配合饲料，雏鸭生长发育快，后期成鸭产蛋性能好。否则，饲料单一，营养缺乏或代谢障碍，影响雏鸭的生长发育和成鸭的产蛋性能。雏鸭的给料量开始要适当控制，只吃八九成饱，3 天后就要放开饲料供给量，每天都让雏鸭吃饱，采食速度先慢后快，一般 10 ～ 15 分钟即可吃饱。小型蛋鸭精料供给量可以按每天 25 克的喂量增加，一直增加到 50 日龄，每只鸭每天耗精料 125 克，以后可维持这个水平。

4. 饲喂次数

10 日龄以内的雏鸭，每昼夜喂 6 次，即白天 4 次，晚间 2 次。11 ～ 20 日龄每昼夜喂 4 ～ 5 次，即白天 3 次，夜间 1 ～ 2 次，如有放牧条件，应根据采食情况而定，如放牧地野生饲料多，中午可以不喂，但放牧前应适当喂给精料以补充能量。21 ～ 30 日龄雏鸭，每昼夜喂 4 次，即白天喂 3 次，晚上 9 点喂 1 次。

5. 温度

雏鸭初期需要温度高些，前 3 天温度在 32 ～ 34℃，温度高一些有利于弱雏鸭生长发育。3 天后可每天降低 0.5℃，15 天后每天降低 1℃，在 25 天时保证在 16 ～ 18℃，如气温在 16℃时，就不必人工加温了，但温度要保持平衡，不可忽高忽低。

6. 湿度

育雏初期，环境湿度不能过大，圈窝不能潮湿，垫草必须干燥，尤其是在吃过饲料或游水后休息时，一定要睡在干草上。育雏舍适宜的相对湿度一般 1 周内要求在 60% 以上，1 周以后 50% 即可。

7. 光照

雏鸭特别需要日光照射，在自然光照时间不足的情况下，可用人工光照弥补，育雏期内光照强度可大些，时间可长些。第 1 周龄每昼夜光照 18 ～ 23 小时；第 2 周龄开始，逐渐降低光照强度，缩短光照时间；第 3 周龄起，采用白天自然光照或 8 ～ 10 小时光照，夜间饲喂时 30 分钟强光照，夜间暗光通宵照明。

8. 卫生防疫

搞好环境卫生，清除鸭舍周围的垃圾和杂物堆，使鼠类无藏身和繁殖的场所，各种昆虫无滋生和栖息之处，从而减少其对饲料的祸害并防止传播寄生虫或病原微生物。鸭粪及清理出的污物应在离鸭舍较远的地方集中堆放、发酵，杀灭病原微生物及寄生虫卵，一般经 25 ～ 30 天才能作为肥料使用。鸭群要进行严格消毒，消毒前先要做好清扫冲洗，并按照一定的顺序，一般先扫后洗，先顶棚、后墙壁、再地面，从鸭舍的远端到门口，先室内后室外，逐步进行，经过认真彻底的清扫和清洗，可消除大部分病原体，每星期要不少于 2 次的全场环境消毒。病死鸭应深埋或烧毁。在开水时前 5 天在饮水中或饲料内加入青链霉素，每日每只雏鸭 4 个单位，分两次，每次饮水 2 小时左右，亦可拌入土霉素等药物，预防白痢发生。

（四）肉用种鸭产蛋期的细节管理

1. 设置产蛋箱

每个产蛋箱尺寸为 40 厘米长，40 厘米高，30 厘米宽，每个产蛋箱供 4 只母鸭产蛋，可以 5 ～ 6 个产蛋箱连在一起组成一列。产蛋箱

底部铺上干燥柔软的垫料，垫料至少每周更换2次，越清洁则蛋越干净，孵化率越高。产蛋箱一般在22周龄放入鸭舍，在舍内四周摆放均匀，位置不可随意更改。

2. 光照管理

每日提供16～17小时光照，时间固定，不可随意更改，否则严重影响产蛋。

3. 垫料管理

地面垫料必须保持干燥清洁，当舍内潮湿时应及时清除，换上新垫料，可以每日增添新垫料，并尽可能保持鸭舍周围环境的干燥清洁。

4. 种蛋收集

及时将产蛋箱外的蛋收走，不要使蛋长时间留在箱外，被污染的蛋不宜作种用。鸭习惯于凌晨3～4时产蛋，早晨应尽早收集种蛋。初产母鸭可在早上5时捡蛋。饲养管理正常，通常母鸭在7时以前产完蛋，而产蛋后期产蛋时间可能集中在6～8时。应根据不同的产蛋时间固定每天早晨收集种蛋的时间。迟产蛋也及时捡走，若迟产蛋数量超过总蛋数5%，则应检查饲养管理制度是否正常。收集的种蛋尽快放入烟熏消毒柜中消毒，并转入蛋库贮存。种蛋贮存时间不宜过长，一般15～20天后应进行孵化。

5. 种公鸭的管理

配种比例为1∶4，有条件的可按1∶5或1∶7的比例混养。但公鸭过少，可能精液质量不均衡；而若公鸭过多也不好，会引起争配使受精率降低。大型肉鸭正常阴茎一般长9～10毫米，应淘汰阴茎畸形或发育不良或阴茎过短的公鸭。对性成熟的种鸭还可进行精液品质鉴定，不合格的给予淘汰。

6. 预防应激反应

要有效控制鼠类和寄生虫，并维持种鸭场周围环境清洁安静，保持环境空气尽可能的新鲜，必要时可调节通风设备，使环境温度在适宜范围内。寒冷地区温度应维持在0℃以上。

7. 注意观察

日常管理过程中要观察入微，及早发现问题，采取相应的应对措施。

（1）观察产蛋　产蛋率是不断上升的，直至产蛋高峰过后开始下降，如果产蛋率高低波动，甚至出现下降，就要从饲养管理上找原因。产蛋时间一般为深夜 2 时至早晨 8 时，若每天推迟产蛋时间，甚至白天产蛋，蛋产得稀稀拉拉，应及时补喂精料。蛋鸭所产的蛋形也应细致观察，若果蛋的大端偏小，是欠早食，小头偏小是欠中食。均匀正常蛋壳，光滑厚实，蛋壳薄而透亮。有沙眼或粗糙，甚至软壳，说明饲料钙质不足或维生素 D 缺乏。

（2）观察鸭活动　健康高产的蛋鸭精神活泼，行动灵活，下水后潜水时间长，上岸后羽毛光滑不湿。鸭怕下水，不愿洗浴，下水后羽毛沾湿，甚至沉下，上岸后双翅下垂，行动无力，是产蛋下降的预兆，应立即采取措施，增加营养或检查是否患病。

（3）体重检查　鸭产蛋一段时间后，体重维持原状，说明饲养管理得当，如果鸭体重较大幅度地增加或下降，都说明饲养管理有问题。开产以后的饲料供给要根据产蛋率、蛋重增减情况作相应的调整，最好每月抽样称测蛋鸭 1 次，使进入产蛋高峰期的蛋鸭体重恒定在标准体重范围内。

（五）夏季鸭群的细节管理

1. 防止葡萄球菌病

葡萄球菌病多发于网上平养期的雏鸭或者运动场有硬物或者河岸尖锐石块等导致的皮肤破损，多散发。要根据雏鸭的体重或日龄选择合适的网眼平养或者在塑料网上平铺报纸或硬纸板等。对于育肥或者生产期的蛋鸭来说主要是找到并去除导致皮肤破溃的因素。对于已经发病的个体可以使用庆大霉素或丁胺卡那霉素 + 阿莫西林 + 安痛定等局部肌内注射，并且对感染局部进行碘酊消毒防止再次感染。

2. 预防腹泻

夏季天气炎热，没有遮阴的运动场，池塘水质严重污染，各种腹泻多发，从而导致肉鸭生长速度下降，蛋鸭产蛋率下降，蛋重偏轻，

由于疾病等因素造成的死亡率也明显上升。所以，必须每2个星期就用一次预防腹泻的药物，否则鸭群就会出现发病和死亡情况。同时，要特别注意防暑降温和保持水质良好。

3. 防暑

每天的最高温度大约呈现在中午11点到下午3点这段时间内，这段时间要让鸭群得到足够的休息和充足的饮水，并保持饮水的干净、卫生和凉爽，为了确保大部分的鸭子都能喝到水和尽可能多地采食，要适当增加饮水器和食槽的数量。用高压水泵向房顶喷水或者装置喷雾喷头，让水顺着房顶的稻草或者房檐流下来，舍内可用凉水带鸭喷雾降温，可降低鸭舍温度3～5℃。但有一点必须注意，该项措施必须配合高效率风机进行排风措施，否则高温高湿的环境会对鸭群造成更大的伤害。

4. 使用抗热应激剂

由于天气炎热，机体需要更高的维生素和微量矿物质参与代谢过程，来缓解鸭群的种种不良反应，所以这类添加剂的使用应该是饮水或饲料中全天供应的，不要等到气温高的时候才补充，尤其是维生素C，每吨饮水中添加200～300克，同时，可在每吨饲料中添加维生素E 180～200克，不但可以加强机体的抗氧化能力，还可以促进蛋鸭产蛋率的耐久高峰。小苏打每吨饲料中添加2.5～3千克，在降低热应激的同时，还可以改善蛋壳的质量。

5. 适宜的饲养密度

炎热季节要严格控制饲养密度（每平方米8只左右）。密度太大不但影响鸭子各自的散热，而且对采食量、产蛋率、生长速度、鸭群的环境稳定和鸭群的健康状况等都有很大的影响。

6. 水塘水质的清洁管理

水塘水质的水平直接决定着鸭群的健康水平。鸭群的水受到污染，就会导致鸭群消化不良，排出饲料样的粪便，从而继发细菌感染排出黄绿色的粪便，导致死亡。为了维护水质，首先要切断河流的污染，禁止工业废水和生活污水的排放；其次将封闭的死水变成流动水，使

源源不断的活水注入，经常性地使用一些专用的水质改良产品，确保水质适合鸭群的活动规范，如果水塘的面积允许，可以种植一些浮游植物或者养殖水产等。

7. 加强鸭群的消毒

尤其是不同日龄的鸭群之间尤其要注意，每星期惯例消毒 2 次以上，可以用消毒水饮水消毒，也可以用消毒水喷雾带鸭消毒，这样可以在很大水平上防止细菌、病毒或者真菌等的大量繁殖，防止呼吸道等各种疾病的发生。每月或每 2 个月进行完全消毒一次，清理运动场上的粪便，将鸭舍内潮湿的垫料清理掉，用清洁干燥的垫草代替。常用的消毒剂有季铵盐类、碘制剂、氯制剂、醛类、酚类、醇类、酸类、碱类、离子类，等等，要根据消毒剂的种类和特点，在使用过程中进行准确的选择。不能盲目使用，不能随意的增加使用浓度和混合使用。为了防止某一种消毒剂产生抗性，都建议每个鸭场准备 2 ～ 3 种不同类型的消毒剂，交替使用，效果好。

8. 平养鸭群要加强驱虫工作

由于蛋鸭或者肉鸭采用地面平养的方式，尤其是夏秋季节，寄生虫很容易在不知不觉中感染鸭群，主要表现为鸭群采食量正常，死淘率不高，产蛋率逐渐下降，蛋重变轻，粪便以红色和褐色居多，如水样或石灰样，用抗生素治疗效果不明显，发现零星死亡，解剖发现病鸭消瘦，胸骨突出，个别弯曲，肠道内有大量的绦虫聚集。预防措施：雏鸭 10 日龄进行球虫预防，30 日龄左右进行体表和体内寄生虫的预防，以后在 60 日龄和 120 日龄分别进行一次肠道寄生虫的驱杀工作，产蛋后每月或者每 2 个月进行一次驱虫，尤其是夏秋季节。药物选择，尽量选择毒性小，对产蛋副作用轻的药物，如氨丙啉、丙硫咪唑、芬苯哒唑、阿维菌素或依维菌素等，如果发生绦虫感染首选的药物是吡喹酮和槟榔。药物使用，最好采用拌料的方式，连用 3 ～ 5 天，间隔 7 天后再用药 3 天，以将成虫和虫卵一并杀死并除去体外。注意用药期的粪便要及时地清理，防止鸭群和粪便的直接接触，收集起来的粪便要进行发酵处置，通过高温处置完全杀灭粪便内的寄生虫和有害致病菌。

（六）其他季节鸭群的细节管理

1. 春季

春季气候由冷转暖，日照时间逐日增加，气候条件对产蛋很有利，要充分利用这一有利因素，创造稳产、高产的环境。此期首先要加足饲料，从数量上和质量上都要满足需要，这个季节里优秀的个体，产蛋率有时会超过百分之百。其次还要注意保温，该季节的前期会偶有寒流侵袭，春夏之交，天气多变，会出现早热天气，或出现连续阴雨，要因时制宜，区别对待，保持鸭舍内干燥、通风，搞好清洁卫生工作，定期进行消毒。如逢阴雨天，要适当改变操作规程，缩短放鸭时间。舍内垫料不要蓄积得过厚，要定期进行清除，每次清除垫草时，要结合进行一次消毒。

2. 梅雨季节

春末夏初，南方各省大都在6月末和6月出现梅雨季节，常常阴雨连绵，温度高、湿度大，有些低洼地常有洪水发生，此时稍不谨慎鸭就会出现掉蛋、换毛。梅雨季节管理的重点是防霉、通风。采取的措施是：第一，敞开鸭舍的门窗（草舍可将前后的草帘卸下），充分通风，以排出舍内的污浊空气，高温高湿时，要特别注意防止氨中毒；第二，要勤换垫草，保持鸭舍内干燥；第三，要疏通排水沟，保持运动场干燥，不可积存污水；第四，严防饲料发霉变质，每次进料不要太多，饲料应保存在干燥之处，运输途中要防止雨淋，发霉变质的饲料绝对不可用来喂鸭；第五，鸭舍应定期进行消毒，舍内地面最好铺砻糠灰，既能吸潮气，又有一定的消毒作用；第六，应及时修复围栏、鸭滩，运动场如出现凹坑，要及时垫平。

3. 秋季

进入9月、10月，正是冷暖空气交替的时候，此时气候多变，如果养的是上一年孵出的秋鸭，经过大半年的产蛋，鸭子的身体较疲劳，稍有不慎，就要停产换毛，故群众有“春怕四、秋怕八，拖过八，生到腊”的谚语。所谓“秋怕八”，就是指农历八月是个难关，既有保持80%以上产蛋率的可能性，也有急剧下降的危险，此时的饲养管理要点：其一，要补充人工光照，使每日光照时间（自然光照加补充光照）不少于16小时；其二，要克服气候变化的影响，使鸭舍内的小气候变化幅度不要太大；其三，适当增加营养，注意补充动物性蛋白质饲料；其四，操作规程和饲养环境应当尽量保持相对稳定；其五，要注意适当补充无机盐饲料，最好在鸭舍内另置无机盐盆，任鸭自由采食。

4. 冬季

从11月底至来年2月上旬，是一年中最冷的季节，也是日照时数最少的时期。但如果是当年春孵的新母鸭，只要管理得法，也可以保持80%以上的产蛋率；如果管理不当，也会使上升的产蛋率又降下来，使整个冬季都处在低水平上。冬季饲养管理的重点是防寒保温和保持一定的光照时数。其措施如下。其一，提高饲料中的代谢能浓度，达到每千克12100～12500千焦的水平，适当降低蛋白质的含量，以17%～18%为宜。其二，提高鸭舍内单位面积上的饲养密度，每平方米可饲养8～9只。其三，鸭舍内垫干草，用以保持舍内干燥。其四，关好门窗，防止贼风侵袭，北窗必须堵严，气温低时，最好屋顶下加一个夹层，或者在离地面2米处，横架竹竿，铺上草帘或塑料布，以利于保温。其五，冬季饮水最好用温水，拌料用热水。其六，早上迟放鸭，傍晚早关鸭，减少下水次数，缩短下水时间。上下午阳光充足的时候，各洗澡一次，时间10分钟左右。其七，人工补充光照，每日光照时间不少于16小时。其八，每日放鸭出舍前，要先开窗通气，再在舍内操鸭5～10分钟，促使鸭多运动。

四、消毒的细节

（一）建立严格的消毒制度

消毒的目的就是杀死病原微生物，防止疾病的传播。各个鸭场要根据各自的实际情况，制订严格规范的消毒制度，并认真执行。消毒剂的选择、配比要科学，喷雾方法要有效，消毒记录要准确。同时，室内消毒和室外环境的卫生消毒都十分重要，如果只重视室内消毒而忽视室外消毒，往往起不到防病治病和保障鸭健康的作用。

（二）消毒注意事项

1. 消毒需要时间

一般情况下，高温消毒时，60℃就可以将多数病原杀灭，但汽油喷灯温度达几百摄氏度，喷灯火焰一扫而过，也不会杀灭病原，因时间太短。蒸煮消毒时在水开后保持30分钟才可以将病原杀死。紫外线照射必须达到五分钟以上。

【注意】这里说的时间，不单纯是消毒所用的时间，更重要的是病原体与消毒药接触的有效时间。因为病原体往往附着于其他物质上面或中间，消毒药与病原接触需要先渗透，而渗透则需要时间，有时时间会很长。这个可以把一块干粪便放到水中，看一下多长时间能够浸透。

2. 消毒需要药物与病原接触

消毒药喷不到的地方病原也不会被杀死，消毒育雏舍地面时，如果地面有很厚的一层粪和污染物，消毒药只能将最上面的病原杀死，而在粪便深层的病原却不会被杀死，因为消毒药还没有与病原接触。要求鸭舍消毒前先将鸭舍清理冲洗干净，就是为了减轻其他因素的影响。

3. 消毒需要足够的剂量

消毒药在杀灭病原的同时往往自身也被破坏，一个消毒药分子可能只能杀死一个病原，如果一个消毒药分子遇到五个病原，再好的消毒药也不会效果好。关于消毒药的用量，一般是每平方米面积用1升药液。生产上常见到的则是不经计算，只是用消毒药将舍内全部喷湿即可，人走后地面马上干燥，这样的消毒效果是很差的，因为消毒药无法与掩盖在深层的病原接触。

4. 消毒需要没有干扰

许多消毒药遇到有机物会失效，如果使用这些消毒药放在消毒池中，池中再放一些锯末，作为鞋底消毒的手段，效果就不会好了。

5. 消毒需要药物对病原敏感

不是每一种消毒药对所有病原都有效，而是有针对性的，所以使

用消毒药时也是有目标的，如预防禽流感时，碘制剂效果较好，而预防感冒时，过氧乙酸可能是首选，而预防传染性胃肠炎时，高温和紫外线可能更实用。

【注意】没有任何一种消毒药可以杀灭所有的病原，即使被认为最可靠的高温消毒，也还有耐高温细菌不被破坏。这就要求在使用消毒药时，应经常更换，这样才能起到最理想的效果。

6. 消毒需要条件

如火碱是好的消毒药，但如果把病原放在干燥的火碱上面，病原也不会死亡，只有火碱溶于水后变成火碱水才有消毒作用，生石灰也是同样道理。福尔马林熏蒸消毒必须符合三个条件：一是足够的时间，24小时以上，需要严密封闭；二是需要温度，必须达到15℃以上；三是必须有足够的湿度，最好在85%以上。如果脱离了消毒所需的条件，效果就不会理想。一个猪场对进场人员的衣物进行熏蒸消毒，专门制作了一个消毒柜，但由于开始设计不理想，消毒柜太大，无法进入屋内，就放在了舍外。夏秋季节消毒没什么问题，但到了冬天，他们仍然在舍外熏蒸消毒，这样的效果是很差的。还有的在入舍消毒池中，只是例行把水和火碱放进去，也不搅拌，火碱靠自身溶解需要较长时间，那刚放好的消毒水的作用就不理想了。

（三）消毒存在的问题

1. 光照消毒

紫外线的穿透力是很弱的，一张纸就可以将其挡住，布也可以挡住紫外线。所以，光照消毒只能作用于人和物体的表面，深层的部位则无法消毒。此外，紫外线照射到的地方才能消毒，如果消毒室只在头顶安一个灯管，那么只有头和肩部消毒彻底，其他部位的消毒效果也就差了。所以不要认为有了紫外线灯消毒就可以放松警惕。

2. 高温消毒

时间不足是常见的现象，特别是使用火焰喷灯消毒时，仅一扫而过，病原或病原附着的物体尚没有达到足够的温度，病原是不会很快

死亡的。这也就是为什么蒸煮消毒要 20 ～ 30 分钟的原因。

3. 喷雾消毒

剂量不足，当看到喷雾过后地面和墙壁已经变干时，那就是说消毒剂量一定不够。一个鸭场规定，喷雾消毒后一分钟之内地面不能干，墙壁要流下水来，以表明消毒效果。

4. 熏蒸消毒，封闭不严

甲醛是无色的气体，如果鸭舍有漏气时无法看出来，这就使鸭舍熏蒸时出现漏气而不能发现；尽管甲醛比空气重，但假如鸭舍有漏气的地方，甲醛气体难免从漏气的地方跑出来，消毒需要的浓度也就不足了；如果消毒时间过后，进入鸭舍没有呛鼻的气味，眼睛没有青涩的感觉，就说明一定有跑气的地方。

（四）怎样做好消毒

1. 必须清扫、清洗后再消毒

如果圈舍内存在大量粪便、饲料、鸭毛、灰尘、杂物和污水等，会阻碍消毒药与病原微生物的接触，而且这些病原微生物可以在有机物中存活时间较长，有些有机物和消毒液结合后形成化合物，使消毒液的作用消失或减弱。这些因素常造成消毒液大量损耗，减弱消毒效果。鸭舍在消毒前应先彻底清扫、清洗，将水槽、料槽清除污物后用清水洗涮干净，再将地面彻底清洗，等地面干净后，消毒鸭舍。

2. 选用合适的消毒液

在选用消毒液时要根据消毒的对象、目的和预防疾病的种类选择合适的消毒液。消毒液要定期更换，选择几种消毒液交替使用。鸭场可选用的消毒液有很多种，常用的有生石灰、硫酸铜、新洁尔灭、甲醛、高锰酸钾、过氧乙酸、氢氧化钠、碘制剂、季铵盐等消毒液。针对圈舍的情况选择，空圈舍可以选择疗效好、价格低廉的消毒液，如生石灰、甲醛、高锰酸钾、过氧乙酸等，带鸭消毒选择增强消毒效果的复合制剂，如复合碘制剂、复合季铵盐制剂、复合酚制剂类等消毒液，消毒效果好还不损伤鸭群。

3. 饮水消毒持续时间不宜过长，消毒剂剂量不宜过大

消毒液使用说明中推荐的饮水消毒是对畜禽饮水的消毒，是指消毒液将饮水中的微生物杀灭，从而达到净化饮水中微生物的目的。而有些养殖户则认为饮水消毒是通过饮用消毒液杀灭和控制畜禽体内的微生物，可起到控制和预防病情的作用，从而形成饮水消毒的误区。有的用户甚至盲目加大消毒液的浓度，给畜禽饮用，从而造成不必要的麻烦。如果长时间饮用加消毒液的水或饮水中消毒液的含量过大，除了可以引起急性中毒，还可以杀灭肠道内的正常细菌，造成肠道菌群平衡失调，对机体健康造成危害，从而造成畜禽的消化道黏膜损伤，引起腹泻、消化不良等症状。饮水消毒时一般选用氯制剂、季铵盐等刺激性较小的消毒药，使用低浓度的说明推荐用量，不要长时间使用或加大剂量使用，以免造成不必要的麻烦。

4. 做好进场前的消毒工作

在鸭场的入口处常设紫外线灯，对进出人员照射，有杀菌效果。同时在鸭舍周围、入口、产蛋箱、运动场等处撒生石灰或氢氧化钠，还可以喷过氧乙酸或次氯酸钠溶液。用一定浓度新洁尔灭、碘伏等的水溶液洗手、洗工作服。应用热碱水或酸水将管道清洗后，再用次氯酸水溶液消毒。

5. 消毒制度

为了有效防控传染病的发生，规模化鸭场必须建立严格的消毒制度。一是做好人员消毒工作。工作人员进入生产区必须更衣并进行紫外线消毒，工作服不得带出场外；外来人员不允许进入生产区，如必须进入的，要更换工作服和鞋，消毒进入后，要遵守场内检疫环境消毒。二是做好环境消毒工作。鸭舍周围环境每周用 2% 氢氧化钠溶液或生石灰消毒一次；鸭场周围及场内污水池、下水道出口，每月用次氯酸盐、酚类消毒一次；在大门口和鸭舍入口设消毒池，消毒液可用 2% 氢氧化钠溶液和硫酸铜溶液。三是做好鸭舍消毒工作。鸭舍在每批鸭转出后，应清扫干净并消毒。四是做好用具消毒工作。定期对饲喂用具、料槽消毒，用 0.1% 新洁尔灭或 0.2% 的过氧乙酸消毒。

（五）消毒常见的漏洞

1. 进场人员的消毒

进场人员的消毒是防止疾病入场的重要手段，特别是从其他场返回的人员、与其他鸭场人员接触过的人员、外来的参观学习人员、新招来的职工等，这些人因与其他鸭场人员接触，难免身上带有其他场的病原。平时的消毒措施，不管是紫外线灯照射，还是身上喷雾，都不可能把衣服里边的病原杀死。所以针对进场人员，最好的办法是更换衣服，并洗澡；需要在场里工作的人员，则要将衣物进行熏蒸消毒，这样的消毒才是最彻底的。

2. 玉米的消毒

鸭场收购的玉米往往不去杂，现购现用，可能里面会含有病原，不进行消毒，病原直接让鸭吃进肚子里而引发疫病。所以，要对玉米进行消毒。玉米消毒处理的方法：一是将购进的玉米进行过风或过筛去杂，因即使有病原一般也是在杂质里面；二是把玉米存放一阶段后使用，病原脱离了生存条件后，也会很快死亡。这两种措施并不复杂，大多鸭场都可以采用。

3. 笼具的消毒

笼具由于结构复杂，缝隙较多，容易隐藏污染物和病菌，如果消毒不严格，很可能有大量病原存在。要将笼具拆开，进行冲洗干净后再进行消毒。

五、疫苗使用的细节

疫苗使用中存在一些混乱现象，如：疫苗需求量统计不准确，进货过多，超过有效期；保存温度高，虽在有效期内，但已失效，仍不丢弃；供电不正常，无应急措施，疫苗反复冻融；管理混乱，疫苗保存不归类，活苗与灭活苗放一块，该保鲜的却冰冻；运输过程中无冰块降温，在高温下时间过长，有的运输时未包好，受紫外线照射；用河水、开水或凉开水稀释疫苗，殊不知它们都直接影响疫苗的活性，

最好用稀释液或蒸馏水、生理盐水等稀释疫苗；疫苗稀释后放置的时间过长，导致疫苗滴度低；使用剂量不准确，剂量不足，或剂量过大造成免疫麻痹；使用活苗的同时，又在饲料中添加抗菌药。这些细节直接影响免疫效果。

六、用药的细节

药物使用关系到疾病控制和产品安全，使用药物必须慎重。生产中用药方面存在一些细节问题影响用药效果。如对抗生素过分依赖。很多养殖户误以为抗生素“包治百病”，还能作为预防性用药，在饲养过程中经常使用抗生素，以达到增强鸭抗病能力、提高增重率的目的。主要存在如下现象。一是盲目认为抗生素越新越好、越贵越好、越高级越好。殊不知各种抗生素都有各自的特点，优势也各不相同。其实抗生素并无高级与低级、新和旧之分，要做到正确诊断鸭病，对症下药，就要从思想上彻底否定“以价格判断药物的好坏、高级与低级”的错误想法。二是未用够疗程就换药。不管用什么药物，不论见效或不见效，通通用两天就停药，这对治疗鸭病极为不利。三是不适时更换新药。许多饲养户用某种药物治愈了疾病后，就对这种药物反复使用，而忽略了病原对药物的敏感性。此外一种药物的预防量和治疗量是有区别的，不能某种用量一用到底。四是用药量不足或加大用量。现在许多兽药厂生产的兽药，其说明书上的用量用法大部分是按每袋拌多少千克料或对多少水设定的。有些饲养户忽视了鸭发病后采食量、饮水量要下降，如果不按下降后的日采食量计算药量，就会人为造成用药量不足，不仅达不到治疗效果，而且容易导致病原的耐药性增强。有些饲养户无论什么药物，按照厂家产品说明书，通通加倍用药。五是盲目搭配用药。不论什么疾病，不清楚药理药效，多种药物胡乱搭配使用。六是盲目使用原粉。每一种成品药都经过了科学的加工，大部分由主药、增效剂、助溶剂、稳定剂组成，使用效果较好。而现在五花八门的原粉摆上了商家的柜台，并误导饲养户说“原粉纯度高，效果好”。原粉多无使用说明，饲养户对其用途不很明确，这样会造成原粉滥用现象。另外现在一些兽药厂家为了赶潮流，其产品主要成分的说明中不用中文而仅用英文，饲养户懂英文者甚少，常常造成同类药物重复使用，这样不仅用药浪费，而且常出现药物中毒。七是益生素和抗生素一同使用。益生素是活菌，会被抗生素杀死，造成两种药效果都不好。

七、兽医操作技术规范的细节

（一）避免针头交叉感染

鸭场在防疫治疗时要求 1 只鸭 1 个针头，以避免交叉感染。但在实践中，往往不容易做到。许多鸭场一群鸭无论多少，一个针头用到底，这些很容易导致交叉感染。在当前规模养鸭场，因注射器使用不当，导致鸭群中存在着带毒、带菌鸭以及健康鸭之间的交叉感染，这为鸭群的整体健康埋下了很大的隐患。因此，规模养鸭场应建立完善的兽医操作规程，确实做到病鸭使用的针头与健康鸭使用的针头区别开来，尽量做到 1 鸭 1 针头，切断人为的传播途径。

（二）建立严格的消毒制度

消毒的目的就是杀死病原微生物，防止疾病的传播。各个鸭场要根据各自的实际情况，制订严格规范的消毒制度，并认真执行。消毒剂的选择、配比要科学，喷雾方法要有效，消毒记录要准确。同时，室内消毒和室外环境的卫生消毒都十分重要，如果只重视室内消毒而忽视室外消毒，往往起不到防病治病和保障鸭健康的作用。

（三）严把投入品质量关

不合格的药品、生物制品、动物保健品和饲料添加剂等投入品的进场使用，会使鸭重大的传染病和常见病得不到有效控制，鸭群持续感染病原并在场内蔓延。规模鸭场应到有资质的正规单位购药，通过有效途径投药，并观察药品效价，以达到安全治病的目的。

（四）坚持全进全出

一旦发生传染病，很快就会殃及全群鸭。科学的养鸭方法是把成鸭和育成鸭、雏鸭分开饲养，绝对禁止把不同日龄的鸭放在同一鸭舍内饲养，最好做到全进全出。

八、经营管理的细节

（一）树立科学的观念

树立科学的观念至关重要。只有树立科学观念，才能注重自身的学习和提高，才能乐于接受新事物、新知识和新技术。传统庭院小规模生产对知识和技术要求较低，而规模化生产对知识和技术要求更高（如场址选择、规划布局、隔离卫生、环境控制、废弃物处理以及经营管理等知识和技术）；传统庭院小规模生产和规模化生产疾病防治策略不同（传统疾病防治方法是免疫、药物防治，现代疾病防治方法是生物安全措施）。所以，规模化养鸭场仍然固守传统的观念，不能树立科学观念，必然会严重影响养殖场的发展和效益提高。

（二）正确决策

鸭场需要决策的事情很多，大的方面如鸭场性质、规模大小、类型用途、产品档次以及品种选择，小的方面如饲料选择、人员安排、制度执行、工作程序等。如果关键的事情能够进行正确的决策就可能带来较大效益。否则，就可能带来巨大损失，甚至导致倒闭。但正确决策需要对市场进行大量调查。

（三）周密制订和落实全场生产计划

制订鸭苗采购计划和宰杀合同计划，相应的大宗物资如煤炭、垫料等也要有明确的采购计划；根据鸭场需要，制订详细的人员岗位职责和管理方面培训计划；制订全年的养鸭计划。鸭场计划的制订、修订、落实都要非常准确，否则计划就会落空或拖延，甚至影响以后其他计划的进行。

（四）保证鸭场人员的稳定性

随着养鸭业集约化程度越来越高，鸭场现有管理技术人员及饲养员的能力与现代化鸭养殖需求之间的差距逐步暴露出来，因此鸭场人

员的地位、工资福利待遇及技术培训也受到越来越多的关注。由于鸭场存在封闭式管理环境、高养殖技术等特殊需求，因此要建立和完善一整套合理的薪酬激励机制，实施人性化管理措施，稳定鸭场人员，并使工作人员保持良好的爱岗敬业精神和工作热情。

（五）增强饲养管理人员的责任心

责任心是干好任何事的前提，有了责任心才会想到该想到的，做到该做到的。责任心的增强来源于爱。饲养员的责任心体现应是爱动物，应是保质保量地完成各项任务，尽到自己应尽的责任。管理人员和领导的责任心的体现：一是爱护饲养员，给职工提供舒心的工作空间，并注意加强人文关怀；二是给动物提供舒适的生存场所。

（六）员工的培训为成功插上翅膀

员工的素质和技能水平直接关系到养殖场的生产水平。职工中能力差的人是弱者，鸭场职工并不是清一色的优秀员工，体力不足的有，智力不足的有，责任心不足的也有，技术不足更是养殖场职工的通病，这些人都可以称为弱者，他们的生产成绩将整个养殖场拉了下来，因此就要培训这一部分员工或按其所能放到合适的岗位。养殖场不注重培训的原因：一是有些养殖场认识不到提高素质和技能的重要性，不注重培训；二是有的养殖场怕为人家做嫁衣裳，培训好的员工被其他养殖场挖走；三是有的养殖场舍不得增加培训投入。

（七）关注生产指标对利润的影响

鸭场的主要盈利途径是降低成本，企业的成本控制除平常所说的饲料、兽药、人工、工具等直观成本之外，对于鸭场的管理还应该注意到影响鸭养殖成本的另一个重要因素——生产指标。例如要降低每只出栏肉鸭或每枚蛋承担的固定资产折旧费用，需要通过提高鸭成活率、产蛋率、增加日增重以及减少饲料消耗来解决。影响鸭群单位增重饲料成本的指标有：料肉比、饲料单价、成活率等，这需要通过优化饲料配方和科学饲养管理来实现。鸭场管理者要从经营的角度来看待研究生产指标，对鸭场进行数字化、精细化管理，才能取得长期的、稳定的、丰厚的利润。

（八）舍得淘汰

生产过程中，鸭群体内总会出现一些没有生产价值的个体或一些病弱个体，这些个体不能创造效益，要及时淘汰，减少饲料、人力和设备等消耗，降低生产成本，提高养殖效益。生产中有的养殖场舍不得淘汰或管理不到位而忽视淘汰，虽然存栏数量不少，但养殖效益不仅不高，反而降低。

第八招 注重常见问题处理

【提示】

养鸭生产过程中，在饲料选择与配制、卫生管理、饲养管理、药物使用、防疫消毒和疾病防治等方面都存在一些问题，影响鸭的生产潜力发挥和生产性能提高。必须注重这些问题的解决。

一、饲料选择和配制的常见问题处理

（一）选择饲料原料时的问题处理

饲料原料质量直接关系到配制的全价饲料质量，同样一种饲料原料的质量可能有很大差异，配制出的全价饲料饲养效果就很不同。有的养殖户在选择饲料原料时注重饲料原料的数量而忽视质量，甚至有的为图便宜或害怕浪费，将发霉变质、污染严重或掺杂使假的饲料原料配制成全价饲料，结果是严重影响到全价饲料的质量和饲养效果，甚至危害鸭的健康。

处理措施如下。在配制全价饲料选择饲料原料时，一要注意饲料原料的质量。要选择优质的、不掺杂使假、没有发霉变质的饲料原料。以各种饲料原料的质量指标及等级作为选择的参考。二要注意各种饲料原料在饲粮中的适宜比重。各种饲料在家禽日粮中的用量见表 8-1。

表 8-1 各种饲料在家禽日粮中的用量

饲料种类	比例 /%
谷物饲料（玉米、小麦、大麦、高粱）	40 ～ 60
糠麸类	10 ～ 30
植物性蛋白饲料（豆粕、菜籽粕）	15 ～ 25
动物性蛋白饲料（鱼粉、肉骨粉等）	3 ～ 10
矿物质饲料（食盐、石粉、骨粉）	3 ～ 7
干草粉	2 ～ 5
微量元素及维生素添加剂	0.05 ～ 0.5
青饲料（按精料总量添加，用维生素添加剂时可不用）	30 ～ 35

（二）维生素的使用问题及处理

维生素是一组化学结构不同，营养作用、生理功能各异的低分子有机化合物，是维持机体生命活动过程中不可缺少的一类有机物质，包括脂溶性维生素（如维生素 A、维生素 D、维生素 E 及维生素 K 等）和水溶性维生素（如 B 族维生素和维生素 C 等），它的主要生理功能是调节机体的物质和能量代谢，参与氧化还原反应。另外，许多维生素是酶和辅酶的主要成分。规模化舍内饲养，青饲料供应成为问题，人们多以添加人工合成的多种维生素来满足鸭需要。但在添加使用中存在如下一些问题。

① 选购不当。市场上维生素品种繁多，质量参差不齐，价格也有高有低。饲养者缺乏相关知识，不了解生产厂家状况和产品质量，选择了质量差或含量低的多种维生素制品，影响了饲养的效果。

② 使用不当。一是添加剂量不适宜。有的过量添加，增加饲养成本，有的添加剂量不足，影响饲养效果，有的不了解使用对象或不按照维生素生产厂家的添加要求盲目添加等。二是与饲料混合不均匀。维生素添加量很少，都是比较细的物质，有的饲养者不能按照逐渐混合的混合方法混合饲料，结果混合不均匀。三是不注意配伍禁忌。在

鸭发病时经常会使用几种药物和维生素混合饮水使用。添加维生素时不注意维生素之间及与其他药物或矿物质间的拮抗作用，如B族维生素与氨丙啉不能混用，链霉素与维生素C不能混用等，否则影响使用效果。四是不能按照不同阶段鸭特点和不同维生素特性正确合理地添加。

处理措施如下。

一是选择适当的维生素制剂。不同的维生素制剂产品其剂型、质量、效价、价格等均有差异，在选择产品的时候要特别注意和区分。对于维生素单体要选择较稳定的制剂和剂型；对于复合多维产品，由于检测成本的关系，很难在使用前对每种单体维生素含量进行检测，因此在选择时应选择有质量保证和信誉好的产品。同时还应注意产品的出厂日期，以近期内出厂的产品为佳。

二是正确把握鸭对维生素的需要量。鸭的种类、性质、品种以及饲养阶段不同，对各类维生素的需要量就不同。饲料中多种维生素的添加量可在生产厂家要求的添加量的基础上增加10%～15%的安全裕量（在使用和生产维生素添加剂时，考虑到加工、贮藏过程中所造成的损失以及其他各种影响维生素效价的因素，应当在鸭需要量的基础上，适当超量应用维生素，以确保鸭生产的最佳效果）。另外，鸭的健康状况及各种环境因素的刺激也会影响鸭对维生素的需要量。一般在应激情况下，鸭对某些维生素的需要量将会提高。如在接种疫苗、感染球虫病以及发生呼吸道疾病时，各种维生素的补充均显得十分重要。在高温季节，要适当增加脂溶性维生素和B族维生素的用量，尤其要注意对维生素C的补充。肉种鸭和蛋鸭在产蛋后期应注意补充维生素A、维生素D和维生素C的用量。如开食到一周龄期间的雏鸭胆小，抵抗力弱。外界环境任何微小的变化都可能使其产生应激反应，同时也极容易受到外界各种有害生物的侵袭而感染疾病。所以在育雏前期添加维生素C对鸭而言是极为有益的。雏鸭在2～6周龄期间生长发育快，代谢旺盛，需要大量的酶参与。因此，作为酶的重要组成部分的B族维生素的需要量应同时增大。此时需根据实际情况额外补充一些B族维生素。当鸭群发生疾病时，添加维生素作为治疗的辅助措施具有十分重要的作用，特别是添加维生素A、维生素C、维生素K。有研究表明，维生素E、维生素C能增强机体的免疫功能，提高鸭体对各种应激的耐受力，促进病后恢复和生长发育。维生素K能缩短凝血时间，减少失血，因此对一些有出血症状的疾病能起到减轻症状，减少死亡的作用。

三是注意维生素的理化特性，防止配伍禁忌。使用维生素添加剂时，应注意了解各种维生素的理化特性，重视饲料原料的搭配，防止各饲料成分间的相互拮抗，如抗球虫药物与维生素 B_1，有机酸防霉剂与多种维生素，氯化胆碱与其他维生素等之间均应避免配伍禁忌。氯化胆碱有极强的吸湿性，特别是与微量元素铁、铜、锰共存时，会大大影响维生素的生理效价。所以在生产维生素预混料时，如加氯化胆碱则须单独分装。

四是正确使用与贮藏。维生素添加剂要与饲料充分混匀，浓缩制剂不宜直接加入配合饲料中，而是先扩大预混后再添加。市售的一些维生素添加剂一般都已经加有载体而进行了预配稀释。选用复合维生素制剂时，要十分注意其含有的维生素种类，千万不要盲目使用。购进的维生素制剂应尽快用完，不宜贮藏太久。一般添加剂预混料要求在 1 ～ 2 个月内用完，最长不得超过 6 个月。维生素添加剂应贮藏在干燥、密闭、避光、低温的环境中。

五是采用适当的措施防止霉菌污染。在高温高湿地区，霉菌及其毒素的侵害是普遍问题。饲料中霉菌及其毒素不仅危害畜禽健康，而且破坏饲料中的维生素。但如果为了控制霉菌而在饲料中使用一些有机酸类饲料防霉剂，则将导致天然维生素含量的大幅度降低。

（三）选用饲料添加剂时的问题处理

饲料添加剂可以完善日粮的全价性，提高饲料利用率，促进鸭生长发育，防治某些疾病，减少饲料贮藏期间营养物质的损失或改进产品品质等。添加剂可以分为营养性添加剂和非营养性添加剂。营养性添加剂除维生素、微量元素添加剂外，还有氨基酸添加剂；非营养性添加剂有抗生素和草药添加剂、酶制剂、微生态制剂、酸制剂、寡聚糖、驱虫剂、防霉剂、保鲜剂以及调味剂等。在使用饲料添加剂时，存在如下一些问题：一是不了解饲料添加剂的性质特点盲目选择和使用；二是不按照使用规范使用；三是搅拌不匀；四是不注意配伍禁忌，影响使用效果。

处理措施如下。一是正确选择。目前饲料添加剂的种类很多，每

种添加剂都有自己的用途和特点。因此，使用前应充分了解它们的性能，然后结合饲养目的、饲养条件、鸭的种类、品种及健康状况等选择使用。选择国家允许使用的添加剂。二是用量适当。用量少，达不到目的，用量过多会引起中毒，增加饲养成本。用量多少应严格遵照生产厂家在包装上所注的说明或实际情况确定。三是搅拌均匀。搅拌均匀程度与饲喂效果直接相关。具体做法是先确定用量，将所需添加剂加入少量的饲料中，拌和均匀，即为第一层次预混料；然后再把第一层次预混料掺到一定量（饲料总量的 1/5 ～ 1/3）的饲料中，再充分搅拌均匀，即为第二层次预混料；最后再把第二层次预混料掺到剩余的饲料中，拌匀即可。这种方法称为饲料三层次分级拌和法。由于添加剂的用量很少，只有多层分级搅拌才能混均。如果搅拌不均匀，即使是按规定的量饲用，也往往起不到作用，甚至会出现中毒现象。四是混于干饲料中。饲料添加剂只能混于干饲料（粉料）中，短时间贮存待用才能发挥它的作用。不能混于加水的饲料和发酵的饲料中，更不能与饲料一起加工或煮沸使用。五是注意配伍禁忌。多种维生素最好不要直接接触微量元素和氯化胆碱，以免降低药效。在同时饲用两种以上的添加剂时，应考虑有无拮抗、抑制作用，是否会产生化学反应等。六是贮存时间不宜过长。大部分添加剂不宜久放，特别是营养添加剂、特效添加剂，久放后易受潮发霉变质或被氧化还原而失去作用，如维生素添加剂、抗生素添加剂等。

（四）预混料选用的问题处理

预混料是由一种或多种营养物质补充料（如氨基酸、维生素、微量元素）和添加剂（如促生长剂、驱虫保健剂、抗氧化剂、防腐剂、着色剂等）与某种载体或稀释剂，按配方要求比例均匀配制的混合料。添加剂预混料是一种半成品，可供配合饲料工厂生产全价配合饲料成浓缩料，也可供有条件的养鸭户配料使用。在配合饲料中添加量为 0.5% ～ 3%。养殖户可根据预混料厂家提供的参考配方，利用自家的能量饲料、蛋白质补充料和预混料配合成全价饲料，饲料成本比使用全价成品料和浓缩料都低一些。预混料是鸭饲料的核心，用量小，作用大，直接影响饲料的全价性和饲养效果。但在选择和使用预混料时存在一些误区。一是缺乏相关知识，盲目选择。目前市场上的预混料生产

厂家多，品牌多，品种繁多，质量参差不齐，由于缺乏相关知识，盲目选择，结果选择的预混料质量差，影响饲养效果。二是过分贪图便宜购买质量不符合要求的产品。俗话说“一分价钱一分货”，这是有一定道理的。产品质量好的饲料，由于货真价实，往往价钱高，价钱低的产品也往往质量低。三是过分注重外在质量而忽视内在品质。产品质量是产品内在质量和外在质量的综合反映。产品的内在质量是指产品的营养指标，如产品的可靠性、经济性等；产品的外在质量是指产品的外形、颜色、气味等。有部分养殖户在选择饲料产品时，往往偏重于看饲料的外观、包装如何，其次是看色、香、味。由于饲料市场竞争激烈，部分商家想方设法在外包装和产品的色、香、味上下工夫，但产品内在质量却未能提高，养殖户不了解，往往上当。四是不能按照预混料的配方要求来配制饲料，随意改变配方。各类预混料都有各自经过测算的推荐配方，这些配方一般都是科学合理的，不能随意改变。例如，豆粕不能换成菜籽粕或者棉粕，玉米也不能换成小麦，更不能随意增减豆粕的用量，造成蛋白质含量过高或不足，影响生长发育，降低经济效益。五是混合均匀度差。目前，农村大部分养殖户在配制饲料时都是采用人工搅拌。人工搅拌，均匀度达不到要求，严重影响了预混料的使用效果。六是使用方式和方法欠妥。如不按照生产厂家的要求添加，要么添加多，要么添加少，有的不看适用对象，随意使用，或其他饲料原料粒度过大等，影响使用效果。

处理措施如下。一是正确选择。根据不同的使用对象，如不同类型的鸭或不同阶段的鸭正确选用不同的预混料品种。选择质量合格产品。根据国家对饲料产品质量监督管理的要求，凡质量合格的产品应符合如下条件：一要有产品标签，标签内容包括产品名称、饲用对象、批准文号、营养成分保证值、用法、用量、净重、生产日期、厂名、厂址；二要有产品说明书；三要有产品合格证；四要有注册商标。二是选择规模大、信誉度高的厂家生产的质量合格、价格适中的产品。不要一味考虑价格，更要注重品质。长期饲喂营养含量不足或质量低劣的预混料，畜禽会出现拉稀、腹泻现象，这样既阻碍畜禽的正常生长，又要花费医药费，反而增加了养殖成本，捡了“芝麻”，丢了“西瓜”，得不偿失。三是正确使用。按照要求的比例准确添加，按照预混料生产厂家提供的配方配制饲料，不要有过大改变。用量小不能起

到应有的作用，用量大饲料成本提高，甚至可能引起中毒。饲料粒度粉碎合适（雏鸭饲料粒度为 1 毫米以下，中鸭饲料粒度为 1 ～ 2 毫米，成鸭饲料粒度为 2 ～ 2.5 毫米）。四是搅拌均匀。添加剂用量微小，在没有高效搅拌机的情况下，应采取多次稀释的方法，使之与其他饲料充分混匀。如 1 千克添加剂加 100 千克配合饲料时，应将 1 千克添加剂先与 1 ～ 2 千克饲料充分拌匀后，再加 2 ～ 4 千克饲料拌匀，这样少量多次混合，直到全部拌匀为止。五是妥善保管。添加剂预混料应存放于低温、干燥和避光处，与耐酸、碱性物质放在一起。包装要密封，启封后要尽快用完，注意有效期，以免失效。储放时间不宜过长，时间一长，预混料就会分解变质，色味全变。一般有效期为夏季最多 3 天，其他季节不得超过 6 天。

（五）饲料配制的问题处理

饲料营养是保证鸭快速生长和产蛋的基础，配方设计合理与否直接关系到日粮的质量。鸭配合饲料配方设计中存在如下一些问题。一是不考虑鸭营养特点进行配制日粮。二是注重蛋白质水平而忽视能量水平。由于蛋白质是鸭营养中的重要组成部分，蛋白质不足影响鸭生产性能，一些饲养者只求满足粗蛋白质的要求，而忽视能量水平。另外，蛋白质是国家饲料质量检测的重要指标，出售饲料的企业都不敢在蛋白质上做文章，蛋白质基本能达到国家要求。但出于降低成本需要，能量往往不足。结果导致鸭采食量增大，摄入蛋白质过多，由于蛋白质代谢增加鸭的负担，另外产生热增耗，夏天热应激加剧，因而低能高蛋白饲料对鸭反而不利。三是注重蛋白质含量，忽视蛋白质质量。现代动物营养技术表明，蛋白质的营养就是氨基酸营养，因而添加蛋白质饲料是要满足氨基酸需要，而不是单单满足粗蛋白质需要。在有些地区，由于受到饲料原料来源限制的影响，因而往往过多地使用单一原料，造成氨基酸不平衡，影响肉鸭生产水平。忽视蛋白质的质量问题表现在不注重氨基酸平衡性和不考虑氨基酸消化率两个方面。很多饲料原料蛋白质含量很高，如羽毛粉、皮革粉、血粉等，但氨基酸消化率低。影响家禽消化吸收。四是忽视配合饲料原料的消化率。由于鱼粉、豆粕、花生粕等优质蛋白质饲料价格过高。为了降低饲料价格，大量使用一些非常规饲料原料，影响饲料的消化吸收率。五是饲料配方计算不准确，各种饲料原料的比例随意性大。

处理措施如下。一要根据鸭的营养特点配制日粮。设计饲料配方和配制饲料时必须充分考虑和利用鸭的营养特点，以最少的饲料消耗获得更多的增重。各品种鸭的营养需要比较接近，与鸡比较相差也不大，尤其是引进的高产品种如康贝尔鸭、狄高鸭以及樱桃谷鸭等，需要较高的营养。鸭的配方原料的选择比鸡宽一些，如次级的咸、淡鱼粉、糠麸等农副产品可以喂鸭。我国地方品种鸭较耐粗饲，生长阶段可以采食水生动物，成鸭可以放牧与补饲相结合。用于填饲育肥的品种如北京鸭，在肥育期则以玉米为主，配给少量的蛋白质和维生素添加剂即可。二要保持适宜的蛋白能量比，适当使用油脂。油脂饲料包括动物油和植物油。动物油如猪油、牛油、鱼油等代谢能在33.5兆焦/千克以上，植物油如菜籽油、棉籽油、玉米油等代谢能较低，也有29.3兆焦/千克。若不添加油脂，能量指标达不到饲养标准，就需降低饲养标准，以求营养平衡。否则，若只有能量与饲养标准相差很多，蛋白质等指标满足饲养标准，则不仅蛋白质作能源浪费，而且还会因尿酸盐产生过多，使肾脏负担过重，造成肾肿和尿酸盐沉积。三要考虑饲料中可利用氨基酸的含量和各种氨基酸的比例。四要注意饲料原料的选择，减少不易消化利用的非常规饲料原料的用量。雏鸭消化道容积小，肠道短，消化机能较为软弱，但生长速度快，所以要求饲料营养浓度高，各种养分平衡、充足，而且易消化。所以生产上应多用优质饲料原料如黄玉米、豆粕、优质鱼粉等，不用或少用劣质杂粕（如棉籽饼、菜粕、蓖麻粕等）、粗纤维含量高的稻谷、糠麸以及非常规饲料原料（药渣、皮毛粉等）。如果原料价格太高，则少量使用其他谷物和植物蛋白饲料原料，例如次粉、杂粮等。五要合理选用添加剂。鸭配合饲料中必须使用饲用添加剂才能达到较好效果。使用各种国家允许使用的添加剂都有很好的效果，但要注意按照国家有关规定使用。

二、卫生管理中问题的处理

（一）饲养密度高使鸭处于亚健康状态

为减少投入，增加饲养数量，不按照环境卫生学参数要求，盲目

地增大单位面积的饲养数量，在较小的鸭舍内放养较多的鸭，饲养密度过高，导致鸭生长发育不良、均匀度低，体质弱，死亡淘汰率升高。高密度饲养，每只鸭占有的面积和空间小，拥挤，活动范围受到严重限制，没有自由，其各种行为不能正常表现，产生许多恶习，极大增多了鸭群的不良刺激，降低了机体的抵抗力，使鸭群经常处于亚健康状态，较易发生应激反应，提高疾病的发生率，严重影响生产性能的发挥等。处理措施：根据不同阶段鸭对饲养空间的要求保证适宜的饲养密度，保证充足的料线、水线长度。

（二）不注重休整期的清洁

现在的鸭场是谈疫色变，而且疫情多发生在后期。可能许多人都能说出许多原因来，但有一个原因是不容忽视的，上批鸭淘汰后清理不够彻底，间隔期不够长，空舍期清洁不彻底。

现在人们最关心的病是禽流感，都知道它的病原毒株极易变异，在清理过程中稍有不彻底之处，则会给下批鸭饲养带来灭顶之灾。目前在鸭场清理消毒过程中，很多场只重视了舍内清理工作，往往忽视舍外的清理。舍外清理也是绝对不能忽视的。

整理工作要求做到冲洗全面干净、消毒彻底完全。淘汰鸭后的消毒与隔离要从清理、冲洗和消毒三方面去下工夫整理才能做到所要求的目的。清理起到决定性的作用，做到以下几点才能保证鸭生长生产安全。一是淘汰完鸭到进鸭要间隔 15 天以上。二是 5 天内舍内完全冲洗干净，舍内干燥期不低于 7 天。任何病原体在干燥情况下都很难存活，最少也能明显减少病原体存活时间。三是舍内墙壁地面冲洗干净，空舍 7 天以后，再用 20% 生石灰水刷地面与墙壁。管理重点是生石灰水刷得均匀一致。四是对刷过生石灰水的鸭舍，所有消毒（包括甲醛熏蒸消毒在内）重点都放在屋顶上，这样效果会更加明显。五是舍外也要如新场一样，污区土地面清理干净露出新土后，地面最好铺撒生石灰，所有人员不进入活动以确保生石灰所形成的保护膜不被破坏。净区地面严格清理露出新土，并一定要撒上生石灰，但不要破坏生石灰形成的保护膜。六是舍外水泥路面冲洗干净后，水泥路面洒 20% 生石灰水和 5% 火碱水各 1 次。若是土地面，应铺 1 米宽砖路供育雏舍内人员行走。把育雏期间的煤渣垫路并撒上生石灰碾平，不用上批煤

渣，以杜绝上批鸭饲养过程中对地面的污染传给本批肉鸭。七是通风开始到接雏鸭后20天注意进风口每天定时消毒，确保接雏20天内进入舍内的鞋底不接触到土地面。八是育雏期间水泥路面洒20%生石灰水，每天早上吃饭前进行，可以和火碱水交替进行。这样做既可以起到很好的消毒作用又可以保持路面洁白美观，人们也不忍心去污染它，万一污染了也会迫使当事者立即清理干净。

（三）卫生管理不善导致疾病不断发生

鸭无胸隔膜，有九个气囊分布于胸腹腔内并与气管相通，这一独特的解剖特点，为病原的侵入提供了一定的条件，加之鸭体小质弱、高密度集中饲养及固定在较小的范围内，如果卫生管理不善，必然增加疾病的发生机会。生产中由于卫生管理不善而导致疾病发生的实例屡见不鲜。

处理措施如下。改善环境卫生条件是减少鸭场疾病最重要的手段。改善环境卫生条件需要采取综合措施。一是做好鸭场的隔离工作。鸭场要选在地势高燥处，远离居民点、村庄、化工厂、畜产品加工厂和其他畜牧场，最好周围有农田、果园、苗圃和鱼塘。禽场周围设置隔离墙或防疫沟，场门口有消毒设施，避免闲杂人员和其他动物进入。场地要分区规划，生产区、管理区和病禽隔离区严格隔离。布局建筑物时切勿拥挤，要保持15～20米的卫生间距，以利于通风、采光和禽场空气质量良好。注重绿化和粪便处理和利用设计，避免环境污染。二是采用全进全出的饲养制度，保持一定间歇时间，对鸭场进行彻底的清洁消毒。三是消毒。隔离可以避免或减少病原进入禽场和禽体，减少传染病的流行，消毒可以杀死病原微生物，减少环境和禽体中的病原微生物，减少疾病的发生。目前我国的饲养条件下，消毒工作显得更加重要。注意做好进入鸭场人员和设备用具的消毒、鸭舍消毒、带鸭消毒、环境消毒、饮水消毒等。三是加强卫生管理。保持舍内空气清洁，进行适量通风，过滤和消毒空气，及时清除舍内的粪尿和被污染的垫草并无害化处理，保持适宜的湿度。四是建立健全各种防疫制度。如制订严格的隔离、消毒、引入家畜隔离检疫、病死畜无害化处理、免疫等制度。

（四）消毒不科学

鸭场消毒方面存在诸多误区，如消毒前不清理污物，消毒效果差；消毒不严格，留有死角；消毒液选择和使用不科学以及忽视日常消毒工作等。

处理措施如下。一是消毒前彻底的清洁。彻底的机械清除是有效消毒的前提。消毒表面不清洁会阻止消毒剂与细菌的接触，使杀菌效力降低。例如鸭舍内有粪便、羽毛、饲料、蜘蛛网、污泥、脓液、油脂等存在时，常会降低所有消毒剂的效力。在许多情况下，表面的清洁甚至比消毒更重要。进行各种表面的清洗时，除了刷、刮、擦、扫外，还应用高压水冲洗，效果会更好，有利于有机物溶解与脱落。消毒前应先将可拆除的用具运至舍外清扫、浸泡、冲洗、刷刮，并反复消毒，舍内从屋顶、墙壁、门窗，直至地面和粪池、水沟等按顺序认真清理和冲刷干净，然后再进行消毒。二是消毒要严格。消毒是非常细致的工作，要全方位地进行消毒，如果留有“死角”或空白，就起不到良好的消毒效果。对进入生产区的人员必须严格按程序和要求进行消毒，禁止工作人员不按要求消毒而随意进入生产区或“串舍”。制订科学合理的消毒程序并严格执行。三是消毒液选择和使用要科学。长期使用同一种消毒药细菌、病毒对药物会产生耐药性，对消毒剂也可能产生耐药性，因此最好是几种不同类型的消毒剂交叉使用。在养殖场或畜禽舍入口池中，堆放厚厚的干石灰，这起不到有效的消毒作用。使用石灰消毒最好的方法是加水配成10%～20%的石灰乳，用于涂刷畜禽舍墙壁1～2次，既可消毒灭菌，又有涂白美观的作用。消毒池中的消毒液要经常更换，保持相应的浓度，才能达到预期的消毒效果。消毒液要现配现用，否则可能会发生化学变化，造成“失效”。用强酸、强碱等刺激性强的消毒药进行带畜消毒，会造成畜眼、呼吸道的刺激，严重时甚至会造成皮肤的腐蚀。空栏消毒后一定要冲洗，否则残留的消毒剂会造成畜禽蹄爪和皮肤的灼伤。四是注意日常消毒。虽然没有发生传染病，但外界环境可能已存在传染源，传染源会排出病原体。如果此时没有采取严密的消毒措施，病原体就会通过空气、饲料、饮水等传播途径，入侵易感畜禽，引起疫病发生，所以要加强日常消毒，杀灭或减少病原，避免疫病发生。

（五）废弃物随处堆放并且不进行无害化处理

鸭场的废弃物主要有粪便和死鸭。废弃物内含有大量的病原微生物，是最大的污染源，但生产中许多养殖场不重视废弃物的贮放和处理，如没有合理地规划和设置粪污存放区和处理区，随便堆放，也不进行无害化处理，结果是场区空气质量差，有害气体含量高，尘埃飞扬，污水横流，蛆爬蝇叮，臭不可闻，土壤、水源严重污染，细菌、病毒、寄生虫卵和媒介虫类大量滋生传播，鸭场和周边相互污染。如病死鸭随处乱扔，有的在鸭舍内，有的在鸭舍外，有的在道路旁，没有集中的堆放区。病死鸭不进行无害化处理，有的在市场销售，导致病死鸭的病原到处散播。

纠正措施如下。一是树立正确的观念，高度重视废弃物的处理。有的人认为废弃物处理需要投入，是增加自己的负担，病死鸭直接出售还有部分收入等，这是极其错误的。粪便和病死鸭是最大污染源，处理不善不仅会严重污染周边环境和危害公共安全，更关系到自己鸭场的兴衰，同时病死畜不进行无害化处理而出售也是违法的。二是科学规划废弃物存放和处理区。三是设置处理设施并进行处理。

（六）认为污水不处理无关紧要，随处排放

有的鸭场认为污水不处理无关紧要或因污水处理投入大，建场时，不考虑污水的处理问题。有的场只是随便在排水沟的下游挖个大坑，谈不上几级过滤沉淀，有时遇到连续雨天，沟满坑溢，污水四处流淌。有的鸭场将污水直接排放到鸭场周围的小渠、河流或湖泊内，严重污染水源和场区及周边环境，也影响本场鸭的健康。

纠正措施如下。一是鸭场要建立各自独立的雨水和污水排水系统，雨水可以直接排放，污水要进入污水处理系统。二是采用干清粪工艺。干清粪工艺可以减少污水的排放量。三是加强污水的处理。要建立污水处理系统，污水处理设施要远离鸭场的水源，进入污水池中的污水经处理达标后才能排放。如按污水收集沉淀池→多级化粪池或沼气→处理后的污水或沼液→外排或排入鱼塘的途径设计，以达到既利用变废为宝的资源——沼气、沼液（渣），又能实现立体养殖增效的目的。

三、种鸭和产蛋鸭饲养管理中的常见问题处理

（一）育雏期存在的问题处理

育雏期是蛋鸭和肉用种鸭一生中的关键时期，饲养管理不善会带来严重后果。人们虽然都很重视育雏期的饲养管理，但有的蛋鸭和肉用种鸭在育雏时也存在一些问题。

1. 雏鸭入舍后饮水不足

雏鸭运输时间过长、管理不善等导致饮水不足，容易出现脱水等。

处理措施：雏鸭到达之前，把充足的水、料都摆放好，入舍后，雏鸭自己选择；雏鸭要提前进入育雏舍或早出雏早入舍早开食。

2. 第一周的“自由采食”就是随便喂、随便吃

对现代肉种鸭的生理特点不够了解，认为雏鸭可以随便喂、随便吃，结果雏鸭体重大小分化明显，严重影响早期发育。

处理措施：严格有效的管理措施，均匀、定量投放饲料，保证充足的采食空间和饲养空间。

3. 雏鸭的温度和密度不适宜

进雏前准备工作不充分，温度和密度不适宜影响育雏效果。

处理措施：雏鸭进苗前应将鸭舍消毒干净，将要用作育雏的地方用木板隔开，分成小仓。夏季育雏室内温度要足够 18 ～ 20℃，冬季育雏室内温度要足够 25 ～ 28℃。育雏期 5 日龄内，每平方育雏小鸭 30 ～ 40 只。5 日龄后扩棚。

4. 鸭的饲料更换模式不正确

鸭饲料更换模式不正确，突然更换饲料，因饲料颗粒度和营养水平不同造成鸭的消化应激及肠道磨损而引起肠道疾病。

处理措施：鸭群在小料转大料的过程中所采用的转料比例为 2 ∶ 5 ∶ 8 的模式。也就是在小料还剩下三包时，即可进行转料。第一天 20% 的小料 +80% 的大料，第二天 50% 的小料 +50% 的大料。第

三天 80% 的大料 +20% 的小料。三天即可完全将鸭群转料完成。转料期间可适当添加多维等营养保健品防止应激，或添加大蒜素之类的草药。

（二）产蛋期存在的问题处理

1. 脱肛

鸭群脱肛不仅影响产蛋，甚至导致死亡。脱肛原因如下。一是育成期和开产初期饲养管理不当，没有控制饲养，鸭子过肥，可能是饲料中能量蛋白质比例失调，常常是蛋白质不足、能量过高。二是进入产蛋期后，调整饲料时，过早地调配产蛋高峰期的饲料，因此蛋白质的比例增加过多过快。三是光照控制不合理，促使青年鸭性激素分泌加快，导致开产提前。如光照增加太快，促使新鸭产大蛋、多产蛋，蛋大造成排卵困难，蛋多使输卵管中油脂不足，润滑性降低，造成难产脱肛。如光照不足，则出现产蛋推迟，产大蛋增多的现象。

处理措施如下。一是从营养方面着手，根据不同生长发育阶段，提供合适的全价饲料，各种营养素都要达到饲养标准的要求，千万不能用质量没有保证或已经过期失效的维生素添加剂，否则会导致蛋鸭脱肛（如维生素 A、维生素 D_3、维生素 E 添加剂质量有问题，都会导致输卵管和泄殖腔黏膜上皮角质化而失去弹性，因而产蛋不畅，最后因难产而脱肛）。二是制订正确的光照制度，从育成末期开始，在原来的基础上，每周增加光照 30 分钟，直至每昼夜光照 16 小时。循序渐进，增加不能过快或过慢。三是在育成期末，从育成鸭舍转入产蛋鸭舍时，可结合传染病免疫时抓鸭的机会，进行一次挑选，把生长特快、过于肥胖的鸭和生长特慢、个体瘦小的鸭都单独挑出来，分群关养。过于肥大的一群，要控制饲养（减少精料，多喂青粗料）；过于瘦小的一群，则不要控制，适当提高饲料的营养浓度，以提高群体的整齐度。四是出现脱肛及时治疗。一旦发现脱肛母鸭，要立即隔离，及时治疗。症状较轻的母鸭可用温热的 0.1% 高锰酸钾液或 2% ～ 3% 硼酸溶液将脱出物洗净，再热敷后托回去，每天 3 ～ 4 次，脱出物如有炎症，则涂上紫药水，并均匀地撒上消炎粉或土霉素粉，缓缓整复，反复进行，一般均可治愈。重症母鸭大部分治愈后不良，没有治疗价值。

2. 产薄软壳蛋

种鸭产薄软壳蛋的主要原因：一是日粮中钙的含量不足，一般产蛋种鸭日摄取钙为9～10克，低于这个标准就会产薄软壳蛋；二是饲料中维生素D_3含量不足，维生素D_3在种鸭新陈代谢过程中起到促进钙、磷吸收作用，若钙吸收不好，血钙不足，种鸭便产薄软壳蛋、畸形蛋；三是饲料中钙磷比例失调，种鸭日粮中钙的需要量为3.6%～4%，有效磷为0.48%，磷在日粮中含量过高或过低都会影响钙磷的正常比例，导致种鸭对钙的吸收障碍而产薄软壳蛋；四是产蛋期的应激，母鸭受到外来的惊吓，会使蛋壳质量下降，产薄软壳蛋；五是随着种鸭到产蛋后期，尤其对于春天留种的鸭群，产蛋后期再加上夏季高温，产蛋量、蛋壳品质均有所下降，产薄软壳蛋也会增多。

处理措施如下。一是加强饲养管理，保持鸭舍环境安静，尽量减少应激反应的发生。二是保证维生素D的供给和日粮钙磷平衡。三是保持适宜的环境条件。四是当薄软壳蛋比例增多时，可在日粮中逐步增加0.1%的钙，随时观察蛋壳厚度变化情况，如果壳的厚度增加，说明缺钙。如果蛋壳畸形增加，说明缺少维生素D_3，应加以补充。检查日粮配方，及时调整钙磷的含量。

3. 种鸭腿病

肉用种鸭在限饲过程中，腿病表现比较普遍，一般在60日龄开始发病，发病率可高达7%～15%，但死亡率不高，在产蛋期也有发生，尤其是产蛋后期，腿病发病率可达10%左右。主要原因：一是细菌性疾病，尤其是葡萄球菌引起的关节炎、关节周围炎、滑膜炎以及关节周围结缔组织增生，使关节畸形；二是钙磷缺乏及比例失调，这是骨营养不良的主要病因，临床表现为爪变得易弯曲，跗关节肿大，蹲卧或跛行；三是锌缺乏，引起跗关节肿大，骨骼发生一系列变化，同时种鸭羽毛尾部变红，日常管理中操作粗暴，抓鸭、接种疫苗、称重、大群应激时易造成鸭相互践踏以及外伤或跗关节受伤；四是留种时公母比例失调（正常公母比例为1∶5.5），公鸭过多，相互啄斗，极易造成腿瘫，母鸭也会因不堪重负而发生腿瘫，尤其是体质较弱的、体型较小的母鸭。

处理措施：一是保证日粮营养物质的质量，提高饲料维生素（高于标准 20% ～ 40%）、矿物质含量（特别是钙高于标准 15% ～ 25%），特别是夏季高温期间以及种鸭产蛋后期；二是加强饲养管理，以减少刮伤、碰伤等外伤机会，操作忌粗暴，避免大群发生应激反应；三是随时掌握种蛋的受精率，观察大群公母鸭的交配情况，如公鸭过多，应及时淘汰，对受伤母鸭及时隔离；四是搞好卫生消毒工作，定期用 0.01% 百毒杀饮水消毒，对运动场要定期清理消毒，有条件时对饲料进行甲醛熏蒸。

4. 产蛋下降

引起产蛋下降的因素如下。一是环境因素。蛋鸭产蛋的适宜温度是 13 ～ 23℃，高于 29℃的空气温度不仅使产蛋减少，也会对蛋重、蛋的大小和蛋壳品质带来不利的影响。夏季鸭舍用油毛毡搭盖，鸭舍周围没有种植遮阴树木，容易引起鸭舍长时间高温，严重影响产蛋量，甚至使中暑引起发病、死亡。冬季温度低，白天和夜晚温差大，如鸭舍的外围护结构缺乏良好的保温设施，冷空气吹到鸭身上，容易使鸭患感冒、腹泻等疾病，造成机体抵抗力下降，诱发病原微生物感染及暴发性传染病。高温高湿有利于病原性真菌、细菌和寄生虫的生长发育，传染病易于流行，在低温高湿的环境中，蛋鸭容易患感冒和其他疾病，对产蛋均有不利影响。鸭舍中 NH_3、H_2S、SO_2、CH_4 等不良气体增多，容易诱发鸭呼吸道病。冬季鸭舍通风过于畅通，导致保温不足，容易影响鸭健康。二是饲料品质。饲料营养不良、饲料营养成分波动较大，不根据气候条件调整饲料配方都会对蛋鸭的产蛋量带来不利影响。当饲料原料价格上涨时，生产商在不提高饲料卖价的前提下，使用劣质原料来生产饲料，降低了饲料营养。有些饲料生产商在饲料销售量较好的时候，偷改饲料配方，下降饲料品质，以获取更多的利润，当饲料销量下降时，又通过提高饲料品质和加强销售服务的办法来刺激销售量的增加，以致饲料质量不稳定影响产蛋量。严寒的冬季，蛋鸭为了御寒需要获取更多的能量饲料，而盛夏季节蛋鸭的采食量下降，为了不影响蛋鸭的产蛋量，采取降低能量饲料的给量和相应增加蛋白质饲料给量的办法。在饲料生产过程中，如果不注意气候因素的影响，采用一成不变的饲料配方，也会影响产蛋量。三是饲料管理因

素。产蛋鸭的特性是产蛋率高，生活规律，对饲料营养和环境敏感性很高。饲料管理的重点是创造稳定的生活环境，采用定人、定点、定时、定量的饲养管理方式，保证蛋鸭稳产、高产。饲料成分的改变，都会影响产蛋量。适时开产。蛋鸭适时开产的年龄是100～120日龄，开产过早或过晚都会影响其终身产蛋量。在实际中，鸭蛋的价格会影响蛋鸭的适时开产年龄。如市场上鸭蛋价格高，后备母鸭培育重视，营养增强，提早产蛋。反之，鸭蛋价格低，人们对后备母鸭培育不重视，往往加紧限料，影响后备鸭膘情，推迟开产。四是疾病因素。病原微生物感染鸭群是母鸭产蛋下降的主要原因。如以细菌感染为主引起的产蛋下降的因素主要有大肠杆菌、沙门氏菌、巴氏杆菌、支原体等。这些病原菌在母鸭体内为常在菌（即条件性病原菌），当鸭群受到应激因素影响，或在鸭群饲养不良、机体抵抗力下降的情况下，趁机大量繁殖，引起肠炎。如果不及时用药治疗或治疗方法不当，这些细菌随同开放的泄殖腔进入子宫或卵巢，引起子宫炎和卵巢炎，蛋鸭出现产沙壳蛋、变形蛋。以病毒感染为主引起的产蛋下降的因素主要有鸭瘟病毒、禽流感病毒、细小病毒和呼肠孤病毒等。尤其是蛋鸭感染了流感病毒，降低了机体的抵抗力，使厌氧细菌在生殖器官内定植，引起产蛋下降。以寄生虫感染为主引起的产蛋下降的因素主要有吸虫、绦虫、球虫以及体外寄生虫（如虱、螨等），这些寄生虫一方面吸收机体营养，另一方面吸虫也能直接进入子宫，刺激子宫引起收缩，造成母鸭产软壳蛋、畸形蛋。

处理措施如下。一是正确选择场址。应选择远离疾病传染源的地方建造母鸭舍，鸭场要求水源干净、水质清新没有污染。鸭场建造应包括鸭舍、陆地运动场和水上运动场三个部分。鸭舍要做到能保温又能通风，保持鸭舍安静、舒适、干燥、卫生，满足其正常产蛋的生理需要。二是科学的饲养管理。供给鸭群配方稳定的饲料。饲喂人员饲喂时要做到定点、定时、定量，要勤于观察鸭群采食、饮水、休息的状态，以及粪便的状态和蛋壳的品质，发现问题及时采取措施解决。鸭舍的环境条件要适宜，特别是温度、湿度和通风的控制。要勤于清扫卫生和定期消毒鸭舍。水上运动场要定期排放污水并进行全面消毒。三是定期对鸭群投喂保健性预防药物，以中药制剂和广谱抗生素为主。当蛋鸭群出现发病，要及时查明病因，采取隔离、消毒、治疗的办法。

对于有卵巢炎的病例，要采取抗菌消炎、修复卵巢管的药物，重点防治厌氧细菌感染。对于严重的产蛋下降病例，特别是鸭群遭受到禽流感病毒的侵袭，出现神经症状和蛋鸭死亡的病例，要坚决淘汰。在蛋鸭养殖生产中，坚持预防为主的方针，重视创造良好的饲养环境和建立科学的管理制度，采用保健用药和预防用药结合的办法。

（三）脏蛋问题及处理

1. 原因

（1）先天因素　鸭的祖先是鸟类，其具有与生俱来的就巢性，喜欢寻找光线较暗、远离骚扰的地点产蛋，然后利用各种物体将蛋掩埋或隐藏，俗称“埋蛋”，若产蛋窝不卫生或不能及时发现种蛋，脏蛋的概率就会很高。鸭作为一种水禽，天生“喜水”，故鸭舍及运动场一般相对较湿，为脏蛋的产生提供了环境条件。

（2）管理因素　一是缺乏调教。种鸭在预产期，由于生理变化巨大，对产蛋箱不熟悉，受到应激等原因，又缺少必要的人工调教，经常在产蛋箱外，甚至在运动场洗浴池中产蛋，造成破蛋或脏蛋。二是环境潮湿。因为鸭的自然特性、生理特点，以及环境气候、通风不良等各种增湿因素的存在，鸭舍湿度偏高，利于各种病原微生物的滋生及污物产生，增加了种蛋的受污染机会。三是光照不当。鸭舍假如灯泡排列不科学，导致舍内光照不均匀而产生阴影，母鸭因为天性就会选择在阴影部或暗光区聚集产蛋，造成地面蛋或窝外蛋，地面蛋、窝外蛋的产生一般即意味着脏蛋的产生。四是捡蛋不及时。种鸭每天的产蛋时间相对集中，而产蛋箱数量又是固定的，故每个产蛋箱经常在短时间内被多只种鸭轮流使用，前面鸭只产下的种蛋若不能被及时捡走，种蛋表面在短时间内繁衍大量细菌或被窝内粪便等污染，也可能被种公鸭或随后进窝产蛋的种母鸭啄破，或被母鸭所产的蛋碰破，继续污染窝内其他种蛋。五是产蛋箱（窝）设置不合理。很多鸭场为增加经济效益，盲目提高种鸭的饲养密度，使得每个产蛋箱的种鸭数量增加到了相当高的程度。由于蛋在体内形成到达输卵管阴道部仅能停留 2 分钟左右，一旦等不及，几只鸭会为争一个产蛋箱而相互啄斗，被打败的鸭便另找一个较为安静的去处产蛋，结果造成窝外蛋和脏蛋

增多。产蛋箱摆放没有考虑母鸭生产时对安全和舒适的要求，要么出现通风不良或贼风，要么内部垫草铺设不好没有产蛋窝的特征，造成母鸭进窝产蛋的欲望降低而选在窝外产蛋。

（3）疾病因素　一是寄生虫。有些寄生虫喜欢在产蛋箱内活动，当存在适合其生存和繁衍的条件时，产蛋箱内的寄生虫数量就会大量增加，影响种蛋的洁净。二是肠道疾病。水污染，水质不达标，水体内有害菌数超标，引发由大肠杆菌、沙门氏菌等造成的种鸭肠道疾病，导致鸭体拉稀，泄殖腔及周边羽毛黏着粪便，垫料被污染，增加了种蛋与粪便的接触及被污染的机会。

（4）其他因素　一是温度过高。有些批次的种鸭育雏、育成处于夏季，因为鸭舍内温度过高，使得种鸭养成在舍外过夜的习惯，则其产蛋地点自然就在舍外，脏蛋率极高。二是公母比例过高。公鸭攻击性强，过多的种公鸭往往会增加种母鸭受威胁或惊吓的机会，导致母鸭不敢进产蛋箱，结果产于窝外而受污染。

2. 处理措施

一是减少窝外蛋的产生。加强调教。种鸭初产习性调教的步骤一般是：晚上赶鸭进圈后即关闭圈门，强制鸭群在舍内过夜，强制时间保证在 8 小时以上。除去外界可见光源，舍内安装节能灯通宵光照，避免鸭群受到其他兽害侵袭，帮助种鸭在产蛋箱内安静产蛋。根据种鸭产蛋特性，在产蛋箱内加厚垫草，人工助其造窝，并放入引蛋。控制好环境条件。舍内灯泡合理排布，防止产生明区和暗区。采取各种控温措施保证舍内特别是产蛋箱的温度适中。公母鸭混养比例适宜，对攻击性超强、有啄癖的公鸭予以淘汰。

二是加强卫生管理。强化垫料管理。鸭舍和产蛋箱铺设柔软、干燥且干净的垫料，一般舍内垫料厚度 5 厘米，产蛋箱垫料厚度 10 厘米；勤翻垫料、勤加垫料，饲养员在收集种蛋时及时清理产蛋箱里的鸭粪，一般每两个月更换一次垫料，阴雨天气较多的时期可适当缩短更换时间。及时捡蛋。至少应每小时收集一次，尤其在产蛋期开始后的最初几周更要严格执行；不要让种蛋受潮、暴晒和被粪便沾污，对破蛋、软壳蛋也要及时挑出取走，以防被啄食产生污染；种鸭很善于隐藏掩埋种蛋，故收集种蛋时应仔细检查每一个蛋窝以及每一角落，彻底捡

蛋。保持鸭舍干燥。加强鸭舍通风，降低舍内湿度，防止垫料、地面过湿。使用水槽喂水的要保证水槽深度，使用自动饮水器的鸭场要经常检查饮水线，防止饮水器漏水而弄湿鸭舍，并尽量调低饮水器的水位保证鸭群喝水方便，避免洒水。经常打扫卫生。经常清理运动场、鸭舍内部的各种杂物、污物，每天定时更换洗浴池中的水，每周定期对鸭场内外进行消毒。

三是合理设置产蛋箱。在种鸭开产前及时安装产蛋箱，蛋窝均匀地安装在栏圈周边，产蛋箱内不应有贼风，空间大小必须能足以容纳下种鸭；控制每栏种鸭的饲养密度，保证每 3 只母鸭应拥有一个产蛋箱。

四是积极防治肠道疾病。通过种鸭饮用水净化、预防用药等措施，防止各种致病因素引发种鸭肠道疾病；对已患病种鸭及时治疗，有必要应隔离，减轻其粪便对种蛋造成的污染。

五是处理轻微污染的种蛋。对于轻微污染的种蛋，可在远离干净种蛋的地方进行擦拭、洗涤、消毒等去污处理。少量污物可用软布、纸张或木质刮板刮掉，注意力度。污染面积较大的则宜用消毒液清洗，一般选用铵盐类化合物、双氧水或过锰酸钾等配制成温度为 41 ～ 45℃的洗液，清洗后用与洗液等温的净水立即冲洗，然后放置于清洁、无尘、室温为 21 ～ 22℃的房间里阴干。

（四）鸭啄毛

鸭群出现啄毛，导致啄毛发生的因素有：饲养密度过大，鸭舍环境卫生差，湿度大，饲料中钙磷比例的偏差或缺乏。还有一种是因为鸭子出大毛时造成的啄毛。

处理措施：当鸭群出现啄毛现象时，应及时将被啄毛的鸭子隔离，及时调控养殖密度和搞好环境卫生；如果是自然出毛造成的，可在饲料中添加适当的鱼肝油粉和多维。

（五）种公鸭饲养管理存在问题处理

1. 忽视种用雏鸭公鸭的选留

要想使种鸭群有较好的受精率，首先必须要有品种优良的种用公鸭。种用公鸭来源于种用雏鸭，忽视种用雏鸭的选择，严重影响种用

公鸭的质量，从而影响种鸭的受精率。

处理措施：种用雏鸭公鸭选留的数量一般要比实际需要量多一倍，以便当母鸭产蛋开始配种时，对公鸭再挑选一次，精中挑精。对种用雏鸭的饲养要求是：既能保证各器官系统的正常生长发育，又不致过肥和过早成熟。为此，对麻鸭要控制精料，多喂粗料和青料，或以放牧为主，视觅食天然饲料多少而适当补料。

2. 忽视种公鸭生产期的管理

种公鸭生产期的管理至关重要，如若忽视，将导致种蛋受精率降低。

处理措施如下。种公鸭要单笼饲养，这种饲养方式可以避免公鸭间的啄伤或者自淫，根据实际生产情况可以在饲料中相应地添加维生素 A、维生素 D、维生素 E，提高种公鸭的性欲和精液品质，在笼养过程中每隔 2 ～ 3 星期将公鸭放入室外、水池活动。要确保公鸭的光照时间。一般光照时间在 12 ～ 14 小时才能刺激睾丸的发育，光照时间小于 9 个小时将影响睾丸的正常发育和精子的产生，也会降低公番鸭的性欲。种公鸭的利用年限一般是 1 个生物学产蛋年，一般不使用第 2 年的种公鸭，在使用期限内以保证其体重不下降为饲养标准。

（六）种蛋孵化过程中的问题处理

1. 忽视种蛋选择

种蛋是影响孵化的内因，种蛋质量直接关系到孵化效果。种鸭产的蛋也不全都是符合要求的合格种蛋，应该加强种蛋选择。但有的孵化场（户）忽视种蛋选择，如不管种蛋的大小，不管种蛋的洁净与否，不管蛋壳质量好坏以及种蛋的来源，等等，结果入孵后影响孵化成绩。

处理措施如下。一是注意种蛋来源。应来源于管理良好、高产且经过净化的种鸭群，同一台孵化器内最好入孵同一批次种鸭群产的种蛋。二是加强选择。选择蛋重大小适宜、蛋壳结构良好且表面洁净光滑、蛋形为卵圆形的种蛋。蛋重过大过小、蛋壳过薄过厚、表面污浊且有沙壳的种蛋不能入孵。三是种蛋要新鲜。气室不能过大，蛋内无异物等。

2. 忽视“看胎施温”

温度是种蛋孵化的首要条件，直接影响孵化成绩。种蛋孵化有参考适宜的温度，但影响孵化温度的因素较多，如季节、孵化器类型、种蛋大小、室内温度等，有时候进行微小的调整就可能进一步提高孵化率。但生产中，有些孵化场（户）只是按照一般参考的适宜温度标准来控制温度，结果孵化成绩不能达到最好。

处理措施如下。不同季节、不同孵化器类型、不同孵化室温度以及来源于不同批次和蛋重大小不同的种蛋，其胚胎发育要求的最适温度都有差异。孵化过程中，必须看胎施温，即根据胚胎发育情况合理地确定和调整温度以达到最适的孵化温度，获得最好的孵化效果。

3. 忽视通风换气

温度是种蛋孵化的首要条件，人们较为重视。但胚胎发育不仅需要温度，也需要新鲜的空气。生产中由于主观因素（如不注意通风换气）或客观原因（如孵化条件差，孵化室温度不宜控制等）导致通风换气不良而使胚胎死亡，影响孵化率。如一孵化户采用上面孵化下面出雏的孵化器，由于孵化器紧靠孵化室的一侧墙，且墙也没有窗户，结果出雏时靠墙一侧出雏率很低，而另一侧由于靠近门，出雏率高，差异极大。

处理措施如下。一是注意孵化后期的通风。孵化前 12 天，胚胎代谢率低，需氧量少，排出的二氧化碳也少，不需要太多的通风量，如果通风量过大，不利于温度控制。但后期在保证温度的前提下一定要加强通风，保证孵化器内空气新鲜。二是孵化室空气要新鲜。只有孵化室内空气新鲜，才能保证孵化器通风时获得新鲜空气。三是保证孵化室内温度适宜。孵化室温度过低，通风换气可能影响孵化器内的孵化温度，为保温会减少换气量。

4. 忽视孵化过程中的卫生管理

孵化场的卫生现在也被列为孵化的条件之一，特别是规模化孵化场，卫生管理尤为重要。生产中有这样的奇怪现象，开始孵化技术不行但孵化成绩也不太差，但随着孵化时间延长，孵化技术水平不断提高反而孵化成绩变差，其原因就是卫生条件越来越差。一些孵化场（户）不重视卫生管理，隔离不好，消毒不严格，污染严重等，使孵化的雏鸭质量差。

处理措施如下。一要加强孵化场的隔离，合理规划孵化场的各个区间，避免闲杂人员和其他动物的进入等。二要保持孵化场和孵化器的清洁。三要严格消毒。孵化开始前对孵化器、孵化室和孵化场区彻底消毒。加强出雏间隔对孵化器、出雏器以及孵化室、出雏室的彻底消毒。注意孵化过程中的消毒。雏鸭出售或运入育雏舍后对出雏区域进行全面消毒。

四、抗菌药物使用存在的问题处理

抗菌药物的不合理使用或滥用已经影响到产品的质量安全，危害到人民的身体健康。科学合理地使用抗菌药物已逐渐成为全社会的共识。使用兽用抗菌药物控制疾病是畜禽养殖过程中常采用的措施之一，但生产中存在一些误区，必须加以纠正。

1. 存在问题

（1）盲目加大药量　在生产中，仍有为数不少的养殖户以为用药量越大效果越好，在使用抗菌药物时盲目加大剂量。虽然使用大剂量的药物，有些可能当时会起到一定的效果，但却留下了不可忽视的隐患。一是造成鸭直接中毒死亡或慢性药物蓄积中毒，损坏肝、肾功能。肝、肾功能受损，鸭自身解毒能力下降，给下一步的治疗、预防疾病时用药带来困难。二是大剂量的用药可能杀灭肠道内的有益菌，破坏了肠道内正常菌群的平衡，造成鸭代谢紊乱、肠功能性水泻增多，生长受阻。三是细菌极易产生抗药性。临床上经常可见有些用了时间并不很长的药物，如环丙沙星、氟哌酸等已产生了一定的耐药性，按常规药量使用这些药物疗效很差，究其原因与大剂量使用该药造成细菌对该药耐受性增强及耐药株产生有关。四是加大了养殖业的用药成本，一般药物按常规剂量使用即能达到治疗和预防的目的，如盲目加大剂量，则人为地造成用药成本的增加。

（2）用药疗程不科学　一般抗菌药物用药疗程为 3 ～ 6 天，在整个疗程中必须连续给予足够的剂量，以保证药物在体内的有效浓度。临床上经常可见这一现象，一种药物才用 2 天，自以为效果不理想，又立即改换成另一种药物，用了不到 2 天又更换了。这样做往往达不

到应有的药物疗效，造成疾病难以控制。此外，使用某种药物2天，产生较好的效果，就不再继续投药，从而造成疾病复发，治疗失败。

（3）药物配伍不当　合理的药物配伍，能起到药物间的协同作用，但如果无配伍禁忌知识，盲目配伍，则会造成不同程度的危害，轻者造成用药无效，重者造成肉鸭中毒死亡。如有的养殖户将青霉素和磺胺类药物、四环素类药物合用，氟哌酸和氯霉素合用，盐霉素和支原净合用等，这些都是严重错误的用药配伍。这是因为：青霉素是细菌繁殖期杀菌剂，而磺胺类、四环素类药物为抑菌剂，能抑制细菌蛋白质的合成，使细菌处于静止状态，造成青霉素的杀菌作用大大下降；氯霉素可以起拮抗氟哌酸的作用，主要原因是氯霉素抑制了核酸外切酶的合成；盐霉素和支原净合用能大大增加盐霉素的毒性，造成中毒发生。

（4）重视药物治疗，轻预防　许多人预防用药意识差，多在鸭发病时才使用药物来治疗。从根本上违背了“防重于治”的原则。这样带来的后果是，疾病多到了中、后期才得到治疗，严重影响了治疗效果且增大了用药成本，经济效益亦大幅下降。正确的方法是：要清楚地了解本地常发病、多发病，制订出明确的早期预防用药程序，做到提前预防，防患于未然，减少不必要的经济损失。

（5）对“新药”情有独钟　还有些养殖户对“新药”过于迷信，不管药物的有效成分是什么，片面地认为新出产或新品名的药品就比常规药物好，殊不知有些药物只是其商品名不同而已。此类所谓“新药”其成分还是普通常规药物，价格却比常用药的价格高出许多，无形中增加了养殖成本却茫然不知。也有的确是新药，疗效也很好，但那些常规用药便能解决的疾病并不需要群体使用新药预防治疗。这样不仅增加了养殖成本，而且新药使用后，普通的药物使用起来就很难达到预期效果。常见的头孢类抗生素二代、三代使用后，使用其他常规抗生素效果大大不如从前就是这个道理。还有些药品生产厂家出产的“新药”在出厂的说明书上没有清楚标明药物的有效成分，却标注能治疗百病，从而误导消费者，造成养殖户用药的混乱。

（6）缺少用药“安全”意识　随着人民生活水平的提高，食品安全愈来愈受到广大人民群众的关注。但是大多数养殖户食品安全意识淡薄，有的甚至根本没有这方面的概念。不遵守《兽药管理条例》违规违禁使用药物，使用国家明令禁止的药物，不严格执行休药期制度等。

也有的人认为人用药品比兽药制作精良，效果更好，使用人用药品等。

2. 处理措施

（1）树立抗菌药物用药安全意识　意识决定行动，树立安全意识，注意掌握了解用药知识，按照《兽药使用规范》用药，不使用违禁药物等。

（2）注意药物配伍　两种以上药物同时使用时，可以互不影响，但在许多情况两药合用总有一药或两药的作用受到影响，其结果可能有：一是协同作用（比预期的作用更强）；二是拮抗作用（减弱一药或两药的作用）；三是毒性反应（产生意外的毒性）。药物的相互作用，可发生在药物吸收前、体内转运过程、生化转化过程及排泄过程中。在联合用药时，应尽量利用协同作用以提高疗效，避免出现拮抗作用或产生毒性反应。

（3）选用最佳给药方法　同一种药，同一剂量，给药方法不同产生的药效也不尽相同。因此，在用药时必须根据病情的轻重缓急、用药目的及药物本身的性质来确定最佳给药方法。如危重病例采用注射；治疗肠道感染或驱虫时，宜口服给药。

（4）注意剂量、给药次数和疗程　为了达到预期的治疗效果，减少不良反应，用药剂量要准确，并按规定时间和次数给药。少数药物一次给药即可达到治疗目的，如驱虫药。但对多数药物来说，必须重复给药才能奏效。为维持药物在体内的有效浓度，获得疗效，而同时又不致出现毒性反应，就要注意给药次数和间隔时间。大多数药物 1 天给药 2 ～ 3 次，5 ～ 7 天为一个疗程。

（5）选择使用过且被证明效果良好的药物

（6）注意休药期　不同药物有不同的休药期，必须严格执行。

五、疾病防治中问题的处理

（一）传染病发生前后的处理

1. 传染病发生前处理

当周围鸭场已经发生某种传染性疾病且正在扩散，而本场尚未发生时，应采取应急措施。一是加强隔离。全场饲养人员和管理人员不准出入鸭场，如要进入鸭场，必须经过洗浴消毒后方可进入；外界人员不可进入鸭场，特别是那些收购鸭、销售饲料和兽药的商贩，更不准进入鸭场乃至靠近鸭场，直到传染病的警报解除。二是严格消毒。加强对管理区和生产区的消毒。管理区每周消毒1～2次，生产区每天消毒1次。对鸭场的门口、鸭舍、笼具等进行彻底消毒。针对流行性传染疾病的性质，选用不同的消毒药物或几种药物交替使用，物理、化学和生物学方法联合使用。三是减少生物性传播。许多病原菌可由苍蝇、蚊子、老鼠、鸟类等生物传播。在此期间，加强防范，消灭蚊蝇，彻底灭鼠，驱除鸟类，防止狗、猫等家养动物的闯入等。四是紧急免疫接种。针对流行病的种类，结合抗体检测结果进行免疫接种，以确保鸭群的安全。五是紧急药物预防。有些流行的疾病没有疫苗预防或疫苗效果不理想的情况下，可选用适当的药物进行紧急预防。六是提高鸭免疫力。在此期间，在鸭饲料中添加维生素C、维生素E、速溶多维以及草药制剂等减少应激，在水中添加多糖类、核酸类等，提高群体的免疫力。

2. 传染病发生时处理

当鸭场不可避免地发生了传染性疾病，为了减少损失，避免对外的传播，应采取如下措施。一是隔离封锁。隔离病鸭及可疑鸭，将病鸭分离到大鸭群接触不到的地方，封锁鸭舍，在小范围内采取扑灭措施。二是尽快做出诊断，确定病因。迅速通过临床诊断、病理学诊断、微生物学检查、血清学试验等，尽快确诊疾病。如果无法立即确诊，可进行药物诊断。在饲料或饮水中添加一种广谱抗生素，如有效则为细菌病，反之则可能为病毒病，再做进一步诊断。三是严格消毒。在隔离和诊断的同时，对鸭场的里里外外进行彻底消毒。尤其是被病鸭污染的环境、与病鸭接触的工具及饲养人员，也应作为消毒的重点。鸭场的道路、鸭舍周围用5%的氢氧化钠溶液，或10%的石灰乳溶液对水喷洒消毒，每天一次；鸭舍地面、鸭栏用15%漂白粉溶液、5%的氢氧化钠溶液等喷洒，每天一次；带鸭消毒，用0.25%的益康溶液或0.25%的强力消杀灵溶液或0.3%农家福或0.5%～1%的过氧乙酸溶液喷雾，每天一次，连用5～7天；粪便、粪池、垫草及其他污物

化学或生物热消毒；出入人员脚踏消毒液，紫外线等照射消毒，消毒池内放入5%氢氧化钠溶液，每周更换1～2次；其他用具、设备、车辆用15%漂白粉溶液、5%的氢氧化钠溶液等喷洒消毒；疫情结束后，进行全面的消毒1～2次。四是加强管理。细致检查鸭舍内小环境是否适宜，如饲料、饮水、密度、通风、湿度、垫料等，若有不良应立即纠正。要尽可能加强通风换气，使得空气新鲜、干燥，稀释病原体。在饲料中增加1～3倍的维生素，采取措施诱导多采食，以增强抵抗力。五是紧急免疫接种。如果为病毒性疾病，为了尽快控制病情和扑灭疫病流行，应对疫区及受威胁区域的所有鸭只进行紧急预防接种。通过接种，可使未感染的鸭获得抵抗力，降低发病鸭群的死亡损失，防止疫病向周围蔓延。紧急预防接种时，鸭场所有鸭群普遍进行，使鸭群获得一致的免疫力。为了提高免疫效果，疫苗剂量可加倍使用。六是紧急药物治疗。确认为细菌性或其他普通疾病，要对症施治。细菌性疾病可以通过药敏试验选择高敏药物尽快控制疾病；如为病毒性传染病，除进行紧急免疫外，对病鸭和疑似病鸭进行对症药物治疗。可选用抗生素和化学药物，有条件的鸭场可使用高免血清治疗。在没有高免血清的情况下，可选用注射干扰素，以干扰病毒的复制，控制病情发展。用于紧急治疗的剂量要充足，鸭场一般可采用饮水或拌料的措施。七是病死鸭无害化处理。死鸭、病鸭严禁出售或转送，必须进行焚化或深埋。

3. 传染病发生后处理

一场传染性疾病发生以后，如果本场没有被传染，可解除封锁，开始正常工作。如果本场发生了传染性疾病，并被扑灭，需要做好以下工作。一是整理鸭群。经过一场传染性疾病，鸭群受到一次锻炼和考验。有的抵抗力强可能不发病，有的抵抗力差发病死亡，有的发病虽然没有死亡但也没有饲养价值。要及时整理鸭群，及时淘汰处理鸭群中一些瘦弱的、残疾的、过小的等不正常的鸭，保证整个鸭群优质健康。二是加强消毒。传染性疾病虽然被扑灭，但鸭场不可避免地存留病原菌。消毒工作不可放松。应对整个鸭场进行一次严格的大消毒，特别是对于病鸭、死鸭的笼具、排泄物和污染物，以及其周围环境，更应彻底消毒，以防后患。三是认真总结。传染性疾病尽管被扑灭，

应认真总结经验教训。确认疫病发生是预防制度问题，还是疫苗问题，或免疫程序问题，或注射问题。如果是制度问题，主要漏洞在哪儿？应该如何弥补和完善？如果是疫苗有问题，那么是疫苗生产问题，还是保存问题？如果是免疫程序问题，应怎样进行改进？如果是注射问题，是注射剂量问题，还是注射时间问题或部位问题？或注射方法问题？是责任心问题，还是技术问题等。传染性疾病被扑灭，采取的主要措施是什么？这些措施是否得力？是否有改进和提高的余地？如果下次再发生类似事件，应该如何应对？等等。通过认真总结，为今后工作的完善和处理类似应急事件奠定基础。

（二）黄曲霉毒素中毒的处理

1. 发生原因

玉米、花生、稻、麦等谷实类饲料在潮湿的环境中极易被黄曲霉菌污染，其产生的黄曲霉毒素可引起鸭肝脏损坏，并可诱发肝癌。鸭吃了霉变的饲料或垫料可引起本病发生。

2. 临床症状

2～6周龄的鸭发生黄曲霉毒素中毒时最严重，可造成大批死亡。病鸭出现虚弱嗜睡，食欲不振，生长停滞，发生贫血，有时带血便等症状。

3. 预防和处理措施

（1）预防措施　一是不喂发霉饲料，不用发霉垫料，加强饲料及垫料的保管；二是对已发霉的要用福尔马林进行熏蒸消毒。

（2）处理措施　一是立即停喂发霉变质饲料；二是使用制霉菌素，每只鸭3万～5万单位，连用3天；三是饮水中添加葡萄糖、速溶多维等；四是死鸭要进行深埋处理，不可食用。

（三）鸭的几种主要传染病的处理

1. 雏鸭传染性浆膜炎的处理

雏鸭传染性浆膜炎是危害雏鸭的一种传染病。1周龄内雏鸭很少

发病，2～4周龄最易感染，4～8周龄也可感染，本病感染率很高，可达90%，死亡率在5%～80%之间。发病症状：嗜睡，缩脖，脚发软，不食，眼周围有分泌物，鼻孔有黏液，粪便稀且呈绿色，角弓反张，慢性病耐过者呈头颈歪斜。除少动、少食、消瘦或呼吸困难等症状外，主要表现为神经症状，如斜颈、转圈、倒退等。主要病变有纤维素性心包炎、肝周炎、气囊炎和脑膜炎，以及脾脏呈花斑样变。可见心包及心外膜表面有大量黄白色纤维素渗出，病程长者可干酪化；肝脏肿大，表面有大量纤维素膜覆盖，呈纤维素性肝周炎；气囊增厚，不透明，有纤维素覆盖；脾脏肿大，呈红灰斑驳状；有神经症状的，脑膜充血、出血、水肿。

处理措施：加强消毒卫生、保温防潮、通风透气、适当密度、全进全出、全价营养等饲养管理工作；4～7日龄接种注射灭活苗或与大肠杆菌的二联苗，种鸭产蛋前及产蛋中期也可免疫；多种药物有效，但易产生抗药性，应选择高敏药物。

2. 鸭大肠杆菌病的处理

鸭大肠杆菌病主要分为脐炎、败血症、腹膜炎、生殖道感染，病鸭表现为精神不振，行动迟缓，不愿走动，卵黄囊感染的雏鸭主要表现为脐炎（大肚脐）。育雏或育成阶段大肠杆菌性败血症的表现与传染性浆膜炎基本相似。气囊感染时可见有明显的呼吸困难，成年鸭感染病程往往相对较慢，表现为腹部下垂，种（蛋）鸭还表现为产蛋量稍下降、产异常蛋。主要病变如下：卵黄感染时可见腹部鼓胀，卵黄吸收不良及肝脏肿大，特征病变为心包炎、肝周炎和气囊炎（其表面有纤维素性渗出物）；肺型大肠杆菌可见肺脏出血或淤血，大肠杆菌腹膜炎可见腹腔有蛋黄样液体和干酪样渗出物；生殖道感染可见卵泡淤血、出血、破裂、畸形，有时腹腔内积液，输卵管黏膜充血、出血，有大量胶冻样或干酪样渗出物。

处理措施：加强消毒卫生、保温防潮、通风透气、适当密度、全进全出、全价营养等饲养管理工作，保持水体清洁和种蛋清洁消毒；灭活苗，由于血清型复杂最好是多价苗或自家苗（剂量0.5～1毫升/羽），肉鸭可用“大肠杆菌与传染性浆膜炎”的二联苗；多种药物有效，但极易产生抗药性，应选择高敏药物。

3. 小鸭病毒性肝炎的处理

小鸭病毒性肝炎病程短，发病急，死亡快，表现为尖锋式死亡。发病症状：精神不好，缩脖，蹲卧，食欲不好或不吃，濒死前角弓反张（仰头伸脚，背脖）为特征，嘴和爪尖呈紫色，呼吸困难，死前排白色或绿色粪便。主要病变：肝脏肿大，易碎，色黯淡或发黄，表面有大小不一的出血斑点或刷状出血；肾脏轻度肿胀和出血；脾脏也有不同程度的肿大，呈斑点状，被膜下有细小的出血点；胰脏充血，呈粉红色；心肌质软，呈熟肉样；脑充血、水肿、软化。

处理措施：目前尚无特效药治疗本病，发病或受威胁的雏鸭群，可经皮下注射康复鸭的血清或高免血清，或免疫母鸭的蛋黄匀浆0.5～1毫升，一般注射1次，必要时次日再重复注射1次，可降低死亡率，起到制止流行和预防本病的作用。

4. 禽流感的处理

禽流感严重的精神萎靡，多闭眼蹲伏，出现各种神经症状，肿头；流泪，呈现湿眼圈、红眼；呼吸困难（张口呼吸或喘气）。急性死亡鸭可见上喙和足蹼发绀或出血；腹泻（排白色或青绿色稀粪）。中等毒力感染的病鸭或部分免疫鸭出现体况消瘦、生长发育迟缓等现象。主要病变：呼吸道（气管、支气管）有大量干酪样物或出血，肺出血或淤血，胰腺出血，表面有大量针尖大的白色或透明样坏死点或坏死斑，心肌表面灰白色条纹样坏死，腺胃黏膜局灶性溃疡，肠道黏膜可见出血或出血环，肠道外壁脂肪出血，脑膜出血，脑组织局灶性坏死以及肝、脾、肾肿大出血或淤血。产蛋鸭卵泡膜严重充血、出血，输卵管黏膜出血、水肿并附有豆腐渣样凝块，甚至卵泡破裂。

处理措施：做好引种，坚持全进全出的饲养方式，平时加强消毒，落实好一般的免疫工作。

附 录
常用的化学消毒剂及其特性

附表　常用的化学消毒剂及其特性表

名称	概述	名称	性状和性质	使用方法
含氯消毒剂	含氯消毒剂是指在水中能产生具有杀菌作用的活性次氯酸的一类消毒剂，包括有机含氯消毒剂和无机含氯消毒剂，作用机制是：①氧化作用；②氯化作用；③新生态氧的杀菌作用。目前生产中使用较为广泛	漂白粉（含氯石灰含有效氯 25% ～ 30%）	白色颗粒状粉末，有氯臭味，久置空气中失效，大部分溶于水和醇	5% ～ 20%的悬浮液环境消毒，饮水消毒每 50 升水加 1 克；1% ～ 5% 的澄清液消毒食槽、玻璃器皿、非金属用具消毒等，宜现配现用
		漂白粉精	白色结晶，有氯臭味，含氯稳定	0.5% ～ 1.5% 用于地面、墙壁消毒，0.3 ～ 0.4 克 / 千克饮水消毒
		氯胺 -T（含有效氯 24% ～ 26%）	为含氯的有机化合物，白色微黄晶体，有氯臭味。对细菌的繁殖体及芽孢、病毒、真菌孢子有杀灭作用。杀菌作用慢，但性质稳定	0.2% ～ 0.5% 水溶液喷雾用于室内空气及表面消毒，1% ～ 2% 浸泡物品、器材消毒；3% 的溶液用于排泄物和分泌物的消毒；黏膜消毒，0.1% ～ 0.5%；饮水消毒，1 升水用 2 ～ 4 毫克。配制消毒液时，如果加入一定量的氯化铵，可大大提高消毒能力
		二氯异氰尿酸钠（优氯净、强力消毒净、84 消毒液、速效净等）	白色晶粉，有氯臭。室温下保存半年仅降低有效氯 0.16%，是一种安全、广谱和长效的消毒剂，不遗留残余毒性	一般 0.5% ～ 1% 溶液可以杀灭细菌和病毒，5% ～ 10% 的溶液用作杀灭芽孢。环境器具消毒，0.015% ～ 0.02%；饮水消毒，每 1 升水 4 ～ 6 毫克，作用 30 分钟。本品宜现配现用。 注：三氯异氰尿酸钠性质特点和作用与二氯异氰尿酸钠基本相同。球虫囊消毒每 10 升水中加入 10 ～ 20 克

续表

名称	概述	名称	性状和性质	使用方法
含氯消毒剂	含氯消毒剂是指在水中能产生具有杀菌作用的活性次氯酸的一类消毒剂，包括有机含氯消毒剂和无机含氯消毒剂，作用机制是：①氧化作用；②氯化作用；③新生态氧的杀菌作用。目前生产中使用较为广泛	二氧化氯（益康、消毒王、超氯）	白色粉末，有氯臭，易溶于水，易湿潮。可快速地杀灭所有病原微生物，制剂有效氯含量5%。具有高效、低毒、除臭和不残留的特点	可用于畜禽舍、场地、器具、种蛋、屠宰厂、饮水消毒和带畜消毒。含有效氯5%时，环境消毒，每升水加药5～10毫升，泼洒或喷雾消毒；饮水消毒，100升水加药5～10毫升；用具、食槽消毒，每升水加药5毫克，浸泡5～10分钟。现配现用
碘类消毒剂	是碘与表面活性剂（载体）及增溶剂等形成的稳定络合物。作用机制是碘的正离子与酶系统中蛋白质所含的氨基酸起亲电取代反应，使蛋白质失活；碘的正离子具氧化性，能对膜联酶中的硫氢基进行氧化，破坏酶活性	碘酊（碘酒）	为碘的醇溶液，红棕色澄清液体，微溶于水，易溶于乙醚、氯仿等有机溶剂，杀菌力强	2%～2.5%用于皮肤消毒
		碘伏（络合碘）	红棕色液体，随着有效碘含量的下降逐渐向黄色转变。碘与表面活性剂及增溶剂形成的络合物，其实质是一种含碘的表面活性剂，主要剂型为聚乙烯吡咯烷酮碘和聚乙烯醇碘等，性质稳定，对皮肤无害	0.5%～1%用于皮肤消毒剂，10毫升/升浓度用于饮水消毒
		威力碘	红棕色液体。本品含碘0.5%	1%～2%用于畜舍、家畜体表及环境消毒。5%用于手术器械、手术部位消毒

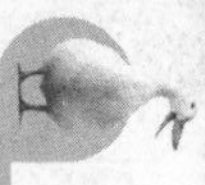

续表

名称	概述	名称	性状和性质	使用方法
醛类消毒剂	能产生自由醛基在适当条件下与微生物的蛋白质及某些其他成分发生反应。作用机理是可与菌体蛋白质中的氨基结合使其变性或使蛋白质分子烷基化。可以和细胞壁脂蛋白发生交联及和细胞壁磷酸中的酯联残基形成侧链，封闭细胞壁，阻碍微生物对营养物质的吸收和废物的排出	福尔马林，含36%～40% 甲醛水溶液	无色有刺激性气味的液体，90℃下易生成沉淀。对细菌繁殖体及芽孢、病毒和真菌均有杀灭作用，广泛用于防腐消毒	1%～2% 环境消毒，与高锰酸钾配伍熏蒸消毒畜禽房舍等，可使用不同级别的浓度
		戊二醛	无色油状液体，味苦。有微弱甲醛气味，挥发度较低。可与水、酒精作任何比例的稀释，溶液呈弱酸性。碱性溶液有强大的灭菌作用	2% 水溶液，用 0.3% 碳酸氢钠调整 pH 值在 7.5～8.5 范围可消毒，不能用于热灭菌的精密仪器、器材的消毒
		多聚甲醛（聚甲醛含甲醛 91%～99%）	为甲醛的聚合物，有甲醛臭味，为白色疏松粉末，常温下不可分解出甲醛气体，加热时分解加快，释放出甲醛气体与少量水蒸气。难溶于水，但能溶于热水，加热至150℃时，可全部蒸发为气体	多聚甲醛的气体与水溶液均能杀灭各种类型病原微生物。1%～5% 溶液作用 10～30 分钟，可杀灭除细菌芽孢以外的各种细菌和病毒；杀灭芽孢时，需 8% 浓度作用 6 小时。用于熏蒸消毒，用量为每立方米 3～10 克，消毒时间为 6 小时

续表

名称	概述	名称	性状和性质	使用方法
氧化剂类	是一些含不稳定结合态氧的化合物。作用机制是：这类化合物遇到有机物和某些酶可释放出初生态氧，破坏菌体蛋白或细菌的酶系统。分解后产生的各种自由基，如巯基、活性氧衍生物等破坏微生物的通透性屏障（蛋白质、氨基酸、酶等），最终导致微生物死亡	过氧乙酸	无色透明酸性液体，易挥发，具有浓烈刺激性，不稳定，对皮肤、黏膜有腐蚀性。对多种细菌和病毒杀灭效果好	400～2000毫克/升，浸泡2～120分钟；0.1%～0.5%擦拭物品表面；或0.5%～5%环境消毒，0.2%器械消毒
		过氧化氢（双氧水）	无色透明，无异味，微酸苦，易溶于水，在水中分解成水和氧。可快速灭活多种微生物	1%～2%创面消毒；0.3%～1%黏膜消毒
		过氧戊二酸	有固体和液体两种。固体难溶于水，为白色粉末，有轻度刺激性作用，易溶于乙醇、氯仿、乙酸	2%器械浸泡消毒和物体表面擦拭，0.5%皮肤消毒，雾化气溶胶用于空气消毒
		臭氧（O_3）	是氧气（O_2）的同素异形体，在常温下为淡蓝色气体，有鱼腥味，极不稳定，易溶于水。臭氧对细菌繁殖体、病毒真菌和枯草杆菌黑色变种芽孢有较好的杀灭作用；对原虫和虫卵也有很好的杀灭作用	30毫克/立方米，15分钟室内空气消毒；0.5毫克/升，10分钟，用于水消毒；15～20毫克/升，用于传染源污水消毒
		高锰酸钾	紫黑色斜方形结晶或结晶性粉末，无臭，易溶于水，浓度不同而呈暗紫色至粉红色。低浓度可杀死多种细菌的繁殖体，高浓度（2%～5%）在24小时内可杀灭细菌芽孢，在酸性溶液中可以明显提高杀菌作用	0.1%溶液可用于鸡的饮水消毒，杀灭肠道病原微生物；0.1%用于创面和黏膜消毒；0.01%～0.02%用于消化道清洗；体表消毒时使用的浓度为0.1%～0.2%

续表

名称	概述	名称	性状和性质	使用方法
酚类消毒剂	酚类消毒剂是消毒剂中种类较多的一类化合物。作用机制是：①高浓度下可裂解并穿透细胞壁，与菌体蛋白结合，使微生物原浆蛋白质变性；②低浓度下或较高分子量的酚类衍生物，可使氧化酶、去氢酶、催化酶等细胞的主要酶系统失去活性	苯酚（石炭酸）	白色针状结晶，弱碱性易溶于水、有芳香味	杀菌力强，3% ～ 5% 用于环境与器械消毒，2% 用于皮肤消毒
		煤酚皂（来苏儿）	由煤酚和植物油、氢氧化钠按一定比例配制而成。无色，见光和空气变为深褐色，与水混合成为乳状液体。毒性较低	3% ～ 5% 用于环境消毒；5% ～ 10% 用于器械消毒、处理污物；2% 的溶液用于术前、术后和皮肤消毒
		复合酚（农福、消毒净、消毒灵）	由冰醋酸、混合酚、十二烷基苯磺酸、煤焦油按一定比例混合而成，为棕色黏稠状液体，有煤焦油臭味，对多种细菌和病毒有杀灭作用	用水稀释 100 ～ 300 倍后，用于环境、禽舍、器具的喷雾消毒，稀释用水温度不低于 8℃；1 ：200 溶液杀灭烈性传染病，如口蹄疫；1 ：（300 ～ 400）溶液药浴或擦拭皮肤，药浴 25 分钟，可以防治猪、牛、羊螨虫等皮肤寄生虫病，效果良好
		氯甲酚溶液（菌球杀）	为甲酚的氯代衍生物，一般为 5% 的溶液。杀菌作用强，毒性较小	主要用于禽舍、用具、污染物的消毒。用水稀释 33 ～ 100 倍后用于环境、畜禽舍的喷雾消毒

续表

名称	概述	名称	性状和性质	使用方法
表面活性剂	又称清洁剂或除污剂（双链季铵酸盐类消毒剂）。作用机理是：①可以吸附到菌体表面，改变细胞渗透性，溶解损伤细胞使菌体破裂，细胞内容物外流；②表面活性物在菌体表面浓集，阻碍细菌代谢，使细胞结构紊乱；③渗透到菌体内使蛋白质发生变性和沉淀；④破坏细菌酶系统	新洁尔灭（苯扎溴铵），市售的为浓度5%的苯扎溴铵水溶液	无色或淡黄色液体，震摇产生大量泡沫。对革兰氏阴性细菌的杀灭效果比对革兰氏阳性菌强，能杀灭有囊膜的亲脂病毒，不能杀灭亲水病毒、芽孢菌、结核菌，易产生耐药性	皮肤、器械消毒用0.1%的溶液（以苯扎溴铵计），黏膜、创口消毒用0.02%以下的溶液。0.5%～1%溶液用于手术局部消毒
		度米芬（杜米芬）	白色或微白色片状结晶，能溶于水和乙醇。主要用于细菌病原，消毒能力强，毒性小，可用于环境、皮肤、黏膜、器械和创口的消毒	皮肤、器械消毒用0.05%～0.1%的溶液，带畜禽消毒用0.05%的溶液喷雾
		癸甲溴铵溶液（百毒杀）。市售浓度一般为10%癸甲溴铵溶液	白色、无臭、无刺激性、无腐蚀性溶液。本品性质稳定，不受环境酸碱度、水质硬度、粪便血污等有机物及光、热影响，可长期保存，且适用范围广	饮水消毒，日常1：（2000～4000）倍，可长期使用。疫病期间1：（1000～2000）连用7天；畜禽舍及带畜消毒，日常1：600；疫病期间1：（200～400）喷雾、洗刷、浸泡
		双氯苯胍己烷	白色结晶粉末，微溶于水和乙醇	0.5%用于环境消毒，0.3%用于器械消毒，0.02%用于皮肤消毒
		环氧乙烷（烷基化合物）	常温无色气体，沸点10.3℃，易燃、易爆、有毒	50毫克/升密闭容器内用于器械、敷料等消毒
		氯己定（洗必泰）	白色结晶、微溶于水，易溶于醇，禁忌与升汞配伍	0.022%～0.05%水溶液，术前洗手浸泡5分钟；0.01%～0.025%用于腹腔、膀胱等冲洗

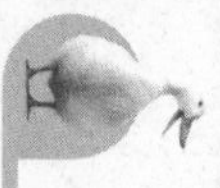

续表

名称	概述	名称	性状和性质	使用方法
醇类消毒剂	醇类物质。作用机理是：使蛋白质变性沉淀；快速渗透过细菌胞壁进入菌体内，溶解破坏细菌细胞；抑制细菌酶系统，阻碍细菌正常代谢；可快速杀灭多种微生物	乙醇（酒精）	无色透明液体，易挥发，易燃，可与水和挥发油任意混合。无水乙醇含乙醇量为95%以上。主要通过使细菌菌体蛋白凝固并脱水而发挥杀菌作用。以70%～75%乙醇杀菌能力最强。对组织有刺激作用，浓度越大刺激性越强	70%～75%用于皮肤、手背、注射部位和器械及手术、实验台面消毒，作用时间3分钟；注意：不能作为灭菌剂使用，不能用于黏膜消毒。浸泡消毒时，消毒物品不能带有过多水分，物品要清洁
		异丙醇	无色透明液体，易挥发，易燃，具有乙醇和丙酮混合气味，与水和大多数有机溶剂可混溶。作用浓度为50%～70%，过浓过稀，杀菌作用都会减弱	50%～70%的水溶液涂擦与浸泡，作用时间5～6分钟。只能用于物体表面和环境消毒。杀菌效果优于乙醇，但毒性也高于乙醇。有轻度的蓄积和致癌作用

续表

名称	概述	名称	性状和性质	使用方法
强碱类	碱类物质。作用机理是：氢氧根离子可以水解蛋白质和核酸，使微生物的结构和酶系统受到损害，同时可分解菌体中的糖类而杀灭细菌和病毒。尤其是对病毒和革兰氏阴性杆菌的杀灭作用最强。但其腐蚀性也强	氢氧化钠（火碱）	白色干燥的颗粒、棒状、块状、片状结晶，易溶于水和乙醇，易吸收空气中的 CO_2 形成碳酸钠或碳酸氢钠。对细菌繁殖体、芽孢体和病毒有很强的杀灭作用，对寄生虫卵也有杀灭作用，浓度增大，作用增强	2% ～ 4% 溶液可杀死病毒和繁殖型细菌，30% 溶液 10 分钟可杀死芽孢，4% 溶液 45 分钟杀死芽孢，如加入 10% 食盐能增强杀芽孢能力。2% ～ 4% 的热溶液用于喷洒或洗刷消毒，如畜禽舍、仓库、墙壁、工作间、入口处、运输车辆、饮饲用具等；5% 溶液用于炭疽消毒
		生石灰（氧化钙）	白色或灰白色块状或粉末，无臭，易吸水，加水后生成氢氧化钙	加水配制成 10% ～ 20% 石灰乳涂刷畜舍墙壁、畜栏等消毒
		草木灰	新鲜草木灰主要含氢氧化钾。取筛过的草木灰 10 ～ 15 千克，加水 35 ～ 40 千克，搅拌均匀，持续煮沸 1 小时，补足蒸发的水分即成 20% ～ 30% 草木灰	20% ～ 30% 草木灰可用于圈舍、运动场、墙壁及食槽的消毒。应注意水温在 50 ～ 70℃

参考文献

[1] 丁雷主编. 肉鸭生产技术指南. 北京：中国农业大学出版社，2003.
[2] 郑玉姝主编. 规模化鸭场兽医手册. 北京：化学工业出版社，2012.
[3] 王克华主编. 工厂化养鸭新技术. 北京：中国农业出版社，2005.
[4] 蔡宝样主编. 家畜传染病学. 第 3 版. 北京：中国农业出版社，2000.
[5] 魏刚才主编. 养殖场消毒指南. 北京：化学工业出版社，2013.
[6] 王建军主编. 蛋鸭. 北京：中国农业大学出版社，2005.
[7] 梁振华主编. 蛋鸭养殖实用技术. 武汉：武汉工业大学出版社，2010.